大学物理

主　编　丁文革
副主编　刘富成　丁学成　张荣香　何寿杰

科学出版社
北　京

内容简介

本书是根据教育部高等学校物理基础课程教学指导分委员会编制的《理工科类大学物理课程教学基本要求(2010年版)》，结合我们多年来的教学实践编写而成的.

本书包括准备知识、力学、热学、电磁学、波动光学和近代物理简介，其中主要内容为力学、热学、电磁学和波动光学四部分，共12章. 全书内容紧紧围绕大学物理课程的基本要求，难度适中，物理概念清晰，注重物理思想和方法在实际中的应用.

本书可作为高等学校理工科非物理类专业的大学物理教材和教学参考书，也可供各类工程技术院校有关专业选用，还可供中学物理教师参考.

图书在版编目(CIP)数据

大学物理 / 丁文革主编. —北京：科学出版社，2021.1

ISBN 978-7-03-067357-2

Ⅰ. ①大… Ⅱ. ①丁… Ⅲ. ①物理学－高等学校－教材 Ⅳ. ①O4

中国版本图书馆CIP数据核字(2020)第268097号

责任编辑：窦京涛 崔慧娴 / 责任校对：杨聪敏

责任印制：赵 博 / 封面设计：蓝正设计

科学出版社 出版

北京东黄城根北街16号

邮政编码：100717

http://www.sciencep.com

保定市中画美凯印刷有限公司印刷

科学出版社发行 各地新华书店经销

*

2021年1月第 一 版 开本：720×1000 1/16

2025年2月第八次印刷 印张：15 1/2

字数：310 000

定价：49.00元

(如有印装质量问题，我社负责调换)

前　言

物理学是研究物质的基本结构、相互作用和基本运动规律的科学. 物理学的研究对象十分广泛，“仰观宇宙之大，俯察粒子之微”. 物理学的研究范畴几乎跨越了人类可以涉足的所有时空尺度和速度范围. 其研究的时间尺度短至硬 X 射线的周期（10^{-28}s）长至宇宙寿命（10^{18}s）；空间尺度小至夸克（10^{-20}m）大至类星体（10^{26}m）；质量范围小到中微子质量（10^{-35}kg）大到银河系（10^{41}kg）；速率范围从 0（静止）至 3×10^{8}m/s（光速）.

物理学是除数学以外其他自然科学的基础. 从过去三百多年发展的历史看，物理学的每一次重大发现和突破都极大地推动了科学技术的进步和社会的发展. 18 世纪 60 年代，牛顿力学和热力学发展的成果引发了第一次工业革命，促成了蒸汽机的发明和使用，这标志着农耕文明向工业文明的过渡，是人类发展史上的一个伟大奇迹. 第二次工业革命开始于 19 世纪 70 年代，电磁学的发展推动了发电机、电动机和电讯设备的出现和应用，使人类进入应用电能的时代，世界各国的交流更为频繁. 第三次工业革命开始于 20 世纪 40 年代，建立在相对论和量子力学发展的基础上，其标志是以信息技术为代表的一系列新学科、新材料、新能源、新技术的兴起和发展，全球信息和资源交流变得更为迅速. 近年来，随着以人工智能、清洁能源、量子信息技术、虚拟现实以及生物技术为主的新技术的发明和应用，第四次工业革命悄然到来.

技术的进步，使得信息储存、重复性劳动或者通过案例学习可以找到有效处理规则的问题都可以由机器替代. 据麦肯锡报告预测，全球高达 50%的工作可以由机器人取代，而人的优势在于具有创新能力，即解决新问题的能力. 因此，本书编写过程中，在注重物理概念准确性的基础上，以相对简洁的语言阐述物理定律的含义，突出物理思想和物理图像的建立，弱化复杂的推导和解题技巧. 同时，本书每章的开头，或是一个蕴含物理知识的小幽默，或是一个有趣的日常现象，或是一些著名物理学家的趣闻，然后再过渡到具体的知识内容. 希望借此激起学生的好奇心和求知欲，从而加深其对相关物理知识的理解和认识，提高学生综合分析和解决复杂问题的高阶思维能力.

本书由丁文革组织编写，并负责统稿和定稿工作. 第一章和第二章由丁文革编写，第三章、第四章和近代物理简介由丁学成编写，第五章和第六章由何寿杰编写，第七章至第九章由刘富成编写，第十章至第十二章由张荣香编写.

由于编者水平有限，书中不妥之处在所难免，敬请老师和同学们在使用过程中多提宝贵意见和建议，使我们的教材在修订过程中不断完善.

丁文革

2018 年 12 月

目　　录

第二部分　热　　学

第三部分　电　磁　学

第四部分　波 动 光 学

准 备 知 识

古人云:

“工欲善其事，必先利其器”;

“磨刀不误砍柴工”;

“兵马未动，粮草先行”.

在整个物理学的学习过程中，有一些贯穿整个学科的基础知识，学好这些知识，会使得后面的学习事半功倍.

0.1 思维认识上的准备知识

一、学习物理学的意义

《费曼物理学讲义》第三章(物理学与其他学科的关系)的开始部分写道：“物理学是最基本的包罗万象的一门学科，它对整个科学的发展有着深远的影响……许多领域的学生都发现自己正在学习物理学，这是因为物理学在所有的现象中起着基本的作用.”物理学与化学、生物学、天文学、地质学乃至心理学都有着密切的关系.以物理学基础知识和应用为主要内容的大学物理课程，之所以作为理工科各专业的一门必修基础课程，其原因之一就是希望各专业的学生，通过学习能够对物质最普遍、最基本的运动形式和规律有比较全面而系统的认识.另一方面的原因，也是更重要的，就是物理学研究问题的方法，在培养和提高学生科学素养、激发创新意识方面所起的潜移默化的作用是其他任何课程都无法取代的.因此学好大学物理，不仅对各专业学生的在校学习十分重要，而且对他们毕业后的工作和进一步学习都将产生深远的影响.

二、物理规律的描述方法

任何物理规律都可以用语言文字、数学公式和图像来表示.这三种表达方式各具特色.用语言文字表述便于理解；用数学公式表示简洁、精确，便于定量分析；用图像表达直观、形象，一目了然.物理学家伽利略说“物理学是用数学语言写的大书”，道出了数学表达方式对物理学规律描述的重要性.下面来看一个例子：我们在中学学过的欧姆定律用文字可以表述为：在某一温度下，通过某段导体的电流，

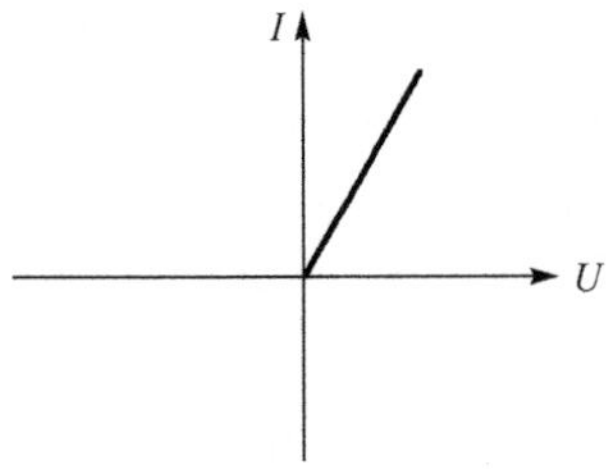

图 0-1 电压与电流关系

与导体两端所加的电压成正比，与导体的电阻成反比. 如果通过导体的电流、导体两端的电压和导体的电阻分别用 I、U 和 R 表示，则其数学表达式为

$$I=\frac{U}{R} \tag{0-1}$$

如果以导体两端的电压 U 为横坐标，以通过导体的电流 I 为纵坐标，则导体的伏安特性曲线如图 0-1 所示，图示直观地表示出了电压与电流之间的线性关系，直线的斜率即为导体的电阻.

三、物理模型

实际的物理现象和物理规律一般都是十分复杂的，受到很多因素的影响. 舍弃次要因素，抓住主要因素，从而突出客观事物的本质特征，这就叫构建物理模型. 物理学的基本思想方法就是首先用物理模型描述自然，然后用数学语言把物理模型表示出来，再用物理实验验证模型. 物理模型是对实际问题的抽象，每一个模型的建立都有一定的条件和使用范围. 在学习和应用物理模型解决问题时，要弄清模型的适用条件，根据实际情况加以运用.

物理模型一般分为三类：物质模型、状态模型、过程模型. 物质可分为实物物质和场物质，所以物质模型包括实物物质模型和场物质模型. 如力学中的质点、电磁学中的点电荷、热学中的理想气体、光学中的薄透镜等均属于实物物质模型，而匀强电场、匀强磁场等都是场物质模型. 研究理想气体时气体的平衡态和研究原子物理时原子所处的基态、激发态等都属于状态模型. 在研究理想气体状态变化时，如等温变化、等压变化、等容变化、绝热变化等都属于理想的过程模型.

0.2 实用工具上的准备知识

一、矢量运算

1. 矢量合成

设 $\boldsymbol{A}$ 和 $\boldsymbol{B}$ 是两个任意的矢量，若矢量 $\boldsymbol{C}$ 为矢量 $\boldsymbol{A}$ 和 $\boldsymbol{B}$ 的和，则 $\boldsymbol{C}=\boldsymbol{A}+\boldsymbol{B}$. 如图 0-2 所示，按照平行四边形定则，得到合矢量 $\boldsymbol{C}$. 根据矢量的平移不变性，平行四边形定则可简化为三角形定则，如图 0-3 所示.

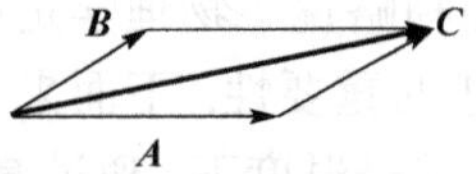

图 0-2 平行四边形定则

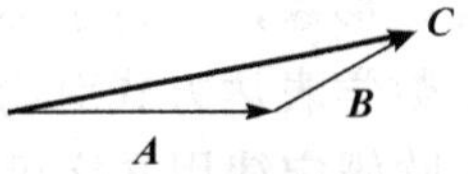

图 0-3 三角形定则

2. 矢量乘法

设 $\boldsymbol{A}$ 和 $\boldsymbol{B}$ 的夹角为 θ，则矢量的标积表示为 $\boldsymbol{A}\cdot\boldsymbol{B}$，故又称为矢量的点乘，为标量. 其大小定义为 $AB\cos\theta$，即

$$\boldsymbol{A}\cdot\boldsymbol{B}=AB\cos\theta \tag{0-2}$$

特例：(1)当 $\boldsymbol{A}$ 和 $\boldsymbol{B}$ 方向一致或相反，即 $\theta=0$ 或 π 时，$\boldsymbol{A}\cdot\boldsymbol{B}=AB$ 或 $\boldsymbol{A}\cdot\boldsymbol{B}=-AB$，矢量标积的绝对值最大.

(2)当 $\boldsymbol{A}$ 和 $\boldsymbol{B}$ 相互垂直，即 $\theta=\dfrac{\pi}{2}$ 时，$\boldsymbol{A}\cdot\boldsymbol{B}=0$，矢量的标积最小.

关于矢量的矢积，可表示为 $\boldsymbol{A}\times\boldsymbol{B}$，故又称为矢量的叉乘，为矢量. 其大小定义为 $AB\sin\theta$，其方向可用右手螺旋定则确定，即四指沿 $\boldsymbol{A}$ 矢量方向，经由小于 180° 的角转向 $\boldsymbol{B}$ 矢量方向时拇指所指的方向.

特例：(1)当 $\boldsymbol{A}$ 和 $\boldsymbol{B}$ 方向一致或相反，即 $\theta=0$ 或 π 时，$\boldsymbol{A}\times\boldsymbol{B}=0$，矢积值最小.

(2)当 $\boldsymbol{A}$ 和 $\boldsymbol{B}$ 相互垂直，即 $\theta=\dfrac{\pi}{2}$ 时，$|\boldsymbol{A}\times\boldsymbol{B}|=AB$，矢积值最大.

二、叠加原理与积分

1. 定义

叠加原理是一个普适性的定理，从广义上讲，叠加原理就是总的量等于各个分量之和，也就是整体是各部分之和. 这个“量”可以是各种物理量，如质量、体积、面积等标量，也可以是速度、加速度、力等矢量.

需要说明的是，不是所有的物理量都满足叠加原理. 对于非线性系统的物理量，都不满足叠加原理. 只有满足叠加原理的量才能运用叠加原理，因此大家在认识物理量的时候，要先确定其是否满足叠加原理.

2. 标量的叠加原理

标量的叠加原理比较直观，例如面积，总面积等于各个部分面积之和. 为简便计，下面以面积为例来说明标量的叠加原理.

1)离散情况

设有 n 个面积分别为 $s_1,s_2,\cdots,s_n$ 的物体，其总面积为

$$S=s_1+s_2+\cdots+s_n=\sum_{i=1}^{n}s_i \tag{0-3}$$

2)连续情况

设有一个面积连续分布的物体 A(如一块巨石)，其形状不规则. 为了求解它

的表面积，首先将整个面积进行无限分割，分割之后的每一小份称为一个“面积元”，用 ds 表示，在数学上叫做微分. 所以物体 A 的总面积等于所有“面积元”之和，即

$$S=\int_A \mathrm{d}s \tag{0-4}$$

3) 物理量求和符号与积分符号

符号“$\sum$ ”特指有限个分立的量求和. 例如 $\sum_{i=1}^{n} m_i$ ，表示 n 个 m 分量之和，即

$$M=m_1+m_2+\cdots+m_n=\sum_{i=1}^{n} m_i \tag{0-5}$$

而符号“$\int$ ”则表示原本连续的整体经过无限分割之后的每个元量之和. 例如 $\int_A \mathrm{d}m$ ，表示把物体 A 无限切割后每个“质量元” dm 之和，即

$$M=\int_A \mathrm{d}m \tag{0-6}$$

4) 从物理(叠加原理)到数学(定积分)

从根本上来说，无论分割的方式如何，最后的结果是一致的. 但是分割的方式影响计算的难度，合理的分割可以使计算比较容易，不合理的分割大多数情况下会导致无法计算. 合理的分割一般按照规则的形状分割，例如分割成线段、长方形、圆环和圆盘等. 对于不规则分割，如图 0-4 所示，其面积可以表示为 $S=\int \mathrm{d}s$ ，物理意义已经明确，但是其结果一般很难计算出来.

图 0-4　不规则分割

下面我们通过几个简单的实例，看一下常用的几种规则分割方式下的定积分计算.

例题 0-1 长度的计算.

解 如图 0-5 所示，将线段分割成无数个线段元 $\mathrm{d}l$，由于建立了直角坐标系，线段元的数学表达式为 $\mathrm{d}x$，则线段的总长度为

$$L=\int_L \mathrm{d}l=\int_{x_1}^{x_2}\mathrm{d}x=x_2-x_1$$

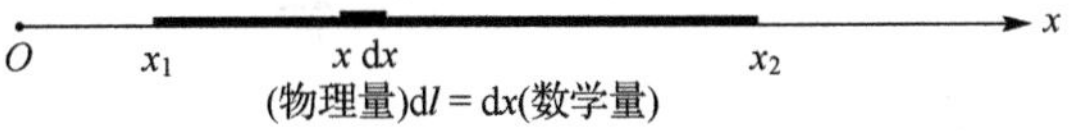

图 0-5 例题 0-1 图

思考：如果该线段与 x 轴之间的夹角为 α，结果如何？（提示：线元的数学表达式变为 $\mathrm{d}l=\mathrm{d}x/\cos\alpha$.）

例题 0-2 长方形面积的运算.

解 如图 0-6 所示，沿着 x 轴分割，即将长方形切割成无数个“线条元”或者“面积元”，其高度为 h，宽度为线段元的长度 $\mathrm{d}x$，所以面积元的数学表达式为 $\mathrm{d}s=h\mathrm{d}x$，总面积为

$$S=\int_S \mathrm{d}s=\int_{x_1}^{x_2}h\,\mathrm{d}x=h(x_2-x_1)$$

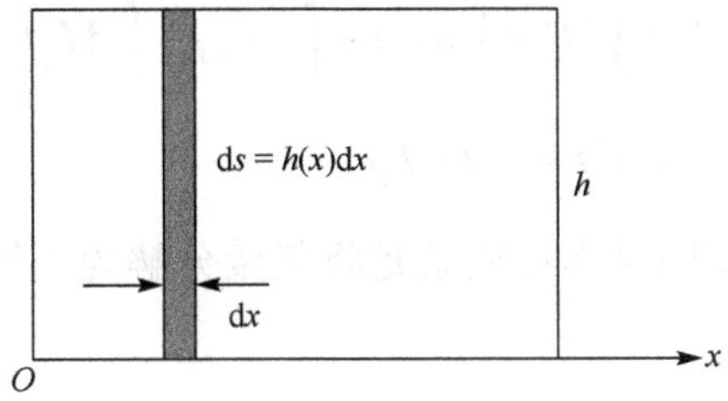

图 0-6 例题 0-2 图

例题 0-3 薄圆盘面积的运算.

解 如图 0-7 所示，沿着半径方向将圆形分割成无数多个“圆环元”，其半径为 r，宽度为 $\mathrm{d}r$，所以其面积元 $\mathrm{d}s=2\pi r\,\mathrm{d}r$，则薄圆盘总面积为

$$S=\int_S \mathrm{d}s=\int_0^R 2\pi r\,\mathrm{d}r=\pi R^2$$

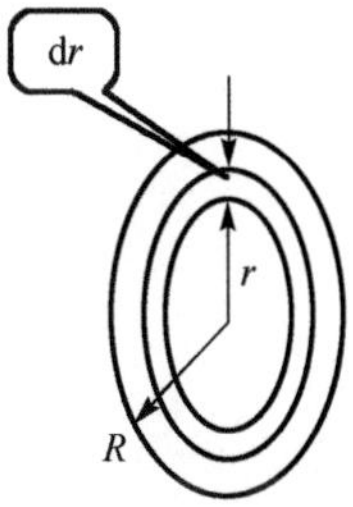

图 0-7 例题 0-3 图

3．矢量的叠加原理

相对于标量，矢量多了一个方向，因此矢量的叠加首先要分解为标量的叠加，即各个相同方向上的矢量分别叠加. 同一个方向上的矢量叠加等价于标量的叠加. 例如，在直角坐标系下，任意一个矢量都可以分解为 x、y、z 方向的三个矢量，然

后三个方向的分量分别相加，因此矢量的叠加在直角坐标系下转化为 x、y、z 三个方向上的标量的叠加. 为简便计，我们以力的叠加为例，说明矢量的叠加原理.

1) 离散情况

设质点同时受到 $\boldsymbol{F}_1, \boldsymbol{F}_2, \cdots, \boldsymbol{F}_n$ 共 n 个外力的作用，其合外力

$$\boldsymbol{F} = \boldsymbol{F}_1 + \boldsymbol{F}_2 + \cdots + \boldsymbol{F}_n = \sum_{i=1}^{n} \boldsymbol{F}_i \tag{0-7}$$

任意一个分力可以分解为

$$\boldsymbol{F}_i = F_{ix}\boldsymbol{i} + F_{iy}\boldsymbol{j} + F_{iz}\boldsymbol{k} \tag{0-8}$$

所以合外力为

$$\begin{aligned}\boldsymbol{F} &= \sum_{i=1}^{n} \boldsymbol{F}_i = \sum_{i=1}^{n} (F_{ix}\boldsymbol{i} + F_{iy}\boldsymbol{j} + F_{iz}\boldsymbol{k}) = \sum_{i=1}^{n} F_{ix}\boldsymbol{i} + \sum_{i=1}^{n} F_{iy}\boldsymbol{j} + \sum_{i=1}^{n} F_{iz}\boldsymbol{k} \\ &= F_x\boldsymbol{i} + F_y\boldsymbol{j} + F_z\boldsymbol{k}\end{aligned} \tag{0-9}$$

2) 连续情况

对于物体连续受力的情况，首先通过无限分割的方法获得“力元” $\mathrm{d}\boldsymbol{F}$，再对其进行分解，即 $\mathrm{d}\boldsymbol{F} = \mathrm{d}F_x\boldsymbol{i} + \mathrm{d}F_y\boldsymbol{j} + \mathrm{d}F_z\boldsymbol{k}$，则合外力为

$$\begin{aligned}\boldsymbol{F} &= \int \mathrm{d}\boldsymbol{F} = \int \mathrm{d}F_x\boldsymbol{i} + \int \mathrm{d}F_y\boldsymbol{j} + \int \mathrm{d}F_z\boldsymbol{k} \\ &= F_x\boldsymbol{i} + F_y\boldsymbol{j} + F_z\boldsymbol{k}\end{aligned} \tag{0-10}$$

注意：矢量叠加运算的基本原则就是将矢量分解为不同方向上的标量，再进行叠加运算.

第一部分　力　　学

牛顿(1643～1727)

我们通常把力学作为物理学的开篇，是因为力学所讨论的现象是日常可见的，每个人或多或少都有这方面的经验，并由此形成了各种观念. 在远古时代，人们在建筑、灌溉等生产劳动中使用杠杆、斜面、汲水器具，逐渐积累起对“力”的认识，为力学的发展奠定了基础. 春秋战国时期，以《墨经》为代表的墨家总结了大量力学知识，涉及力的概念、杠杆平衡、斜面应用以及惯性和滚动现象的分析. 古希腊物理学家阿基米德对杠杆平衡、物体重心位置、物体在水中受到的浮力等作了系统研究，确定了它们的基本规律，初步奠定了静力学即平衡理论的基础. 但是关于力和运动之间的关系，是在欧洲文艺复兴时期以后才逐渐有了正确认识. 作为自然科学最早发展起来的分支，经典力学是从伽利略论述惯性运动开始，到牛顿提出物体运动的三个基本定律而成熟起来. 历史上，经典力学被尊为完美普遍的理论并兴盛了约三百年. 在 19 世纪末 20 世纪初，虽然发现了它的局限性，并且在高速领域为相对论力学所取代，在微观领域为量子力学所取代，但是在一般的技术领域，包括机械工程、土木工程、道路桥梁，甚至是航空航天技术中，其作为基础理论仍然有着广泛的应用，这种实用性正是我们要学习经典力学的重要原因.

经典力学研究的是物体的机械运动. 机械运动是物体各种运动形式中最简单、最常见的一种. 一般可以把经典力学分为静力学、运动学和动力学三部分. 静力学研究力的平衡或物体的静止问题，在工程类力学中有详细介绍，本书不作讨论；运动学研究物体的位置随时间变化的规律，不涉及物体运动状态变化的原因；动力学研究物体运动状态变化的原因以及运动状态变化的规律. 运动学和动力学是这里要讨论的主要内容.

第一章　质点运动学

小幽默

一辆快速行驶的汽车被交警拦住了，警察说：“你好，你刚才的车速是60千米/时，已超速！请出示你的驾驶证.”司机却慢悠悠地说：“我刚才只开了7分钟，你怎么知道我1小时会走60千米呢！”——道理何在？

为了找出物体随时间变化所遵循的规律，我们首先需要描述这些变化. 但是，由于实际的物体多种多样，其运动形式复杂多变，因此给描述物体的运动带来不少困难. 例如，一朵正在飘散的白云的运动，或者一个人思想上的变化，要描述它们比描述在固体上固定的一点的运动困难得多. 但是白云可以用分子来表示或描述，如果原则上我们可以通过白云中个别分子的运动来描述白云的运动，那么，描述思想上的变化或许与大脑内原子的变化有类似之处，这正是我们从点的运动开始研究的原因，而原子、分子的运动可以类比点的运动.

本章将介绍经典力学中最简单的物理模型——质点，并引入描述质点运动的物理量：位移、速度和加速度，从而加深对物体运动的相对性、瞬时性和矢量性的认识.

1.1　质点运动的描述

一、运动的绝对性与相对性

科学实践已证实，物体的运动是绝对的. 自然界中的一切物质，大到天体小到原子内部，都处于永恒运动之中. 例如，当你站在地面上时，你相对于地球的速度是零，但相对于太阳的速度是30km/s. 又有诗曰：“坐地日行八万里，巡天遥看一千河”，正是宏观物体运动绝对性的生动描述. 微观世界的分子、原子、基本粒子同样在永不停息地运动，许多微观粒子从产生至“衰变”，只有几百亿甚至几万亿分之一秒，运动速度非常快.

物体的运动是绝对的，但对物体运动的描述却具有相对性. 同一个物体，对于不同的观察者而言，其运动情况不同. 歌词“小小竹排江中游，巍巍青山两岸走”正是运动的相对性的写照(图1-1).

图 1-1 小小竹排江中游，巍巍青山两岸走

二、质点 参考系 坐标系

1．质点

任何物体都具有一定的大小和形状，当物体做机械运动时，其运动情况一般是十分复杂的. 例如，汽车在马路上行驶，随着汽车的行进，车轮、方向盘、仪表盘、发动机等不同部分的运动状况各不相同，这就给我们描述汽车的运动带来了困难. 但是，如果我们只想知道汽车的行驶路径，而不关心汽车各部件的运动状况，就可以用一个具有汽车质量的点来代表这辆汽车. 也就是说，如果物体的大小和形状对所研究问题的影响很小而可以忽略，就可以把物体看成具有质量的几何点，称为**质点**. 另外，当物体上各部分具有相同的运动规律时，物体上任一点的运动可以代表整个物体的运动，因此也可以把物体看成质点来处理. 由于质点是力学中最简单、最基本的理想模型，所以研究质点的运动是研究更复杂运动的基础.

2．参考系与坐标系

由于对物体运动的描述具有相对性，因此在描述一个物体的运动时必须选择其他物体作为标准. 我们把描述物体运动时选作标准的物体称为**参考系**. 为了把物体在不同时刻相对于参考系的位置定量地表示出来，就要运用数学手段，在参考系上固定一个坐标系，质点的位置就由它在该坐标系中的坐标来确定. 这里一般取直角坐标系和自然坐标系，但根据需要还可取其他坐标系，如极坐标系、球坐标系和柱坐标系等.

三、描写质点运动的四个基本物理量

1．位置矢量

为了确定质点在空间的位置，我们在选定了坐标系以后，由坐标原点向质点所

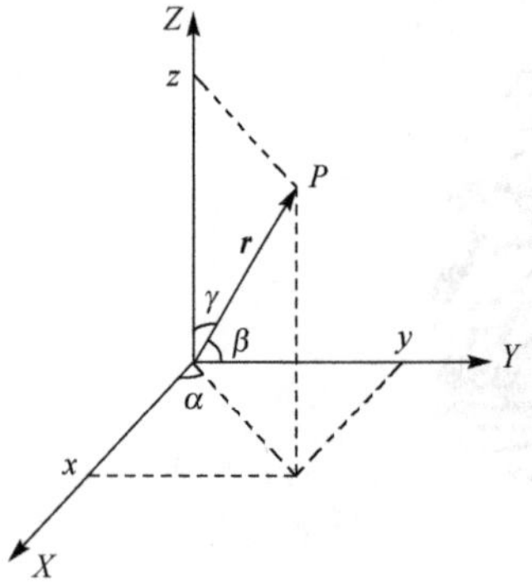

图 1-2　位置矢量

在位置引一条有向线段，这条有向线段称为质点的**位置矢量**，简称**位矢**，通常以 $\boldsymbol{r}$ 表示. 如图 1-2 所示，在直角坐标系中，$\boldsymbol{r}$ 表示为

$$\boldsymbol{r} = x\boldsymbol{i} + y\boldsymbol{j} + z\boldsymbol{k} \tag{1-1}$$

位矢的大小为 $r = \sqrt{x^2 + y^2 + z^2}$，其方向可由它与 X，Y，Z 三个坐标轴所夹的三个角 α,β,γ 的余弦(称为方向余弦)来表示，即

$$\cos\alpha = \frac{x}{r}, \quad \cos\beta = \frac{y}{r}, \quad \cos\gamma = \frac{z}{r}$$

在质点运动过程中，质点的位置随时间变化，即位矢 $\boldsymbol{r}$ 是时间 t 的函数，有

$$\boldsymbol{r} = \boldsymbol{r}(t) \tag{1-2a}$$

用直角坐标的三个分量表示为

$$\begin{cases} x = x(t) \\ y = y(t) \\ z = z(t) \end{cases} \tag{1-2b}$$

式(1-2a)和式(1-2b)称为质点的运动方程. 质点在选定的参考系中运动时所经历的路径称为质点的运动轨道. 从质点的运动方程中消去时间 t，即可得到质点的轨道方程. 例如，质点在 xy 平面内运动，其运动方程为 $x=\cos t$，$y=\sin t$，则其轨道方程为 $x^2+y^2=1$，即质点在 xy 平面内，以坐标原点为中心，以 1 为半径做圆周运动.

2．位移

为了描述质点在给定时间内位置的变动情况，我们引入位移矢量. 如图 1-3(a)所示，设 t 时刻质点运动到 A 点，位矢为 $\boldsymbol{r}(t)$，$t+\Delta t$ 时刻质点到达 B 点，位矢为 $\boldsymbol{r}(t+\Delta t)$，我们将 Δt 时间内位矢的增量称为**位移**，用 $\Delta\boldsymbol{r}$ 表示，即 $\Delta\boldsymbol{r} = \boldsymbol{r}(t+\Delta t) - \boldsymbol{r}(t)$.

注意：第一，Δt 时间内的位移大小 $|\Delta\boldsymbol{r}|$ 与路程 Δs 一般不相等，如图 1-3(a)所示；第二，由于位移 $\Delta\boldsymbol{r}$ 是矢量，其大小 $|\Delta\boldsymbol{r}|$，不能简写为 Δr．Δr 表示位矢的大小在 Δt 内的增量，即 $\Delta r = |\boldsymbol{r}(t+\Delta t)| - |\boldsymbol{r}(t)| = r(t+\Delta t) - r(t)$，如图 1-3(b)所示，$|\Delta\boldsymbol{r}| = \overline{AB}$，而 $\Delta r = BC$，显然，$|\Delta\boldsymbol{r}| \neq \Delta r$.

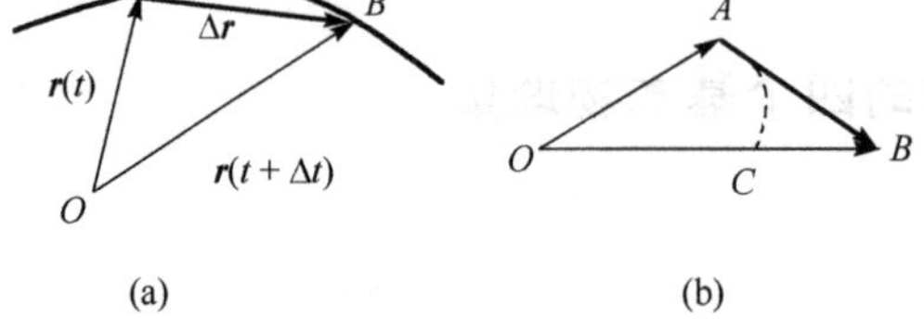

图 1-3　位移

3. 速度

速度是表示质点位置变动快慢和方向的物理量. 当质点在时间 Δt 内完成位移 $\Delta \boldsymbol{r}$ 时，$\dfrac{\Delta \boldsymbol{r}}{\Delta t}$ 定义为质点在 Δt 内的**平均速度**，用 $\overline{\boldsymbol{v}}$ 表示，即

$$\overline{\boldsymbol{v}}=\frac{\Delta \boldsymbol{r}}{\Delta t} \tag{1-3}$$

可见，平均速度只能粗略地反映某段时间内质点运动的快慢程度和方向. 为了精确地描述质点在某时刻 t(或某一位置)实际运动的快慢情况，需要引入**瞬时速度**的概念，即质点在 t 时刻附近无限短的时间内（$\Delta t \to 0$）位移对时间的比值 $\dfrac{\Delta \boldsymbol{r}}{\Delta t}$，用 $\boldsymbol{v}$ 表示，简称**速度**，即

$$\boldsymbol{v}=\lim_{\Delta t\to 0}\frac{\Delta \boldsymbol{r}}{\Delta t}=\frac{\mathrm{d}\boldsymbol{r}}{\mathrm{d}t} \tag{1-4}$$

由于当 $\Delta t \to 0$ 时，$|\Delta \boldsymbol{r}| \to \Delta s$，所以瞬时速度的大小等于质点在该时刻的瞬时速率，即 $v=\lim\limits_{\Delta t\to 0}\dfrac{\Delta s}{\Delta t}=\dfrac{\mathrm{d}s}{\mathrm{d}t}$.

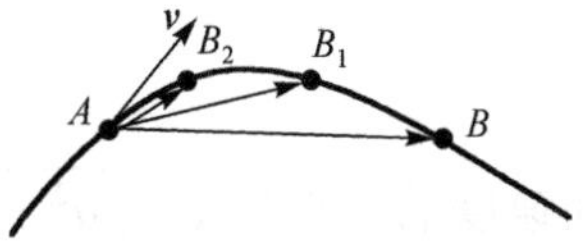

图 1-4　速度

速度的方向是当 Δt 逐渐趋近于零时 $\Delta \boldsymbol{r}$ 的极限方向. 如图 1-4 所示，$\Delta \boldsymbol{r}$ 方向，即矢量 $\overrightarrow{AB}$ 方向. 由于当 Δt 逐渐趋近于零时，B 点逐渐趋近于 A 点，相应地，割线 AB 逐渐趋近于 A 点的切线，所以质点的速度方向是沿轨迹上质点所在点的切线方向并指向质点前进的一侧.

在直角坐标系中，速度可表示为

$$\boldsymbol{v}=\frac{\mathrm{d}x}{\mathrm{d}t}\boldsymbol{i}+\frac{\mathrm{d}y}{\mathrm{d}t}\boldsymbol{j}+\frac{\mathrm{d}z}{\mathrm{d}t}\boldsymbol{k}=v_x\boldsymbol{i}+v_y\boldsymbol{j}+v_z\boldsymbol{k} \tag{1-5}$$

速度的大小为 $v=\sqrt{v_x^2+v_y^2+v_z^2}$，速度的方向可以用其方向余弦表示.

4. 加速度

加速度是表示质点速度变化快慢程度的物理量. 设在 Δt 时间内，质点沿图 1-5(a)所示轨道从 A 点运动到 B 点，速度的增量为 $\Delta \boldsymbol{v}=\boldsymbol{v}(t+\Delta t)-\boldsymbol{v}(t)$，如图 1-5(b)所示. 那么在 Δt 时间内，质点的**平均加速度**定义为

$$\overline{\boldsymbol{a}}=\frac{\Delta \boldsymbol{v}}{\Delta t} \tag{1-6}$$

平均加速度是矢量，方向与速度增量的方向相同. 显然，平均加速度只能粗略地反映某段时间内质点速度的变化情况. 仿照讨论速度的情形，将 $\Delta t \to 0$ 时平均加速度的极限定义为**瞬时加速度**，简称**加速度**，用 $\boldsymbol{a}$ 表示，可写成

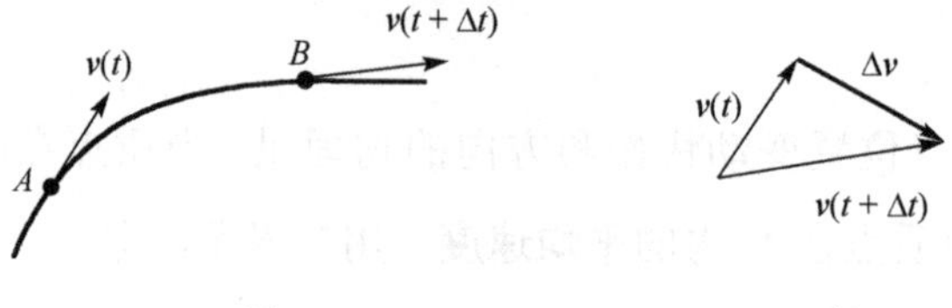

图 1-5　速度的增量

$$\boldsymbol{a}=\lim_{\Delta t\to 0}\frac{\Delta \boldsymbol{v}}{\Delta t}=\frac{\mathrm{d}\boldsymbol{v}}{\mathrm{d}t}=\frac{\mathrm{d}^2\boldsymbol{r}}{\mathrm{d}t^2} \tag{1-7}$$

加速度的方向为 $\Delta t\to 0$ 时速度增量 $\Delta\boldsymbol{v}$ 的极限方向. 注意，$\Delta\boldsymbol{v}$ 的方向和它的极限方向一般不同于速度 $\boldsymbol{v}$ 的方向，所以 $\boldsymbol{a}$ 方向一般不同于 $\boldsymbol{v}$ 方向.

在直角坐标系中，加速度可表示为

$$\begin{aligned}\boldsymbol{a}&=\frac{\mathrm{d}v_x}{\mathrm{d}t}\boldsymbol{i}+\frac{\mathrm{d}v_y}{\mathrm{d}t}\boldsymbol{j}+\frac{\mathrm{d}v_z}{\mathrm{d}t}\boldsymbol{k}\\&=\frac{\mathrm{d}^2x}{\mathrm{d}t^2}\boldsymbol{i}+\frac{\mathrm{d}^2y}{\mathrm{d}t^2}\boldsymbol{j}+\frac{\mathrm{d}^2z}{\mathrm{d}t^2}\boldsymbol{k}\\&=a_x\boldsymbol{i}+a_y\boldsymbol{j}+a_z\boldsymbol{k}\end{aligned} \tag{1-8}$$

加速度的大小为 $a=\sqrt{a_x^2+a_y^2+a_z^2}$ ，加速度的方向可以用其方向余弦表示.

一般地，质点运动学的问题可以分为两类.

第一类：已知运动方程求速度和加速度——微分问题；

第二类：已知加速度和初始条件求速度和运动方程——积分问题.

下面来看两个具体的例子.

例题 1-1　已知一质点的运动方程为 $\boldsymbol{r}=2t\,\boldsymbol{i}+(2-t^2)\,\boldsymbol{j}\mathrm{m}$ ，求该质点在 2s 末的加速度.

解　已知 $\boldsymbol{r}=2t\,\boldsymbol{i}+(2-t^2)\,\boldsymbol{j}$ ，根据速度和加速度的计算公式，有

$$\boldsymbol{v}=\frac{\mathrm{d}\boldsymbol{r}}{\mathrm{d}t}=2\boldsymbol{i}-2t\,\boldsymbol{j}\,(\mathrm{m/s})$$

$$\boldsymbol{a}=\frac{\mathrm{d}\boldsymbol{v}}{\mathrm{d}t}=-2\boldsymbol{j}\,(\mathrm{m/s^2})$$

可见，质点的加速度为恒矢量，与时间无关.

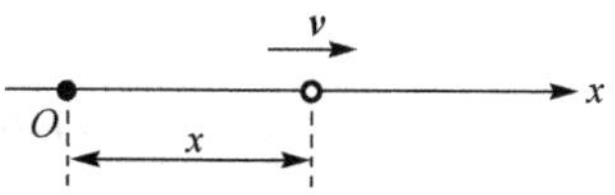

图 1-6　例题 1-2 图

例题 1-2　已知质点沿 x 轴正向做匀加速直线运动，加速度大小为 a. 初始质点位于坐标原点 O 处，初速度大小为 v_0. 求质点的运动方程.

解　首先建立图 1-6 所示坐标系，设在任意 t 时刻，质点位于 x 处，速度大小为 v.

根据加速度定义$\boldsymbol{a}=\dfrac{\mathrm{d}\boldsymbol{v}}{\mathrm{d}t}$，得

$$\mathrm{d}v=a\,\mathrm{d}t$$

将上式两边积分

$$\int_{v_0}^{v}\mathrm{d}v=\int_0^t a\,\mathrm{d}t$$

由此得

$$v=v_0+at$$

又因为$v=\dfrac{\mathrm{d}x}{\mathrm{d}t}$，则

$$\mathrm{d}x=v\mathrm{d}t=(v_0+at)\mathrm{d}t$$

将上式两边积分

$$\int_{x_0}^{x}\mathrm{d}x=\int_0^t(v_0+at)\,\mathrm{d}t$$

由此得

$$x=v_0t+\frac{1}{2}at^2$$

此即质点的运动方程.

1.2　圆周运动的描述

圆周运动既是曲线运动的一个重要特例，又是研究转动问题的基础，因此本节将对圆周运动进行深入分析. 在一般圆周运动中，质点速度的大小和方向都在改变着，亦即存在着加速度. 为使加速度的物理意义更为清晰，在圆周运动的研究中通常采用自然坐标系.

一、自然坐标系

自然坐标系的原点固定在质点上，坐标轴分别沿质点运动轨道的切线方向和法线方向. 其中切向单位矢量用$\boldsymbol{e}_\mathrm{t}$表示，指向质点前进的一侧；法向单位矢量用$\boldsymbol{e}_\mathrm{n}$表示，指向曲线凹的一侧. 图 1-7 为某质点的运动轨道及其任一t时刻在质点所在位置建立的自然坐标系. 显然，沿轨道上各点，自然坐标轴的方位是不断变化的.

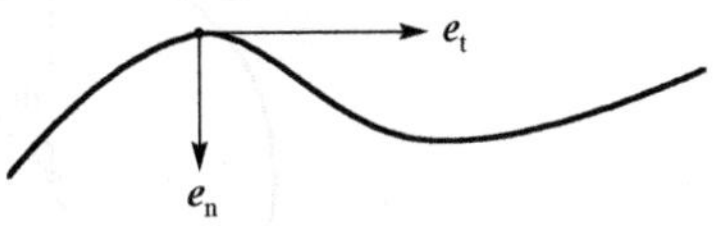

图 1-7　自然坐标系

二、圆周运动的切向加速度和法向加速度

设质点绕圆心O做半径为r的变速圆周运动. 建立自然坐标系如图 1-8 所示. 质点的速度$\boldsymbol{v}$沿切向，在自然坐标系中可写成

$$\boldsymbol{v} = v\boldsymbol{e}_t \tag{1-9}$$

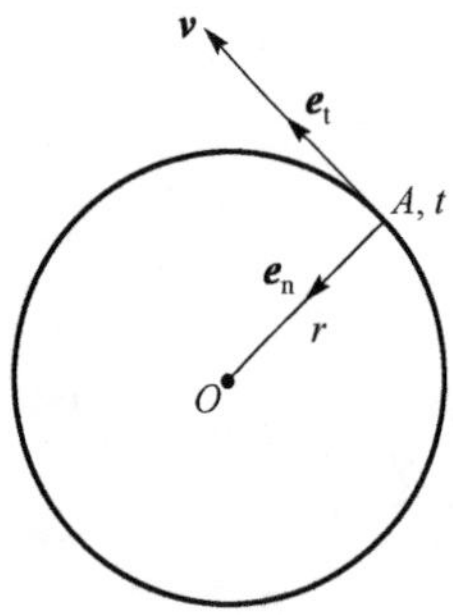

图 1-8 圆周运动

则质点的加速度为

$$\boldsymbol{a} = \frac{d\boldsymbol{v}}{dt} = \frac{dv}{dt}\boldsymbol{e}_t + v\frac{d\boldsymbol{e}_t}{dt} \tag{1-10}$$

上式中，第一项是由质点运动速率变化引起的，方向与$\boldsymbol{e}_t$共线，称为**切向加速度**，用$\boldsymbol{a}_t$表示，即

$$\boldsymbol{a}_t = \frac{dv}{dt}\boldsymbol{e}_t \tag{1-11}$$

设质点由 A 点运动到 B 点，如图 1-9(a)所示，有

$$\begin{cases} \boldsymbol{v} \to \boldsymbol{v}' \\ \boldsymbol{e}_t \to \boldsymbol{e}'_t \\ ds = \overset{\frown}{AB} \end{cases}$$

设$\overset{\frown}{AB}$所对的圆心角为$d\theta$，因为$\boldsymbol{e}_t \perp OA$，$\boldsymbol{e}'_t \perp OB$，所以$\boldsymbol{e}_t$、$\boldsymbol{e}'_t$夹角等于$d\theta$，见图 1-9(b)，则$d\boldsymbol{e}_t = \boldsymbol{e}'_t - \boldsymbol{e}_t$．当$d\theta \to 0$时，有$|d\boldsymbol{e}_t| \approx |\boldsymbol{e}_t| d\theta = d\theta$．因为$d\boldsymbol{e}_t \perp \boldsymbol{e}_t$，所以$d\boldsymbol{e}_t$由 A 点指向圆心 O，则$d\boldsymbol{e}_t = d\theta\boldsymbol{e}_n$．因此式(1-10)中第二项变为

$$v\frac{d\boldsymbol{e}_t}{dt} = v\frac{d\theta}{dt}\boldsymbol{e}_n = \frac{v}{r}\frac{ds}{dt}\boldsymbol{e}_n = \frac{v^2}{r}\boldsymbol{e}_n$$

该项是由质点速度方向改变引起的，方向沿法向，故称为**法向加速度**(也称为向心加速度)，用$\boldsymbol{a}_n$表示，即

$$\boldsymbol{a}_n = \frac{v^2}{r}\boldsymbol{e}_n \tag{1-12}$$

综上可见，质点做圆周运动的加速度由相互垂直的两个分量构成，即

$$\boldsymbol{a} = \boldsymbol{a}_t + \boldsymbol{a}_n = a_t\boldsymbol{e}_t + a_n\boldsymbol{e}_n = \frac{dv}{dt}\boldsymbol{e}_t + \frac{v^2}{r}\boldsymbol{e}_n \tag{1-13}$$

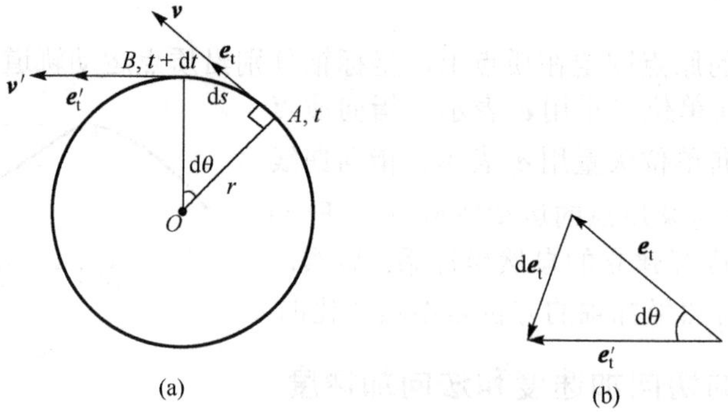

图 1-9 法向加速度

加速度大小为

$$a=\sqrt{a_{\mathrm{t}}^{2}+a_{\mathrm{n}}^{2}}=\sqrt{\left(\frac{\mathrm{d}v}{\mathrm{d}t}\right)^{2}+\left(\frac{v^{2}}{r}\right)^{2}} \tag{1-14}$$

其方向满足 $\tan\theta=\dfrac{a_{\mathrm{n}}}{a_{\mathrm{t}}}$，其中 θ 为 $\boldsymbol{a}$ 与 $\boldsymbol{a}_{\mathrm{t}}$ 的夹角，如图 1-10 所示.

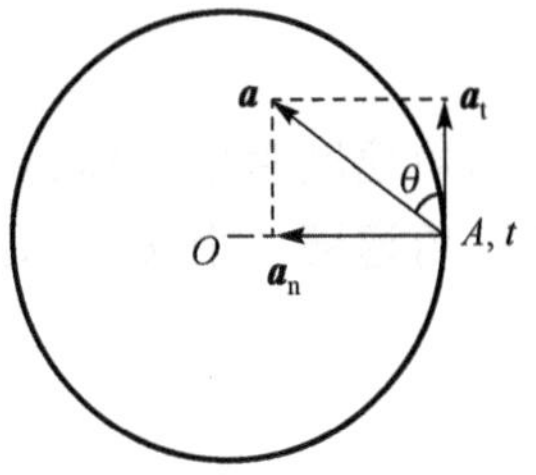

图 1-10　加速度

注意：以上有关变速圆周运动中加速度的讨论及其结果，对任何平面上的曲线运动都是适用的，只是将表达式(1-12)～(1-14)中的 r 变为曲率半径 ρ 即可.

一般来说，曲线上各点处的曲率中心和曲率半径是逐点变化的，但 $\boldsymbol{a}_{\mathrm{n}}$ 处处指向曲率中心. 当质点做匀速圆周运动时，由于 $\dfrac{\mathrm{d}v}{\mathrm{d}t}=0$，所以 $\boldsymbol{a}_{\mathrm{t}}=0$，则 $\boldsymbol{a}=\boldsymbol{a}_{\mathrm{n}}=\dfrac{v^{2}}{r}\boldsymbol{e}_{\mathrm{n}}$.

例题 1-3　质点做半径为 R 的圆周运动，其速率 $v=2t$，求质点在任意时刻的加速度.

解　根据 $\boldsymbol{a}_{\mathrm{t}}=\dfrac{\mathrm{d}v}{\mathrm{d}t}\boldsymbol{e}_{\mathrm{t}}$ 和 $\boldsymbol{a}_{\mathrm{n}}=\dfrac{v^{2}}{r}\boldsymbol{e}_{\mathrm{n}}$，得

$$\boldsymbol{a}_{\mathrm{t}}=2\boldsymbol{e}_{\mathrm{t}}, \qquad \boldsymbol{a}_{\mathrm{n}}=\frac{4t^{2}}{R}\boldsymbol{e}_{\mathrm{n}}$$

再由 $\boldsymbol{a}=\boldsymbol{a}_{\mathrm{t}}+\boldsymbol{a}_{\mathrm{n}}$，得

$$\boldsymbol{a}=2\boldsymbol{e}_{\mathrm{t}}+\frac{4t^{2}}{R}\boldsymbol{e}_{\mathrm{n}}$$

三、圆周运动的角量描述

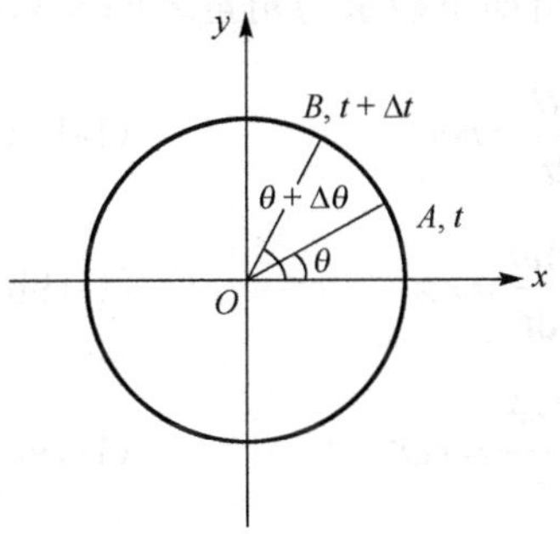

图 1-11　角位移

设一质点在 xy 平面内绕原点 O 做圆周运动，如图 1-11 所示. t 时刻质点运动到 A 点，OA 与 x 轴正向夹角 θ 称为该时刻质点的**角位置**. $t+\Delta t$ 时刻质点到达 B 点，在 Δt 时间内，质点转过的角度 $\Delta\theta$ 称为质点对 O 点的**角位移**. 在国际单位制中角位置和角位移的单位用弧度(rad)表示. 我们规定：沿逆时针转向的角位移取正值；沿顺时针转向的角位移取负值.

为了描述质点位置变动的快慢程度，我们引入角

速度的概念. 质点在 Δt 时间内相对于 O 点的角位移为 $\Delta\theta$，则 $\dfrac{\Delta\theta}{\Delta t}$ 定义为质点在 Δt 内的**平均角速度**，用 $\bar{\omega}$ 表示，即

$$\bar{\omega}=\frac{\Delta\theta}{\Delta t} \tag{1-15}$$

平均角速度粗略地描述了质点的运动. 为了描述运动的细节，我们引入**瞬时角速度**，简称**角速度**，用 ω 表示，即

$$\omega=\lim_{\Delta t\to 0}\bar{\omega}=\lim_{\Delta t\to 0}\frac{\Delta\theta}{\Delta t}=\frac{\mathrm{d}\theta}{\mathrm{d}t} \tag{1-16}$$

在国际单位制中角速度的单位为 $\mathrm{rad\cdot s^{-1}}$.

为了描述质点角速度变化的快慢程度，需要引入角加速度的概念. 设质点在 t 时刻的角速度为 ω_0，经过 Δt 时间后角速度变为 ω，则 Δt 时间内角速度增量为 $\Delta\omega=\omega-\omega_0$. 我们定义

$$\bar{\alpha}=\frac{\Delta\omega}{\Delta t} \tag{1-17}$$

称 $\bar{\alpha}$ 为 $t\sim t+\Delta t$ 时间间隔内质点的**平均角加速度**. 定义

$$\alpha=\lim_{\Delta t\to 0}\bar{\alpha}=\lim_{\Delta t\to 0}\frac{\Delta\omega}{\Delta t}=\frac{\mathrm{d}\omega}{\mathrm{d}t}=\frac{\mathrm{d}^2\theta}{\mathrm{d}t^2} \tag{1-18}$$

为 t 时刻质点的**瞬时角加速度**，简称**角加速度**. 在国际单位制中角加速度的单位为 $\mathrm{rad\cdot s^{-2}}$.

四、线量与角量的关系

设做圆周运动的质点在 $\mathrm{d}t$ 时间内移动的路程为 $\mathrm{d}s$，角位移为 $\mathrm{d}\theta$，线位移为 $\mathrm{d}\boldsymbol{r}$，如图 1-12 所示. 当 $\mathrm{d}t\to 0$ 时，有 $|\mathrm{d}\boldsymbol{r}|=\mathrm{d}s=r\mathrm{d}\theta$，则可得出如下线量与角量之间关系：

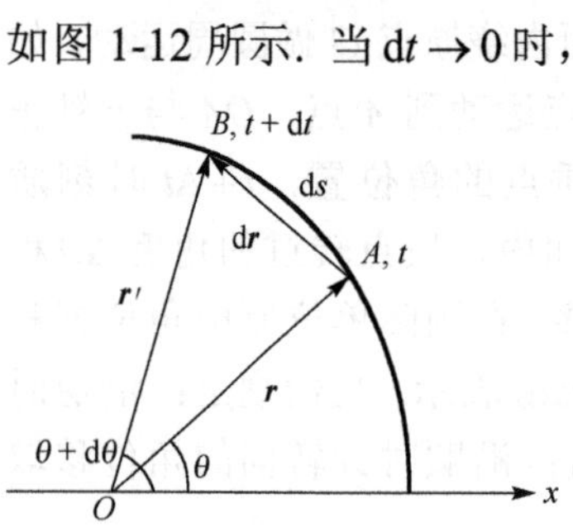

图 1-12　线量与角量关系图

$$v=\frac{\mathrm{d}s}{\mathrm{d}t}=r\frac{\mathrm{d}\theta}{\mathrm{d}t}=r\omega \tag{1-19a}$$

$$a_{\mathrm{t}}=\frac{\mathrm{d}v}{\mathrm{d}t}=r\frac{\mathrm{d}\omega}{\mathrm{d}t}=r\alpha \tag{1-19b}$$

$$a_{\mathrm{n}}=\frac{v^2}{r}=\frac{r^2\omega^2}{r}=r\omega^2 \tag{1-19c}$$

1.3 相对运动*

物体的运动总是相对于某个参考系而言的. 对于不同的参考系，同一质点的位移、速度和加速度都可能不同，这就是运动描述的相对性. 本节将用两个参考系来描述一个质点的运动，并得出两个参考系中质点的速度、加速度之间的数学变换关系.

一、绝对时空观

经典力学认为物体的运动虽然在时间和空间中进行，但时间和空间的性质与物质的运动彼此没有任何联系. 牛顿在《自然哲学的数学原理》一书中，对绝对时间和绝对空间作了明确的表述. 他认为：绝对、真实和数学的时间本身，由于其本性而均匀地流逝，与外界任何事物无关……；绝对空间，就其本性而言，与外界任何事物无关，而永远是相似的和不可移动的……. 这种把物质和运动完全脱离的“绝对时间”和“绝对空间”称为牛顿的绝对时空观. 这种观点是和大量日常生活经验相符的，因此在过去相当长的时间内被人们当成客观真理. 实际上，早在公元前5世纪的《墨经》中已指出，空间是一个与时间密不可分的概念. 墨子认为，“宇”即“域徙”，即空间是物体运动的区域. 两千多年后的1905年，爱因斯坦建立了狭义相对论，使人们对这一直觉的朴素时空观有了深入的理解. 人们逐渐认识到空间和时间都是相对的，与物体的运动有关，这种相对性在物体做高速运动时表现得较为明显. 本节得到的结论是建立在牛顿的绝对时空观基础上的，只适用于低速运动的物体. 对于高速现象，只有确立了相对论时空观才能解决.

二、相对运动

1. 位置关系

取 $S(O\text{-}xyz)$ 和 $S'(O'\text{-}x'y'z')$ 两个坐标系，如图1-13所示，各坐标轴互相平行，且 x 和 x' 轴重合. S 系静止，S' 系相对于 S 系有沿 x 方向的速度 $\boldsymbol{u}$，当 $t=0$ 时，O、O' 重合.

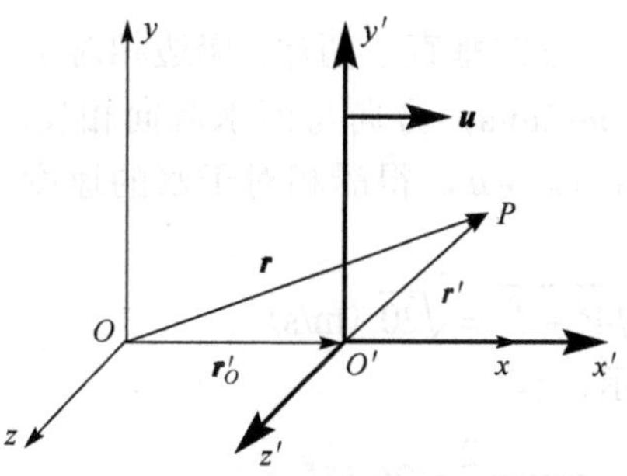

图1-13　相对运动坐标系

设 t 时刻质点在 S 和 S' 系中的位矢分别为 $\boldsymbol{r}$、$\boldsymbol{r}'$，原点 O' 在 S 系中的位矢为 $\boldsymbol{r}'_O$，根据矢量合成法则有

$$\boldsymbol{r}=\boldsymbol{r}'+\boldsymbol{r}'_O \tag{1-20}$$

2. 速度关系

将式(1-20)两边对时间求导，可得

$$\frac{\mathrm{d}\boldsymbol{r}}{\mathrm{d}t}=\frac{\mathrm{d}\boldsymbol{r}'}{\mathrm{d}t}+\frac{\mathrm{d}\boldsymbol{r}_O'}{\mathrm{d}t} \tag{1-21}$$

式中，$\frac{\mathrm{d}\boldsymbol{r}}{\mathrm{d}t}$为质点相对于$S$系的运动速度，用$\boldsymbol{v}$表示；$\frac{\mathrm{d}\boldsymbol{r}'}{\mathrm{d}t}$为质点相对于$S'$系的运动速度，用$\boldsymbol{v}'$表示；$\frac{\mathrm{d}\boldsymbol{r}_O'}{\mathrm{d}t}$为$S'$系相对于$S$系的运动速度，用$\boldsymbol{u}$表示. 即

$$\boldsymbol{v}=\boldsymbol{v}'+\boldsymbol{u} \tag{1-22}$$

上式给出了运动质点在两个做相对运动的坐标系中的速度关系，称为速度变换式.

3. 加速度关系

同理，将式(1-22)两边对时间求导，可得

$$\frac{\mathrm{d}\boldsymbol{v}}{\mathrm{d}t}=\frac{\mathrm{d}\boldsymbol{v}'}{\mathrm{d}t}+\frac{\mathrm{d}\boldsymbol{u}}{\mathrm{d}t} \tag{1-23}$$

式中，$\frac{\mathrm{d}\boldsymbol{v}}{\mathrm{d}t}$为质点相对于$S$系的加速度，用$\boldsymbol{a}$表示；$\frac{\mathrm{d}\boldsymbol{v}'}{\mathrm{d}t}$为质点相对于$S'$系的加速度，用$\boldsymbol{a}'$表示；$\frac{\mathrm{d}\boldsymbol{u}}{\mathrm{d}t}$为$S'$系相对于$S$系的加速度，用$\boldsymbol{a}_O$表示，即

$$\boldsymbol{a}=\boldsymbol{a}'+\boldsymbol{a}_O \tag{1-24}$$

当S'系相对于S系做匀速直线运动($\boldsymbol{a}_O=0$)时，有

$$\boldsymbol{a}=\boldsymbol{a}' \tag{1-25}$$

上式表明，在相对做匀速直线运动的不同参考系中，观察同一质点的运动，所测得的加速度是相同的. 在经典力学中，物体的质量m被认为是不变的，据此，牛顿第二定律在这两个惯性系S和S'中的形式是完全相同的. 这表明，无论保持静止状态，还是沿一条直线做匀速直线运动，物理定律都将是相同的，这称为相对性原理. 例如，一个孩子在飞机上拍皮球，发现即使飞机以极高速飞行，只要不改变飞行速度，皮球跳得和他在地面上拍时一样高.

例题 1-4　如图 1-14 所示，如果河水流速为 2m/s，希望船垂直河岸以 4m/s 的速度过河，求船相对于水的速度.

解　已知船相对于岸边的速度大小为v'=4m/s，方向垂直于两岸. 岸边相对于水的速度大小为 u=2m/s，方向与河水流向相反. 根据速度变换式$\boldsymbol{v}=\boldsymbol{v}'+\boldsymbol{u}$，得船相对于水的速度大小为

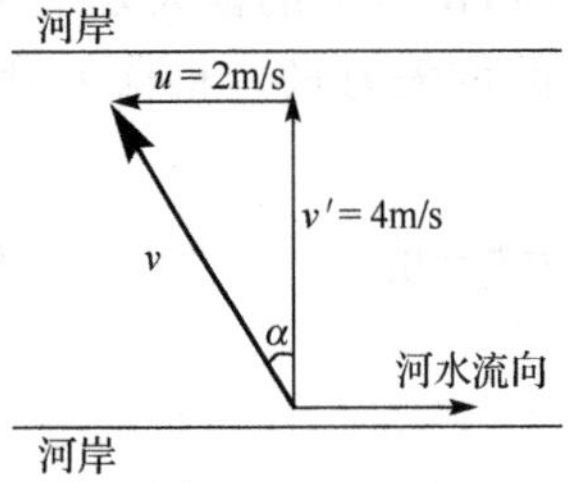

图 1-14　例题 1-4 图

$$v=\sqrt{4^2+2^2}=\sqrt{20}\ (\mathrm{m/s})$$

方向用角度α表示，有

$$\alpha=\arctan\frac{2}{4}\approx 26.56°$$

思　考　题

1-1　站在大树枝头的小鸟正下方有一条胖乎乎的虫子，如果地球的公转速度是30km/s，小鸟直接落下来能抓到虫子吗？

1-2　第一次世界大战期间，一名法国飞行员在2000m高空飞行时，发现脸旁有一个小东西，他以为是一只小昆虫，于是敏捷地把它一把抓了过来，令他吃惊的是抓到的竟是一颗德国子弹！大家都知道，子弹的飞行速度是相当快的，为什么飞行员能抓到它？

1-3　(多选题)北京时间2018年8月26日，中国运动员苏炳添在雅加达亚运会上跑出了9秒92的成绩，打破了赛会记录，强势拿下亚运会百米冠军. 下列说法正确的是(　　)

A．在苏炳添的100m飞奔中，可以将他看成质点

B．教练为了分析其动作要领，可以将其看成质点

C．无论研究什么问题，均不能把苏炳添看成质点

D．是否能将苏炳添看成质点，决定于我们所研究的问题

1-4　一质点在平面上运动，已知质点位置矢量的表示式为 $\boldsymbol{r}=at^2\boldsymbol{i}+bt^2\boldsymbol{j}$ (其中 a、b 为常量)，则该质点做(　　)

A．匀速直线运动　　B．匀变速直线运动

C．匀变速曲线运动　　D．变速曲线运动

1-5　质点沿轨道做曲线运动，下列哪个图正确表示了质点的速度和加速度方向？(　　)

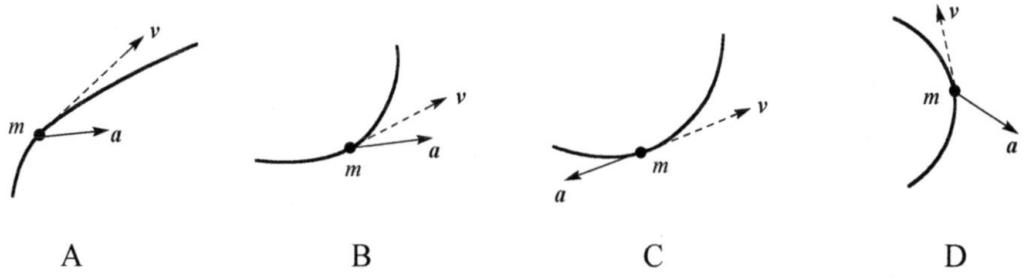

图1-15　思考题1-5图

练　习　题

1-1　一质点在平面上运动，其运动方程为 $\boldsymbol{r}=2t\boldsymbol{i}+(19-2t^2)\boldsymbol{j}$，$x$、$y$ 的单位为m，t 的单位为s.

(1) 求质点的轨道方程；

(2) 求 t=2s 时质点的位矢；

(3) 求 t=2s 时质点的速度和加速度；

(4) 什么时候质点的位矢与速度矢量垂直？此时它们的 x、y 分量各为多少？

1-2　在质点运动中，已知 $x = a\mathrm{e}^{ct}$，$\dfrac{\mathrm{d}y}{\mathrm{d}t} = -bc\mathrm{e}^{-ct}$，$y\big|_{t=0} = b$，其中，$a$，$b$，$c$ 均为常数，求质点的加速度和它的轨道方程.

1-3　一质点沿半径为 R 的圆周，按路程 $s = v_0 t - bt^2/2$ 规律运动，其中 t 为时间，v_0、b 都是正的常量.

(1) 求 t 时刻质点的加速度大小；

(2) t 为何值时，加速度的大小为 b？

(3) 当加速度大小为 b 时，质点沿圆周运行了多少圈？

1-4　一质点沿半径为 0.10m 的圆周运动，其角位移为 $\theta = 2 + 4t^3$(SI)，试求：

(1) 当 t=2s 时，质点切向加速度的大小；

(2) 当质点切向加速度的大小为总加速度大小的一半时，角位移等于多少？

1-5　某人骑自行车以速率 v 向西行驶，北风以速率 v (相对于地面) 吹来，问骑车者遇到的风速及风向如何？

第二章　质点动力学

牛顿碑铭

Nature and Nature' law lay hid in night ;

God said "Let Newton be"and all was light.

——Alexander Pope

第一章讨论了如何描述质点机械运动的问题，本章将研究质点间的相互作用，以及由此引起的质点运动状态变化的规律，称为质点动力学. 牛顿运动定律是整个动力学的基础，本章首先介绍牛顿的基本力学定律，然后将研究重点从质点所受力的瞬时效果转向质点系统运动过程中力的累积效果，进而探讨并确立系统的守恒定律.

2.1　动量　牛顿运动定律

一、牛顿第一定律

牛顿第一定律的确立首先应归功于伽利略和笛卡儿，他们已经认识到，如果一个物体处于自由状态而不受干扰，若此物体原来在运动，它就继续做匀速直线运动；若物体原来静止，则它仍然静止. 牛顿继承和发展了他们的思想，于 1687 年用概括性的语言在其名著《自然哲学的数学原理》中写道：任何物体都保持静止的或沿着一直线做匀速运动的状态，直到作用在它上面的力迫使它改变这种状态为止. 这就是**牛顿第一定律**.

牛顿第一定律蕴含着以下几个重要概念：

第一，物体的惯性. 物体所固有的、保持原来运动状态不变的特性称为**惯性**.

第二， 力的含义. 力是使受力物体运动状态发生变化即产生加速度的原因. 实际上，我国古代思想家墨子在《经上》中已明确指出“力，刑[①]之所以奋也”，即力是物体加速运动的原因，比牛顿的理论早了近两千年.

第三，惯性参考系. 在这种参考系中，一个不受力作用的物体或处于受力平衡状态下的物体将保持静止或匀速直线运动的状态不变. 这种参考系叫**惯性参考系**.

---

① 刑即形.

牛顿第一定律不成立的参考系，称为非惯性系. 实验指出：对一般力学现象来说，地面参考系是一个足够精确的惯性系. 以后如无说明，都是指在惯性参考系中应用牛顿定律.

二、动量与牛顿第二定律

14 世纪中叶，巴黎大学校长琼·布里丹提出了“冲力理论”，把“冲力”定义为“物体的质量与速度”的乘积. 这是最早的“**动量**”概念，我们用 $\boldsymbol{p}$ 表示，即

$$\boldsymbol{p}=m\boldsymbol{v} \tag{2-1}$$

显然，动量是一个矢量，其方向与速度方向相同.

1687 年，牛顿在其名著《自然哲学的数学原理》中写道：运动的变化与所加的动力成正比，并且发生在该力所沿直线的方向上. 这就是**牛顿第二定律**. 这里，牛顿所谓“运动的变化”是指动量的变化率，即 $\dfrac{\mathrm{d}\boldsymbol{p}}{\mathrm{d}t}$，当外力 $\boldsymbol{F}$ 作用于物体时，其动量要发生变化. 所以牛顿第二定律可以表示为

$$\frac{\mathrm{d}\boldsymbol{p}}{\mathrm{d}t}=\frac{\mathrm{d}(m\boldsymbol{v})}{\mathrm{d}t}=\boldsymbol{F} \tag{2-2a}$$

当物体做低速运动，即物体的运动速度远小于光速时，物体的质量可以视为不依赖于速度的常量，因而牛顿第二定律可写成如下常用形式：

$$\boldsymbol{F}=m\frac{\mathrm{d}\boldsymbol{v}}{\mathrm{d}t}=m\boldsymbol{a} \tag{2-2b}$$

可见，在牛顿第一定律的基础上，牛顿第二定律进一步说明了在外力作用下物体运动状态的变化情况. 当物体的质量不变时，物体所获得的加速度大小与其所受合外力的大小成正比，加速度的方向与合外力的方向一致. 在相同外力的作用下，加速度的大小与物体的质量成反比. 这意味着在相同外力的作用下，质量小的物体获得的加速度大，物体的运动状态容易改变，即物体的惯性小；而质量大的物体获得的加速度小，物体的运动状态不易改变，即物体的惯性大. 由此可见，质量是物体惯性大小的量度. 另外，需要注意的是，定律中的力和加速度都是瞬时的，同时存在，同时消失.

三、牛顿第三定律

力是物体间的相互作用，牛顿第三定律说明了物体间相互作用的关系，即两个物体之间的作用力和反作用力，在同一直线上，大小相等而方向相反，分别作用在两个物体上. 这就是**牛顿第三定律**. 其数学表达式为

$$\boldsymbol{F}=-\boldsymbol{F}' \tag{2-3}$$

值得强调的是，作用力和反作用力（$\boldsymbol{F}$ 和 $\boldsymbol{F}'$）是同一种性质的力，并且同时产生，同时消失.

2.2　动量定理　动量守恒定律

牛顿运动定律主要考虑力的瞬时效果，即物体在外力作用下立即产生瞬时加速度. 若一个力作用于物体并维持一定时间，其效果如何？这时需要分别对物体在运动过程中力的时间积累效果和力的空间积累效果进行分析. 本节分析力的时间积累效果，2.3 节将讨论力的空间积累效果.

一、动量定理——力的时间积累效果

将牛顿第二定律式(2-2a)改写成 $\boldsymbol{F}\mathrm{d}t=\mathrm{d}\boldsymbol{p}$，然后对等式两边进行积分，得到

$$\int_{t_1}^{t_2}\boldsymbol{F}\,\mathrm{d}t=\int_{p_1}^{p_2}\mathrm{d}\boldsymbol{p}=\boldsymbol{p}_2-\boldsymbol{p}_1 \tag{2-4}$$

上式左侧积分表示外力在时间 $t_1\sim t_2$ 内的累积量，定义为力的冲量，用 $\boldsymbol{I}$ 表示，即 $\boldsymbol{I}=\int_{t_1}^{t_2}\boldsymbol{F}\,\mathrm{d}t$；右侧是积累的效果——动量的增量. 若要产生相同的效果，外力大和小都可以，如果外力大，则作用时间需短些，如果外力小，则作用时间需长些. 上式表明，物体在运动过程中所受合外力的冲量等于该物体动量的增量. 这一结论称为物体的**动量定理**，可简写为

$$\boldsymbol{I}=\boldsymbol{p}_2-\boldsymbol{p}_1 \tag{2-5}$$

在直角坐标系中，动量定理的分量式可表示为

$$\begin{cases}I_x=\int_{t_1}^{t_2}F_x\,\mathrm{d}t=p_{2x}-p_{1x}\\I_y=\int_{t_1}^{t_2}F_y\,\mathrm{d}t=p_{2y}-p_{1y}\\I_z=\int_{t_1}^{t_2}F_z\,\mathrm{d}t=p_{2z}-p_{1z}\end{cases} \tag{2-6}$$

动量定理常用于碰撞、爆炸、打击、反冲等过程，在这类过程中，相互作用时间很短，作用力很大，变化很快，这种力通常叫冲力. 由于冲力是一个变力，它随时间变化的函数关系难以确定，但动量的变化是一个确定的值，因此，我们可以通过实验测出碰撞前后物体的动量和碰撞时间，对冲力的平均大小进行估算. 为了估算冲力大小，常引入平均冲力的概念，用 $\overline{\boldsymbol{F}}$ 表示，即

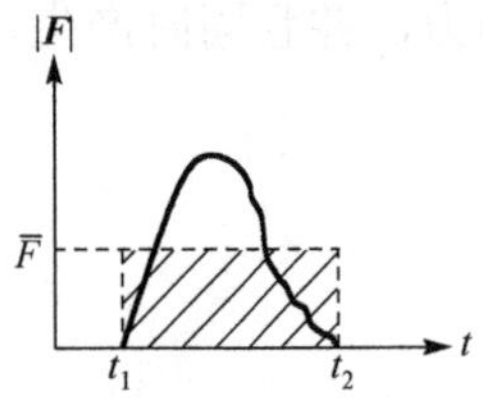

图 2-1　平均冲力

$$\bar{\boldsymbol{F}} = \frac{\int_{t_1}^{t_2} \boldsymbol{F}\,\mathrm{d}t}{t_2 - t_1} = \frac{\boldsymbol{p}_2 - \boldsymbol{p}_1}{t_2 - t_1}$$

则冲量可以表示为

$$\boldsymbol{I} = \bar{\boldsymbol{F}}(t_2 - t_1) \tag{2-7}$$

冲量的大小即图 2-1 所示曲线下包围的面积，等于矩形面积.

在日常生活中，有很多应用动量定理的实例. 例如，我们在接迎面飞来的篮球时，总是先伸出两臂迎接，手触到球后，两臂随球引至胸前，这样就增加了球与手的接触时间，从而减小了球对手的平均冲击力.

二、质点系的动量定理

如图 2-2 所示，质点系由两质点组成，两质点除了相互作用内力 $\boldsymbol{f}_{12}$ 和 $\boldsymbol{f}_{21}$ 外，还分别受到外力 $\boldsymbol{F}_1$ 和 $\boldsymbol{F}_2$ 作用. 根据质点的动量定理，在 $\Delta t = t - t_0$ 时间内，两质点的冲量和动量增量之间的关系分别为

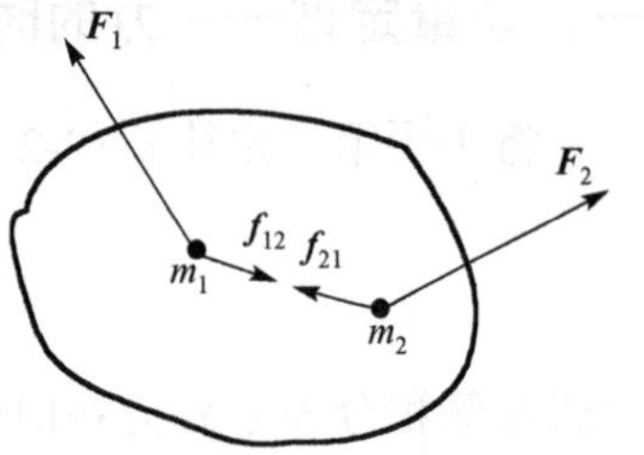

图 2-2　系统的内力与外力

$$\int_{t_0}^{t} (\boldsymbol{F}_1 + \boldsymbol{f}_{12})\mathrm{d}t = m_1\boldsymbol{v}_1 - m_1\boldsymbol{v}_{10}$$

$$\int_{t_0}^{t} (\boldsymbol{F}_2 + \boldsymbol{f}_{21})\mathrm{d}t = m_2\boldsymbol{v}_2 - m_2\boldsymbol{v}_{20}$$

把上面两式相加，得

$$\int_{t_0}^{t} (\boldsymbol{F}_1 + \boldsymbol{F}_2)\mathrm{d}t + \int_{t_0}^{t} (\boldsymbol{f}_{12} + \boldsymbol{f}_{21})\mathrm{d}t = (m_1\boldsymbol{v}_1 + m_2\boldsymbol{v}_2) - (m_1\boldsymbol{v}_{10} + m_2\boldsymbol{v}_{20})$$

考虑到 $\boldsymbol{f}_{12}$ 和 $\boldsymbol{f}_{21}$ 是一对作用力和反作用力，$\boldsymbol{f}_{12} = -\boldsymbol{f}_{21}$，得

$$(\boldsymbol{F}_1 + \boldsymbol{F}_2)\Delta t = (m_1\boldsymbol{v}_1 + m_2\boldsymbol{v}_2) - (m_1\boldsymbol{v}_{10} + m_2\boldsymbol{v}_{20})$$

再推广到 n 个质点组成的系统，则有

$$\sum_{i=1}^{n} \boldsymbol{F}_i \Delta t = \sum_{i=1}^{n} m_i\boldsymbol{v}_i - \sum_{i=1}^{n} m_i\boldsymbol{v}_{i0} \tag{2-8}$$

上式称为**质点系的动量定理**，可表述为：系统所受合外力的冲量等于系统总动量的增量.

例题 2-1　一架飞机以 900km/h 的速度飞行时，撞到前方一只重 500g、长约 20cm 的小鸟. 试估计这只小鸟作用在飞机上的平均冲力大小.

解　以地面为参考系，以小鸟为研究对象. 飞机的速率为

$$v = \frac{900 \times 10^3}{3600} = 250(\mathrm{m/s})$$

由于小鸟的速度远小于飞机的速度，所以小鸟的初动量可忽略不计. 假设碰撞后，

小鸟以飞机的速率运动，根据动量定理，小鸟获得的冲量大小为

$$I = \bar{F}\Delta t = p_2 - p_1 = mv - 0 = 0.5 \times 250 = 125(\text{N}\cdot\text{s})$$

要求出平均冲力，还需估计碰撞持续时间 Δt，它大约等于飞机飞过一段与小鸟身长可以比拟的距离所需要的时间，即

$$\Delta t \approx \frac{0.2\text{m}}{250\text{m/s}} = 8 \times 10^{-4}\text{s}$$

把这个值代入上式，得出平均冲力

$$\bar{F} \approx 1.6 \times 10^5\text{N}$$

虽然我们对这个力的估算很粗糙，但数量级是正确的. 由此可见，在这类碰撞问题中，会产生很大的冲力.

三、动量守恒定律

如果系统受到的外力之和为零(即 $\sum \boldsymbol{F}_i = 0$)，则系统的总动量保持不变，这个结论称为**动量守恒定律**，即

$$\sum_i \boldsymbol{p}_i = \sum_i m_i \boldsymbol{v}_i = \text{常矢量} \tag{2-9}$$

用动量守恒定律分析解决问题，需注意以下几点：

(1)系统动量守恒的条件是合外力为零. 在碰撞、打击、反冲、爆炸等极短暂过程中，内力远远大于外力，可以认为系统所受外力为零，因此在此过程中可以利用动量守恒定律解决有关运动问题.

(2)若质点系在某方向不受外力，则沿该方向动量守恒，即

$$\sum m_i v_{ix} = \text{常量}\quad（\text{设 } x \text{ 方向无外力}） \tag{2-10}$$

(3)由于动量守恒定律是由牛顿定律导出的，所以只适用于惯性系.

例题 2-2　一小船质量 100kg，船长 3.6m，船头站着一质量 50kg 的人. 开始时，人和船静止于水面上. 现设该人从船头走到船尾，则船移动了多少距离？假定空气和水的阻力不计.

解　已知船的质量 M=100kg，船长 l =3.6m，人的质量 m=50kg.

由于不计空气和水的阻力作用，所以在人从船头走向船尾的过程中，人与船组成的系统在水平方向满足动量守恒，即

$$mv - Mu = 0$$

式中，v 和 u 表示人从船头走向船尾时，人和船分别相对于水面的速度，两者方向相反. 由上式，得

$$v = \frac{M}{m}u$$

人相对于船的速度为

$$v' = v + u = \frac{M+m}{m}u$$

设人在 t 时间内从船头走到船尾，则船长

$$l = \int_0^t v'\mathrm{d}t = \int_0^t \frac{M+m}{m}u\mathrm{d}t = \frac{M+m}{m}\int_0^t u\mathrm{d}t$$

在这段时间内，船移动的距离为

$$s = \int_0^t u\mathrm{d}t = \frac{ml}{M+m} = \frac{50\times 3.6}{100+50} = 1.2(\mathrm{m})$$

可见，不管人行走的速度多大以及速度如何变化，对结果并无影响.

2.3 功 动能定理

一、功——力的空间累积量

物体在力 $\boldsymbol{F}$ 的作用下发生一无限小的位移 $\mathrm{d}\boldsymbol{r}$（元位移），此力对它做的元功定义为

$$\mathrm{d}A = F\cos\phi|\mathrm{d}\boldsymbol{r}| = \boldsymbol{F}\cdot\mathrm{d}\boldsymbol{r} \tag{2-11}$$

其中，ϕ 为 $\boldsymbol{F}$ 与 $\mathrm{d}\boldsymbol{r}$ 之间的夹角. 显然功是标量，没有方向，但有正负，取决于 ϕ 角的大小.

二、动能定理——力的空间积累效果

1. 质点的动能定理

如图 2-3 所示，当质点在变力 F 作用下，从 a 点沿曲线运动到 b 点时，变力 F 在这个过程中所做的总功为

$$A = \int_a^b \mathrm{d}A = \int_a^b \boldsymbol{F}\cdot\mathrm{d}\boldsymbol{r} = \int_a^b F\cos\phi|\mathrm{d}\boldsymbol{r}|$$

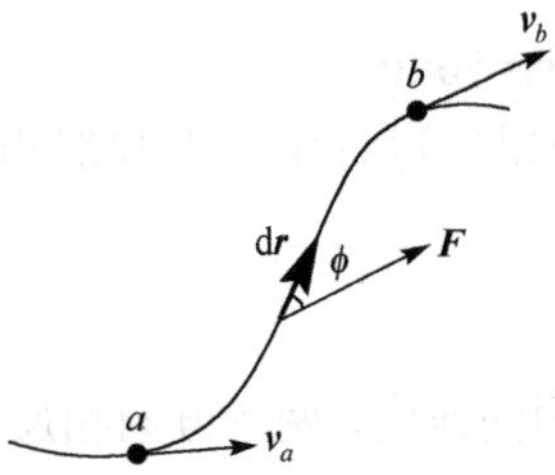

图 2-3 动能定理

根据牛顿第二定律，有

$$F\cos\phi = ma_{\mathrm{t}} = m\frac{\mathrm{d}v}{\mathrm{d}t}$$

其中，a_t 为质点的切向加速度.

又根据 $\boldsymbol{v} = \dfrac{\mathrm{d}\boldsymbol{r}}{\mathrm{d}t}$，有

$$|\mathrm{d}\boldsymbol{r}| = v\mathrm{d}t$$

设质点在 a 点和 b 点的速度分别为 v_a 和 v_b，则

$$A=\int_{v_a}^{v_b} m\frac{\mathrm{d}v}{\mathrm{d}t}\cdot v\mathrm{d}t=\int_{v_a}^{v_b} mv\mathrm{d}v=\frac{1}{2}mv_b{}^2-\frac{1}{2}mv_a{}^2$$

等式右边反映了状态量 $\frac{1}{2}mv^2$ 的变化. $\frac{1}{2}mv^2$ 是质点速率的函数，具有能量的量纲，我们把它称为**质点的动能**，记作 E_k. 上式中 $\frac{1}{2}mv_b{}^2$ 为质点在 b 处的动能，用 $E_{\mathrm{k}b}$ 表示；$\frac{1}{2}mv_a{}^2$ 为质点在 a 处的动能，用 $E_{\mathrm{k}a}$ 表示. 则上式也可以写成

$$A=E_{\mathrm{k}b}-E_{\mathrm{k}a}=\Delta E_\mathrm{k} \tag{2-12}$$

上式表明：合外力对质点做的功总等于质点动能的增量，这一结论称为**质点的动能定理**.

2. 质点系的动能定理

设一个系统由两个质点组成，质量分别为 m_1、m_2，所受外力分别为 $\boldsymbol{F}_1$ 和 $\boldsymbol{F}_2$，两质点间的相互作用力为 $\boldsymbol{f}_{12}$ 和 $\boldsymbol{f}_{21}$(对整个系统而言是内力). 在这些力作用下，两个质点分别沿路径 s_1，s_2 运动，根据质点的动能定理有

$$\int \boldsymbol{F}_1\cdot\mathrm{d}\boldsymbol{r}_1+\int \boldsymbol{f}_{12}\cdot\mathrm{d}\boldsymbol{r}_1=\Delta E_{\mathrm{k}1}$$

$$\int \boldsymbol{F}_2\cdot\mathrm{d}\boldsymbol{r}_2+\int \boldsymbol{f}_{21}\cdot\mathrm{d}\boldsymbol{r}_2=\Delta E_{\mathrm{k}2}$$

以上两式相加，得

$$\underbrace{\left(\int \boldsymbol{F}_1\cdot\mathrm{d}\boldsymbol{r}_1+\int \boldsymbol{F}_2\cdot\mathrm{d}\boldsymbol{r}_2\right)}_{\text{系统外力功}A_\mathrm{e}}+\underbrace{\left(\boldsymbol{f}_{12}\cdot\mathrm{d}\boldsymbol{r}_1+\boldsymbol{f}_{21}\cdot\mathrm{d}\boldsymbol{r}_2\right)}_{\text{系统内力功}A_\mathrm{i}}=\underbrace{\Delta E_{\mathrm{k}1}+\Delta E_{\mathrm{k}2}}_{\text{系统动能增量}\Delta E_\mathrm{k}}$$

即

$$A_\mathrm{e}+A_\mathrm{i}=\Delta E_\mathrm{k} \tag{2-13}$$

上式表明，系统外力和内力做功的和等于系统动能的增量，这一结论称为**质点系动能定理**. 上述结论对于多个质点组成的质点系仍然成立.

2.4　势能　机械能守恒定律

一、系统的势能

1. 重力做功

如图 2-5 所示，设质量为 m 的质点在重力 $m\boldsymbol{g}$ 的作用下，从 a 点沿任意路径运动到 b 点，c 是运动轨迹上任一点，在 c 附近考虑一个元位移 $\mathrm{d}\boldsymbol{r}$，与 $m\boldsymbol{g}$ 夹角

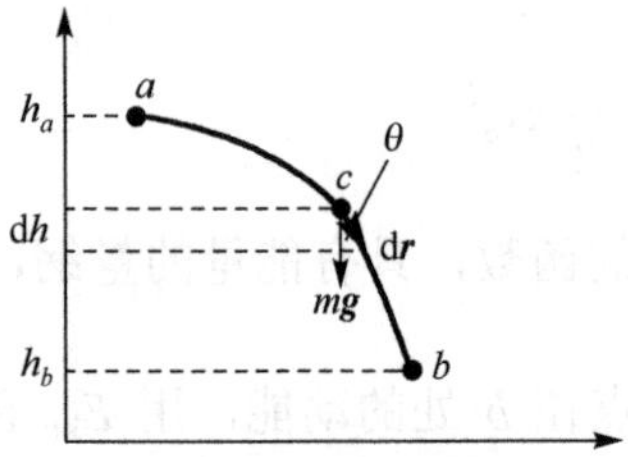

图 2-5　重力做功

为 θ，则与之对应的元功为

$$\mathrm{d}A = m\boldsymbol{g}\cdot\mathrm{d}\boldsymbol{r} = mg|\mathrm{d}\boldsymbol{r}|\cos\theta = mg(-\mathrm{d}h)$$

那么，从 a 运动到 b，重力所做的功为

$$A_{ab} = mg\int_{h_a}^{h_b}(-\mathrm{d}h) = mg(h_a - h_b) \tag{2-14}$$

由此可见，重力做功与运动路径无关，仅与质点的始、末位置有关. 若质点做下降运动，则重力做正功；若质点做上升运动，则重力做负功.

2. *万有引力做功*

如图 2-6 所示，考虑质量为 m 的质点，在另一质量为 M 的静止质点的引力场中，沿任意曲线从 a 处运动到 b 处，则万有引力所做的元功为

$$\mathrm{d}A = \boldsymbol{F}\cdot\mathrm{d}\boldsymbol{r} = G\frac{Mm}{r^2}\cos\alpha|\mathrm{d}\boldsymbol{r}|$$

由图 2-6 可知

$$\cos\alpha|\mathrm{d}\boldsymbol{r}| = -\cos(\pi-\alpha)|\mathrm{d}\boldsymbol{r}| = -\mathrm{d}r$$

则

$$\mathrm{d}A = -GMm\frac{1}{r^2}\mathrm{d}r$$

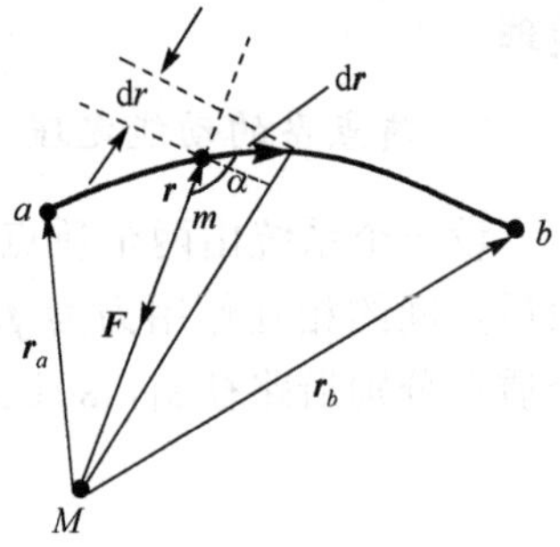

图 2-6　万有引力做功

那么，从 a 运动到 b，引力所做的总功为

$$A = \int_{r_a}^{r_b} -GMm\frac{1}{r^2}\mathrm{d}r = -GMm\left(\frac{1}{r_a} - \frac{1}{r_b}\right) \tag{2-15}$$

由此可见，万有引力做功与运动路径无关，仅与物体的始、末位置有关. 如果以力心为原点，若质点运动由近至远，则引力做负功；若质点运动由远至近，则引力做正功.

3. *弹性力做功*

设有一劲度系数为 k 的轻弹簧，置于水平光滑桌面上，一端固定，另一端连接质量为 m 的质点，如图 2-7 所示. 以弹簧自然伸长处作为坐标原点建立坐标系 OX，质点从 x_a 处运动到 x_b 处，弹性力所做的功为

$$A = \int_a^b \boldsymbol{F}\cdot\mathrm{d}\boldsymbol{r} = \int_{x_a}^{x_b}(-kx)\mathrm{d}x = \frac{1}{2}k(x_a^2 - x_b^2) \tag{2-16}$$

由此可见，弹性力做功与往复的路径无关，仅与质点的始末位置有关. 当 $|x_b| > |x_a|$ 时，弹性力做负功；反之，当 $|x_b| < |x_a|$ 时，弹性力做正功.

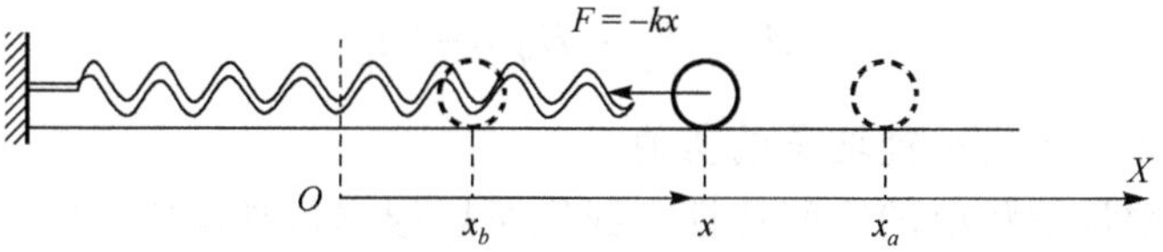

图 2-7　弹性力做功

综上所述，重力、万有引力、弹性力做功有一个共同点：做功与路径无关，若始末位置一定，则做功多少不变，具有这种性质的力称为**保守力**. 不具备上述性质的力称为**非保守力**，如摩擦力等. 保守力做功与路径无关的性质，大大简化了其做功的计算，并由此引入了势能的概念.

4. 势能

将动能定理应用于保守力做功系统，得到以下关系式：

$$\frac{1}{2}mv_b^2-\frac{1}{2}mv_a^2=\begin{cases}mgh_a-mgh_b, & \text{重力做功系统}\\ \frac{1}{2}kx_a^2-\frac{1}{2}kx_b^2, & \text{弹性力做功系统}\\ -G\dfrac{Mm}{r_a}-\left(-G\dfrac{Mm}{r_b}\right), & \text{引力做功系统}\end{cases}\tag{2-17}$$

再将等式两边同一时空点，即同一下角标的量合并在一起，得到如下方程：

$$\frac{1}{2}mv_b^2+mgh_b=\frac{1}{2}mv_a^2+mgh_a$$

$$\frac{1}{2}mv_b^2+\frac{1}{2}kx_b^2=\frac{1}{2}mv_a^2+\frac{1}{2}kx_a^2$$

$$\frac{1}{2}mv_b^2+\left(-G\frac{Mm}{r_b}\right)=\frac{1}{2}mv_a^2+\left(-G\frac{Mm}{r_a}\right)$$

上式表明，在保守力做功系统中，质点的运动存在一个“不变量”. 这个“不变量”等于已定义的动能和尚未命名的能量之和，其源于保守力做功，与动能处于平等地位，两者之和在运动过程中保持不变. 鉴于它的空间特性仅由质点位置决定，故称其为**势能**或**位能**，记做 E_p. 因此，每种保守力都有对应的势能.

重力势能：$E_p(h)=mgh$，势能零点在 $h=0$；

弹性势能：$E_p(x)=\dfrac{1}{2}kx^2$，势能零点在 $x=0$；

引力势能：$E_p(r)=-G\dfrac{Mm}{r}$，势能零点在无穷远处 $r\to\infty$.

由于势能零点可以任意选取，所以势能是相对的，但是势能差是确定的. 引入势能的概念后，式(2-17)可以表示为

$$A_{ab}=E_{pa}-E_{pb}=-\Delta E_{p}$$

即保守力做功等于系统势能增量的负值.

为了形象地反映势能的空间特性，我们可以根据每种保守力的势能公式画出其相应的势能曲线，如图 2-8 所示.

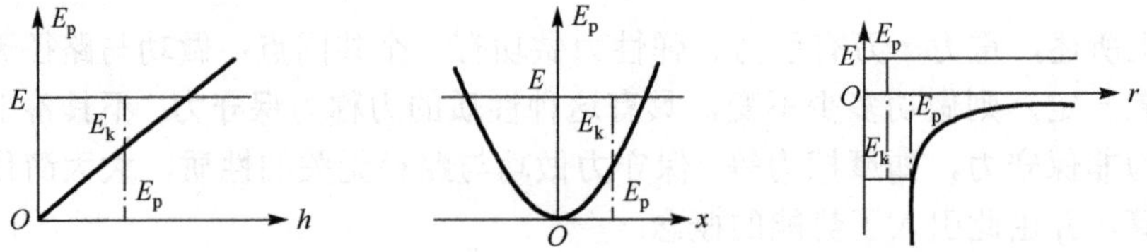

(a) 重力势能　(b) 弹性势能　(c) 引力势能

图 2-8　势能曲线

例题 2-3　如图 2-4 所示，劲度系数为 k 的弹簧，一端固定在 A 点，另一端连一质量为 m 的物体，靠在光滑的半径为 a 的圆体表面上，弹簧原长为 AB，在变力 $\boldsymbol{F}$ 作用下，物体极缓慢地沿表面从位置 B 移到 C，求力 $\boldsymbol{F}$ 所做的功.

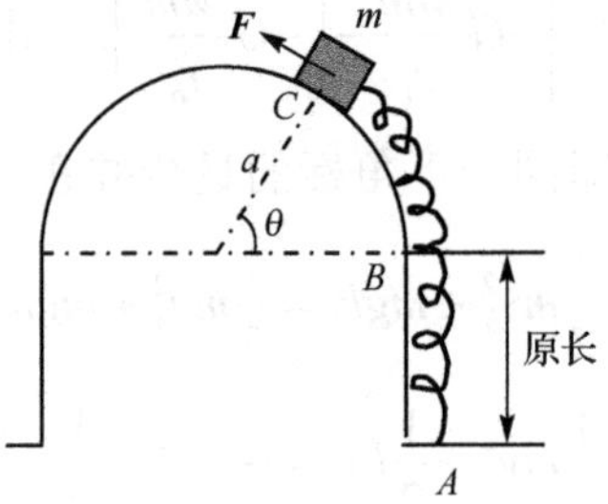

图 2-4　例题 2-3 图

解　对弹簧与物体组成的系统进行分析，可知整个过程动能变化为 0，即

$$\Delta E_{k}=0$$

设外力、重力和弹力做功分别为 A_F、A_G、$A_{弹}$，当物体从 B 运动到 C 时，物体升高 $h=a\sin\theta$，弹簧伸长 $s=a\theta$，所以

$$A_G=-mga\sin\theta$$

$$A_{弹}=-\frac{1}{2}ks^2=-\frac{1}{2}ka^2\theta^2$$

利用动能定理，有

$$A_F+A_G+A_{弹}=\Delta E_k$$

因此

$$A_F=mga\sin\theta+\frac{1}{2}ka^2\theta^2$$

二、功能原理

系统内力包括保守内力和非保守内力，则系统内力的功 A_i 可以区分为保守内力的功 A_{ic} 和非保守内力的功 A_{id}，而保守内力的功等于势能增量的负值，即

$$A_i = A_{ic} + A_{id}$$

$$A_{ic} = -\Delta E_p$$

根据质点系动能定理，有

$$A_e + (-\Delta E_p + A_{id}) = \Delta E_k$$

整理上式得

$$A_e + A_{id} = \Delta E_k + \Delta E_p = \Delta E \tag{2-18}$$

其中，ΔE 表示动能增量和势能增量之和，即系统机械能的增量. 上式表明，当系统状态变化时，其机械能增量等于外力做功与非保守内力做功的总和，这一结论称为**系统的功能原理**.

应当强调的是，当取单个物质作为研究对象时，使用单个物体的动能定理，其中合外力做功指作用在物体上所有外力做的总功，包括重力、弹力等；当取系统作为研究对象时，引入了势能概念，保守力做的功用系统的势能变化所代替，因此在应用时，计算了保守力做功，就不必再考虑势能变化——质点系动能定理；考虑了势能变化，就不必再计算保守力做功——功能原理.

三、机械能守恒定律

质点系在运动过程中，若 $A_e + A_{id} = 0$（只有保守力做功），则

$$\Delta E = 0 \quad 或 \quad E_k + E_p = 恒量 \tag{2-19}$$

可见，如果一个系统只有保守力做功，其他内力和一切外力都不做功或者它们的总功为零，则系统内各物体的动能和势能可以互相转换，但机械能的总值不变，这一结论称为**机械能守恒定律**. 例如，无阻尼单摆和弹簧振子的运动就满足机械能守恒定律.

例题 2-4　如图 2-9 所示，质量为 m、速度为 $\boldsymbol{v}$ 的钢球，射向质量为 M 的靶，靶中心有一小孔，内有劲度系数为 k 的弹簧，此靶最初处于静止状态，但可在水平面上做无摩擦滑动. 求钢球射入靶内弹簧后弹簧的最大压缩距离.

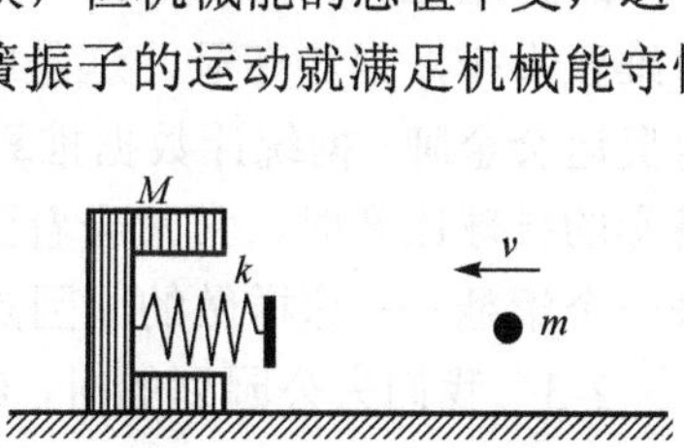

图 2-9　例题 2-4 图

解　取钢球和靶（含弹簧）这一系统作为研究对象. 该系统在钢球和靶开始碰撞

至二者取得共同速度的过程中，在水平方向无外力作用，因此系统满足动量守恒定律. 同时系统无外力做功，而弹簧力为保守内力，因此满足机械能守恒定律.

设钢球和靶碰后共同运动时的速度大小为 V，则根据动量守恒定律得

$$mv=(m+M)V$$

设弹簧的最大压缩距离为 x_0，则根据机械能守恒定律得

$$\frac{1}{2}mv^2=\frac{1}{2}(m+M)V^2+\frac{1}{2}kx_0^2$$

联立以上两式得

$$x_0=\sqrt{\frac{mM}{k(m+M)}}\,v$$

四、能量守恒定律

无阻尼单摆是一个典型的机械能守恒例子，但实际上单摆最后总是要停下来，即机械能逐渐减小，这是由于摩擦阻力等做了负功，即机械能不再守恒；但随着机械能的减小，因摩擦产生了热能，若考虑了热能，则整个能量是守恒的.

一个孤立系统经历任何变化时，其所有能量的总和是不变的，能量只能从一种形式变化为另一种形式，或从系统的一个物体传给另一个物体，这就是**能量守恒定律**. 能量守恒定律是物理学极具普遍性的定律之一，它与生物进化论、细胞学说并称为 19 世纪自然科学的三大发现. 首先发表文章阐明能量守恒的是德国医生迈尔. 能量守恒定律的意义在于，不研究变化过程的细节而对系统的初、末状态下结论.

思 考 题

2-1　设想一块砖从十几厘米高处掉下来，打在你张开的手上，为什么当手放在桌面上时会受重伤？而在另外的情况下，你甚至能很容易地接住掉下的砖而不受伤？

2-2　在 2016 年 8 月 21 日里约奥运会女排决赛中，中国女排以 3:1 逆转战胜塞尔维亚女排，强势夺冠，这是中国女排在 2004 年雅典奥运会后，时隔 12 年再次摘得奥运会金牌. 据统计数据推算，超过 3 亿的中国人观看了这场比赛. 人们在欣赏精彩的排球比赛时，常常会看到这样一种现象：排球运动员在扑倒救球时，会顺势来一个滚翻——这样做的原因是什么？

2-3　我们去公园划船时，经常看到码头边固定着橡胶轮胎，这些橡胶轮胎起什么作用呢？

2-4　一支粉笔从桌子上落下，粉笔碰到地面前的速率，可以利用原有的势能等于它碰到地面前的总能量求出. 如果把势能零点分别取在(a)地板上、(b)桌面上、

(c)天花板上，所得的结果是否相同？

2-5　在高 h 处以初速 v_0 将一物抛出，试分析以下各种情况下物体落地的速度大小(不计各种阻力).

(1)竖直上抛；(2)竖直下抛；(3)平抛；(4)斜上抛.

练　习　题

2-1　一个 70kg 的人驾车等待红灯时，由于车子尾部被撞而突然被加速到 6m/s，假设被撞时间持续 0.3s，求车座后背作用在驾车人身上的冲量和平均力.

2-2　质量 $M=3\times10^3$kg 的重锤，从高 $h=1.5$m 处自由落到受锻压的工件上，使工件发生形变，如果作用时间分别为 0.1s 和 0.01s，(1)分别求锤对工件的平均冲力；(2)打击问题中什么情况下可以忽略重力？

2-3　停留在太空中一个质量为 M 的宇宙密闭舱，受到一个力 $F=ct^3$ 的作用，其中 c 为常数，作用持续时间为 t_0. 求密闭舱在 t_0 时刻的速率.

2-4　在打靶练习时，一个士兵把质量为 3.0g、水平速度为 250m/s 的子弹射入一个放在支柱顶上的质量为 5.0kg 的西瓜，子弹停留在西瓜中. 问西瓜以多大的速率飞离支柱？

2-5　一个质量为 m 的物体，沿 x 轴正向运动，经过坐标原点时具有速率 v_0，并开始受到阻力 $F_x=-Ax$ 的作用，其中，A 为常数. 请问该物体将停止在何处？

2-6　质量为 M 的大木块具有半径为 R 的 1/4 弧形槽，如图 2-10 所示. 质量为 m 的小球从曲面的顶端滑下，大木块放在光滑水平面上，二者都做无摩擦的运动，而且都从静止开始，求小球脱离大木块时的速度.

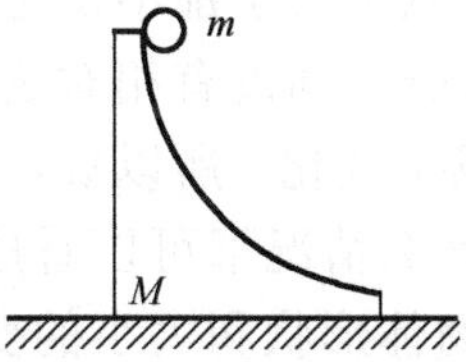

图 2-10　练习题 2-6 图

第三章　刚体定轴转动

小常识

跳台跳水是竞技跳水项目之一，在坚硬无弹性的平台上进行，跳台高度分为 5m、7.5m 和 10m 三种. 跳水运动员跳起后迅速收紧身体并在空中翻转多周，到达水面前迅速打开身体. 请问跳台高度决定着什么呢？收紧身体和打开身体的原因是什么？

刚体和质点都是理想模型，但是刚体有大小和形状，如半径为 0.1m 的实心球体、长为 1m 的细杆. 那么我们如何利用质点和质点系的规律研究刚体力学问题呢？在研究刚体问题时，对刚体进行“分割”，使每一小份体积趋于零，即可以看成质点，我们把可以看成质点的每一小份称为质元，这样，刚体可看成由无穷个“质点”组成的特殊质点系；再利用质点力学的定律和叠加原理推导出刚体力学的运动定律.

本章介绍刚体及与描述刚体转动有关的物理量：力矩、角动量、质心位置、转动惯量和转动动能，重点讨论刚体定轴转动的转动定理和角动量守恒定律.

3.1　刚体的运动

一、刚体

刚体是指在任何情况下，形状和大小都不发生变化的物体. 即其内部任意两点之间的距离永远不变，刚体各部分之间没有相对运动. 在实际问题中，当物体受到力的作用时，形状和大小都会发生变化，所以说，刚体是一个理想模型. 那么，在实际问题中，什么样的物体在什么情况下可以看成是刚体呢？在物体材质比较坚实、受力不太大的情况下，即物体形状和大小的变化可以忽略时，实际物体可以看成刚体.

二、刚体的平动

如果刚体在运动过程中，连接刚体内两点的直线在空间的指向总保持平行，这样的运动就叫做**平动**，如图 3-1 所示. 刚体在平动时，刚体内各质元的运动轨迹都一样，而且在同一时刻的速度和加速度都相等，因此在描述刚体平动时，可用刚体内任意一点的运动来代表刚体的运动. 通常情况下，用刚体质心的运动代表刚体的运动.

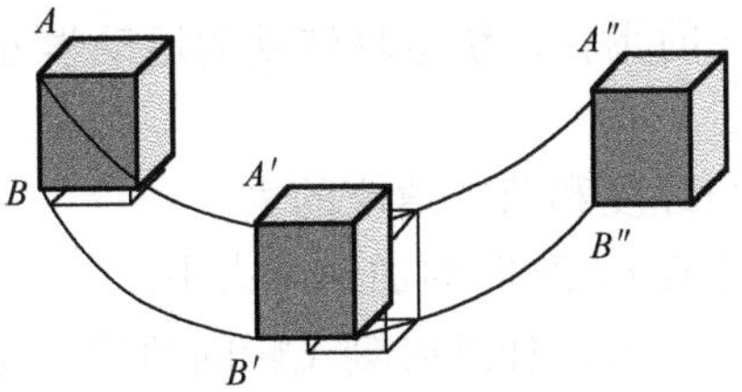

图 3-1　刚体的平动

三、刚体的定轴转动

刚体的定轴转动是转轴固定不动的转动. 在这种运动中，刚体内各质元均做圆周运动，其圆心都在一条固定不动的直线上，这条直线叫做转轴，如定滑轮的转动、门和窗的转动等. 在同一时刻，刚体上各质元的速度和加速度是不同的，这是由于它们的半径不同. 但由于各质元的相对位置不变，各质元的角位移、角速度和角加速度均相同，所以用角量来描述刚体定轴转动比较方便. 如在第一章质点圆周运动所提出的，以 $\mathrm{d}\theta$ 表示刚体在 $\mathrm{d}t$ 时间间隔内发生的角位移，则刚体转动角速度大小为

$$\omega = \frac{\mathrm{d}\theta}{\mathrm{d}t} \tag{3-1}$$

刚体转动的角加速度大小为

$$\alpha = \frac{\mathrm{d}\omega}{\mathrm{d}t} = \frac{\mathrm{d}^2\theta}{\mathrm{d}t^2} \tag{3-2}$$

角加速度的大小是表征刚体在某个位置或某一时刻角速度大小变化快慢的量度. 若角加速度大小不随时间变化，称为匀角加速度运动. 以 ω_0 表示刚体在 $t=0$ 时刻的角速度，以 ω 表示刚体在时刻 t 时的角速度，以 θ 表示刚体在从 0 到 t 时刻这一段时间内的角位移，仿照匀加速直线运动公式推导可得到匀加速转动的相应公式为

$$\omega = \omega_0 + \alpha t \tag{3-3}$$

$$\theta = \omega_0 t + \frac{1}{2}\alpha t^2 \tag{3-4}$$

$$\omega^2 - \omega_0^2 = 2\alpha\theta \tag{3-5}$$

离转轴的距离为 r 的质元的线速度与角速度的关系为

$$v = r\omega \tag{3-6}$$

而其线加速度与刚体的角加速度和角速度的关系为

$$a_{\mathrm{t}} = r\alpha \tag{3-7}$$

$$a_{\mathrm{n}} = r\omega^2 \tag{3-8}$$

例题 3-1　半径为 1m 的飞轮，绕定轴转动的运动学方程为 $\theta = 2t^3 + 4t + 5$ (SI)，试求：

(1) 任意时刻飞轮的角速度和角加速度的大小；

(2) 飞轮边缘上任意点在 $t = 2\text{s}$ 时的加速度大小.

解　(1) 根据角速度定义式，任意时刻飞轮的角速度为

$$\omega = \frac{\mathrm{d}\theta}{\mathrm{d}t} = \frac{\mathrm{d}}{\mathrm{d}t}(2t^3 + 4t + 5) = 6t^2 + 4$$

根据角加速度定义式，任意时刻飞轮的角加速度为

$$\alpha = \frac{\mathrm{d}\omega}{\mathrm{d}t} = \frac{\mathrm{d}}{\mathrm{d}t}(6t^2 + 4) = 12t$$

(2) 飞轮边缘上任意点在 $t = 2\text{s}$ 时，法向加速度和切向加速度的大小分别为

$$a_{\mathrm{n}} = r\omega^2 = (6t^2 + 4)^2 = (6 \times 2^2 + 4)^2 = 784(\mathrm{m/s^2})$$

$$a_{\mathrm{t}} = r\alpha = 12t = 12 \times 2 = 24(\mathrm{m/s^2})$$

加速度大小为

$$a = \sqrt{a_{\mathrm{n}}^2 + a_{\mathrm{t}}^2} = \sqrt{784^2 + 24^2} \approx 784.4(\mathrm{m/s^2})$$

3.2　力矩　角动量

质点运动状态改变的原因是力，即当物体所受合外力不为零时，描述物体运动状态的物理量要发生变化，并且合外力与描述物体状态的物理量之间有一定的函数关系. 那么，引起物体转动状态改变的原因是什么？它和描述转动状态物理量的函数关系如何？为了更好地理解这些问题，我们先研究质点转动问题.

一、力矩

在日常生活中，我们常常会遇到物体转动问题，特别是定轴转动问题(如开、关门). 经验告诉我们，使原来静止的物体转动起来，不仅与所受外力的大小、方向有关，还与力的作用点到轴的垂直距离有关. 为了描述引起物体转动状态改变的原因，引入了**力矩**的概念. 当力 $\boldsymbol{F}$ 作用在一个质点上时，其所受**力矩** $\boldsymbol{M}$ 为

$$\boldsymbol{M} = \boldsymbol{r} \times \boldsymbol{F} \tag{3-9}$$

其中，$\boldsymbol{r}$ 是从参考点引向力的作用点的矢量.

设质点 m 在平面 S 内绕 O 点转动，力 $\boldsymbol{F}$ 作用在质点 m 上，并且力 $\boldsymbol{F}$ 的作用线在平面 S 内，从 O 向力的作用点(质点所在位置)引一矢量 $\boldsymbol{r}$，$\boldsymbol{r}$ 与 $\boldsymbol{F}$ 的夹角为 θ，如图 3-2 所示. 根据力矩的定义 $\boldsymbol{M}=\boldsymbol{r}\times\boldsymbol{F}$ 得到力矩的大小 $M = rF\sin\theta$，方向垂直图

面指向外. 质点在平面 S 内绕固定点 O 的转动可以看成质点绕过 O 点且垂直于平面 S 的轴的定轴转动，质点做圆周运动可以看成质点绕过圆心且垂直于圆面的轴的定轴转动.

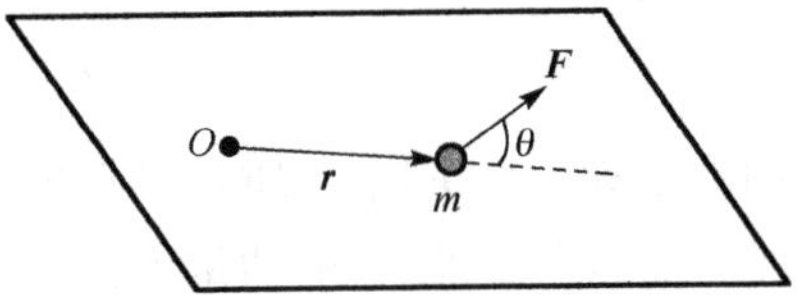

图 3-2　力矩

若力 $\boldsymbol{F}$ 的作用线不在平面 S 内，如图 3-3 所示，可将力 $\boldsymbol{F}$ 分解为平行于 z 轴(过 O 点且垂直于面 S 的轴)的分力 $\boldsymbol{F}_{\parallel}$ 和垂直于 z 轴的分力 $\boldsymbol{F}_{\perp}$. 平行于 z 轴的分力 $\boldsymbol{F}_{\parallel}$ 产生的力矩垂直于 z 轴，不会引起绕 z 轴的转动，相对于 z 轴的力矩为零；垂直于 z 轴的分力 $\boldsymbol{F}_{\perp}$ 产生的力矩沿 z 轴，即为力 $\boldsymbol{F}$ 相对于 z 轴的力矩，即 $M_z = rF_{\perp}\sin\theta$. 这也说明，只有沿轴的力矩才会引起绕该轴转动状态的改变.

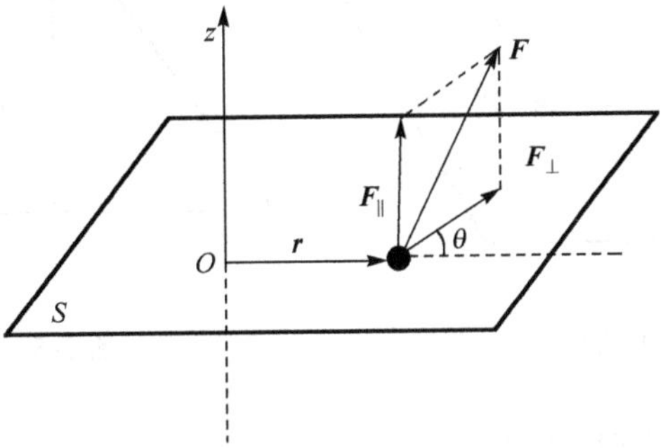

图 3-3　力矩分解

一个质点同时受到 n 个力的作用绕一定轴转动，这 n 个力分别为 $\boldsymbol{F}_1$，$\boldsymbol{F}_2$，…，$\boldsymbol{F}_n$，从轴到力的作用点(质点所在位置)的矢量为 $\boldsymbol{r}$，该质点所受合力 $\sum_{i=1}^{n}\boldsymbol{F}_i$ 的力矩 $\boldsymbol{M}$ 为

$$\boldsymbol{M} = \boldsymbol{r} \times \sum_{i=1}^{n}\boldsymbol{F}_i = \sum_{i=1}^{n}(\boldsymbol{r} \times \boldsymbol{F}_i) \tag{3-10}$$

上式表明，合力的力矩等于各力力矩的矢量和.

二、角动量

在质点问题中，可以用动量来描述质点运动状态，刚体定轴转动是否也可以用动量来描述呢？我们发现一个密度均匀的圆柱体绕其中心轴转动时的动量为零，这表明动量不能描述刚体定轴转动问题，必须引入新的物理量.

质量为 m 的质点在垂直于 z 轴的平面内转动，如图 3-4 所示. 设某一时刻质点位于 A 点，其动量 $\boldsymbol{p}=m\boldsymbol{v}$，从 z 轴与质点运动平面交点 O 引向 A 点(质点所在位置)的位矢为 $\boldsymbol{r}$，$\boldsymbol{r}$ 与 $\boldsymbol{p}$ 之间的夹角为 θ，则质点相对于 z 轴的**角动量**(或**动量矩**)定义为

$$\boldsymbol{L}_z = \boldsymbol{r} \times m\boldsymbol{v} \tag{3-11}$$

其大小为

$$L_z = rp\sin\theta = rmv\sin\theta \tag{3-12}$$

方向沿 z 轴. 当 $\boldsymbol{r}\perp\boldsymbol{p}$，质点沿逆时针方向运动时，角动量方向沿 z 轴正向；质点沿顺时针方向运动时，角动量方向沿 z 轴负向. 当 $\boldsymbol{r}$ 不垂直于 $\boldsymbol{p}$ 时，动量 $\boldsymbol{p}$ 可以分解为垂直于 $\boldsymbol{r}$ 的分量 $\boldsymbol{p}_\perp$ 和平行于或反平行于 $\boldsymbol{r}$ 的分量 $\boldsymbol{p}_\parallel$，如图 3-5 所示，则该质点相对于 z 轴的角动量为

$$\boldsymbol{L}_z = \boldsymbol{r}\times\boldsymbol{p} = \boldsymbol{r}\times\left(\boldsymbol{p}_\perp + \boldsymbol{p}_\parallel\right) = \boldsymbol{r}\times\boldsymbol{p}_\perp \tag{3-13}$$

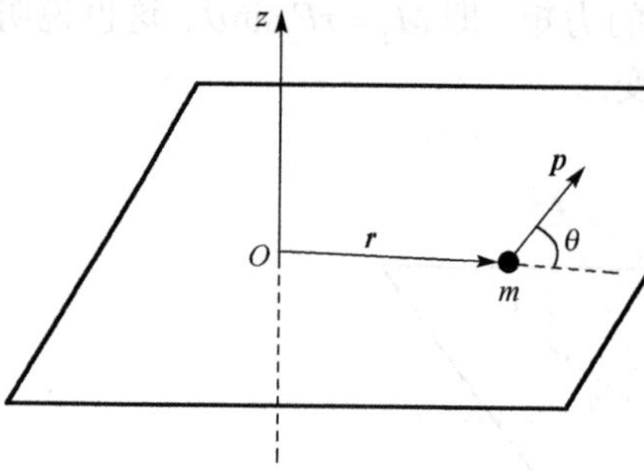

图 3-4　角动量

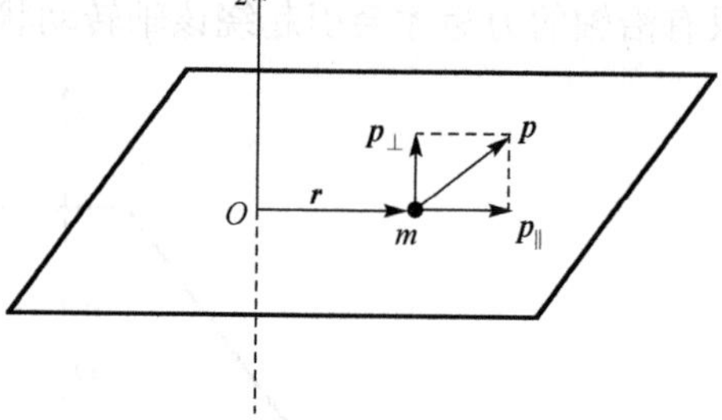

图 3-5　角动量分量

三、质点对轴的角动量定理

设质量为 m 的质点在 Oxy 平面内运动. 某一时刻，质点的速度为 $\boldsymbol{v}$，受到 Oxy 平面内的合力 $\boldsymbol{F}$ 的作用，从轴指向力的作用点(质点所在位置)的矢量为 $\boldsymbol{r}$，根据动量定理可得

$$\boldsymbol{F} = \frac{\mathrm{d}m\boldsymbol{v}}{\mathrm{d}t} \tag{3-14}$$

上式两边同时左叉乘 $\boldsymbol{r}$，得

$$\boldsymbol{r}\times\boldsymbol{F} = \boldsymbol{r}\times\frac{\mathrm{d}m\boldsymbol{v}}{\mathrm{d}t} = \frac{\mathrm{d}(\boldsymbol{r}\times m\boldsymbol{v})}{\mathrm{d}t} \tag{3-15}$$

上式左边 $\boldsymbol{r}\times\boldsymbol{F}$ 为质点所受合力对 z 轴的力矩，$\boldsymbol{r}\times m\boldsymbol{v}$ 为质点对 z 轴的角动量，因此，可以改写为

$$\boldsymbol{M}_z = \frac{\mathrm{d}\boldsymbol{L}_z}{\mathrm{d}t} \tag{3-16}$$

上式表明，作用于质点的合力对某一轴的力矩等于质点对该轴角动量随时间的变化率. 该式即为**质点角动量定理微分形式**.

设质点在 t_1 时刻对 z 轴的角动量大小为 L_{z1}，t_2 时刻对 z 轴的角动量大小为 L_{z2}，将上式改写成积分形式，可得

$$\int_{t_1}^{t_2} M_z \mathrm{d}t = \int_{L_{z1}}^{L_{z2}} \mathrm{d}L_z = L_{z2} - L_{z1} \tag{3-17}$$

式中，$\int_{t_1}^{t_2} M_z \mathrm{d}t$ 为作用于质点的合力矩在 $t_1 \sim t_2$ 时间间隔内对 z 轴的冲量矩. 因此，该式表明，作用于质点的合力矩在一段时间内对某一轴的冲量矩，等于在这段时间内质点对该轴角动量增量.

例题 3-2　如图 3-6 所示，一半径为 R 的光滑圆环置于竖直平面内，一质量为 m 的小球穿在圆环上，并可在圆环上滑动. 小球开始时静止于圆环上的 A 点(该点在通过环心 O 的水平面上)，然后从 A 点开始下滑. 求小球滑落到 B 点时对环心的角动量和角速度.

分析　小球在下滑过程中受到重力和圆环的支撑力，然而，圆环的支撑力对环心的力矩为零，只有重力产生的力矩改变圆环的转动状态.

解　取 OA 为参考线，沿逆时针转动为正，B 点的角位置为 θ，重力的力矩大小为

$$M = mgR\cos\theta$$

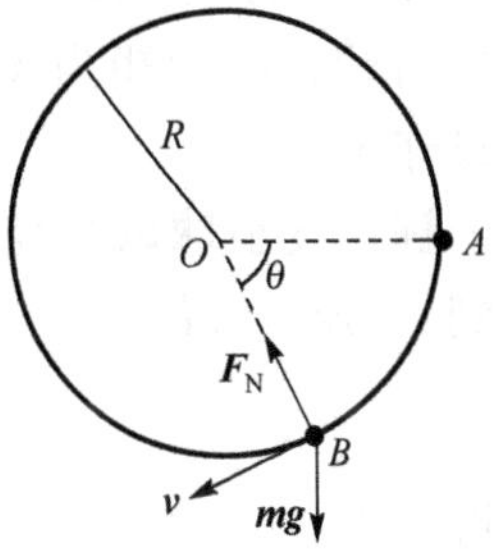

图 3-6　例题 3-2 图

由角动量定理，得

$$mgR\cos\theta = \frac{\mathrm{d}L}{\mathrm{d}t}$$

上式可改写为

$$\mathrm{d}L = mgR\cos\theta \mathrm{d}t$$

考虑到

$$L = mRv = mR^2\omega = mR^2\frac{\mathrm{d}\theta}{\mathrm{d}t}$$

则

$$L\mathrm{d}L = mR^2\frac{\mathrm{d}\theta}{\mathrm{d}t}mgR\cos\theta\mathrm{d}t = m^2gR^3\cos\theta\mathrm{d}\theta$$

上式两边积分，得

$$\int_0^L L\mathrm{d}L = \int_0^\theta m^2gR^3\cos\theta\mathrm{d}\theta$$

解得

$$L = mR^{\frac{3}{2}}(2g\sin\theta)^{\frac{1}{2}}$$

因为

$$L = mR^2\omega$$

所以

$$\omega = \frac{L}{mR^2} = \left(\frac{2g\sin\theta}{R}\right)^{\frac{1}{2}}$$

四、质点对轴的角动量守恒定律

若作用在质点上的合力对 z 轴的力矩大小为 $M_z=0$，由式(3-11)可得

$$\frac{\mathrm{d}L_z}{\mathrm{d}t}=0$$

则

$$L_z=\text{常量} \tag{3-18}$$

这表明，当作用于质点的合力对某一轴的力矩为零时，质点对该轴的角动量保持不变. 这称为**质点对轴的角动量守恒定律**.

例题 3-3 将一质量为 m 的小球系于轻绳一端，绳的另一端穿过光滑水平桌面上的小孔用手拉住，先使小球以角速度 ω_1 在桌面上做半径为 r_1 的圆周运动，然后缓慢下拉绳，使半径为 r_2，在此过程中小球的动能增量为多少？

分析 小球受到重力、支撑力和绳的拉力，重力和支撑力为一对平衡力，绳的拉力对转轴的力矩为零. 因此，小球在由半径 r_1 变到 r_2 过程中，合外力矩为零，角动量守恒.

解 设小球以半径 r_2 转动时的角速度大小为 ω_2. 由质点角动量守恒定律，并考虑到 $v=r\omega$，得

$$mr_1^2\omega_1=mr_2^2\omega_2$$

解得

$$\omega_2=\frac{r_1^2}{r_2^2}\omega_1$$

小球的动能增量为

$$\Delta E_\mathrm{k}=\frac{1}{2}m(r_2\omega_2)^2-\frac{1}{2}m(r_1\omega_1)^2=\frac{1}{2}m(r_1\omega_1)^2\left(\frac{r_1^2}{r_2^2}-1\right)$$

3.3 刚体定轴转动的转动定理

一、刚体定轴转动的转动定理推导

刚体可以看成是由无穷多个“质点”组成的特殊“质点系”，与一般质点系的区别是任意两“质点”之间的距离不变. 刚体中第 i 个质元的质量为 Δm_i，其所受合外力和合内力分别为 F_i 和 f_i，并且它们的作用线均位于转动平面内，如图 3-7 所示. 质元受到的力可以分解为作用线位于转动平面内(垂直于固定轴)的分量和作用线垂直

于转动平面(平行于固定轴)的分量. 只有作用线位于转动平面内的力才会产生沿轴的力矩，引起绕该轴转动状态的改变；而作用线垂直于转动平面力的力矩不会引起绕该轴转动状态的改变，故对固定轴转动无贡献. 所以，我们只研究力的作用线位于转动平面内的分量. 作用线位于转动平面内的力又可分为切向分量和法向分量，法向分量相对于固定轴的力矩等于零. 所以，我们只考虑作用线位于转动平面内的切向分量即可. 根据牛顿第二定律，有

$$F_i \sin\varphi_i + f_i \sin\theta_i = \Delta m_i a_{i\tau} = \Delta m_i r_i \alpha \tag{3-19}$$

上式两边同时乘以 r_i，得

$$r_i F_i \sin\varphi_i + r_i f_i \sin\theta_i = \Delta m_i r_i a_{i\tau} = \Delta m_i r_i^2 \alpha \tag{3-20}$$

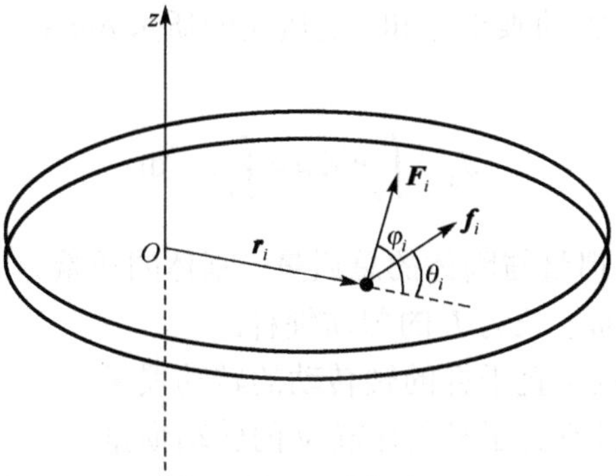

图 3-7　定轴转动

设刚体由 n 个质元构成，对每个质元可写出上述类似方程，将 n 个方程左右两边分别相加得

$$\sum_{i=1}^{n} F_i r_i \sin\varphi_i + \sum_{i=1}^{n} f_i r_i \sin\theta_i = \sum_{i=1}^{n} (\Delta m_i r_i^2)\alpha \tag{3-21}$$

上式左边第一项是合外力的力矩，改写成 M_z；第二项是合内力 $\sum_{i=1}^{n}(\Delta m_i r_i^2)$ 的力矩，由于内力成对出现，并且大小相等、方向相反且在同一条直线上，因此对 z 轴力矩之代数和必然等于零. 等式右边 $\sum_{i=1}^{n}(\Delta m_i r_i^2)$ 称为刚体相对于 z 轴的转动惯量. 令 $J_z = \sum_{i=1}^{n}(\Delta m_i r_i^2)$，则有

$$M_z = J_z \alpha \tag{3-22}$$

上式表明，刚体绕定轴转动时，作用在刚体上所有外力对某一轴合力矩，等于刚体相对于该轴的转动惯量与绕该轴转动的角加速度的乘积，这称为**刚体定轴转动定律**.

二、刚体对定轴的转动惯量

转动惯量是刚体转动惯性大小的量度，它的作用相当于平动过程中的质量. 刚体对定轴 z 的转动惯量为

$$J_z = \sum_{i=1}^{n}(\Delta m_i r_i^2) \tag{3-23}$$

这表明，刚体相对于某定轴的转动惯量，等于组成刚体的每一个质元的质量与该质元到轴的垂直距离的平方的乘积之和. 把质元的质量 Δm_i 换成 $\mathrm{d}m$，把加和改成定积分，得

$$J_z = \int_v r^2 \mathrm{d}m = \int_v \rho r^2 \mathrm{d}v \tag{3-24}$$

可以看出，刚体的转动惯量与刚体的总质量、刚体的质量分布以及转轴的位置有关.

例题 3-4　质量为 m、长为 L 的匀质细杆.

(1) 求绕过杆质心且垂直于杆的轴转动的转动惯量；

(2) 求绕过杆一端且垂直于杆的轴转动的转动惯量.

解　(1) 设杆的线密度为 λ，见如图 3-8 所示坐标系，杆的质心位于坐标原点 O，取一个长度为 $\mathrm{d}x$、与坐标原点的距离为 x 的线元，则

$$\mathrm{d}m = \lambda \mathrm{d}x$$

线元绕轴转动的转动惯量为

$$\mathrm{d}J = x^2 \mathrm{d}m = x^2 \lambda \mathrm{d}x$$

杆绕轴转动的转动惯量为

$$J = \int_{-L/2}^{L/2} x^2 \lambda \mathrm{d}x = \frac{1}{12} mL^2$$

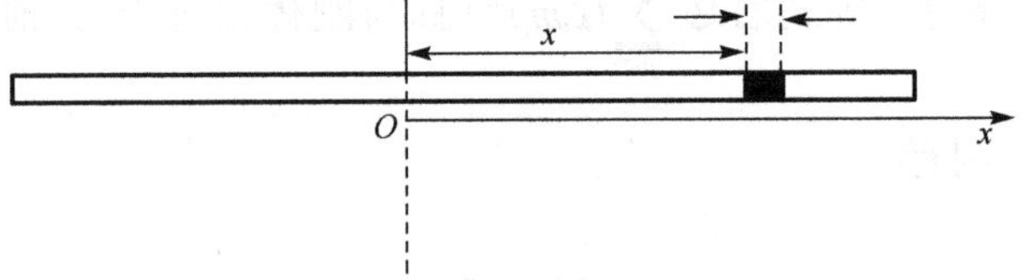

图 3-8　例题 3-4 图

(2)当杆绕过杆一端且与杆垂直的轴转动时，只需改变坐标原点即可，此时，坐标原点取在轴与杆的交点，则有

$$J=\int_0^L x^2\lambda \mathrm{d}x=\frac{1}{3}mL^2$$

例题 3-5　求质量为 m、半径为 R 的匀质实心圆柱体对中心轴线的转动惯量.

解　设圆柱体的高为 h,密度为 ρ. 取半径为 r、厚度为 dr 的薄圆筒微元,如图 3-9 所示，则

$$\mathrm{d}m=\rho \mathrm{d}v=\rho h2\pi r\mathrm{d}r$$

微元相对于圆柱体中心轴的转动惯量为

$$\mathrm{d}J=r^2\mathrm{d}m=\rho h2\pi r^3\mathrm{d}r$$

圆柱体相对于中心轴的转动惯量为

$$J=\int_0^R \rho h2\pi r^3\mathrm{d}r=\frac{1}{2}mR^2$$

上式表明，实心圆柱体相对于中心轴的转动惯量不显含高度，故对薄圆盘也适用.

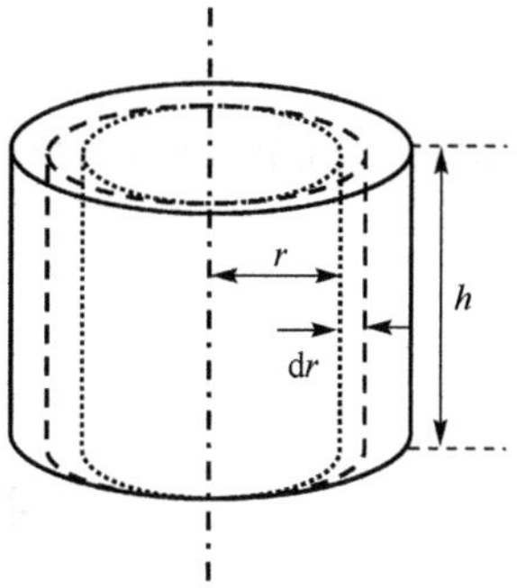

图 3-9　例题 3-5 图

例题 3-6　质量为 m、半径为 R 的匀质薄圆盘，可绕水平固定轴 z 在铅直平面内自由转动，如图 3-10 所示. 盘边缘固连一轻质、不可伸长的绳，绳下端也系一质量为 m 的小物体. 试求圆盘转动的角加速度.

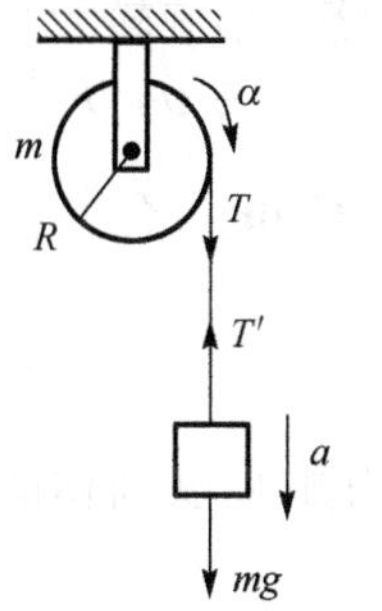

图 3-10　例题 3-6 图

分析　薄圆盘的运动为定轴转动，小物体的运动为直线运动(平动)，应分别应用转动定理和牛顿第二定律研究动力学问题. 刚体受到轴的支撑力、重力和绳作用在薄圆盘边缘的力. 轴的支撑力和重力对 z 轴的力矩均为零，只有绳作用在薄圆盘边缘的力对 z 轴产生力矩. 小物体受到绳的拉力和重力.

解　以薄圆盘为研究对象，设薄圆盘以角加速度 α 沿顺时针方向转动，绳子对薄圆盘的拉力为 T，圆盘受力如图 3-10 所示. 对薄圆盘应用刚体定轴转动定理，有

$$TR=J_z\alpha \qquad ①$$

考虑到

$$J_z=\frac{1}{2}mR^2 \qquad ②$$

以物体为研究对象，设物体以加速度 a 向下运动，物体受力如图 3-10 所示. 对物体应用牛顿第二定律，有

$$mg - T' = ma \quad ③$$

由于绳子质量可以不计，则有

$$T = T' \quad ④$$

考虑到加速度和角加速度的关系，有

$$a = R\alpha \quad ⑤$$

联立以上五个方程，解得

$$\alpha = \frac{2g}{3R}$$

3.4　力矩的功　转动动能定理

一、力矩的功

设作用线在转动平面内的力 $\boldsymbol{F}$ 作用在刚体上的 p 点，使刚体绕 z 轴旋转元角位移 $\mathrm{d}\theta$，力的作用点 p 的元位移为 $\mathrm{d}r$，p 点的位置矢量 $\boldsymbol{r}$ 与力 $\boldsymbol{F}$ 的夹角为 φ，F 与 $\mathrm{d}r$ 的夹角为 β，且 $\varphi+\beta=\dfrac{\pi}{2}$，如图 3-11 所示. 根据功的定义式 $\mathrm{d}A=\boldsymbol{F}\cdot\mathrm{d}\boldsymbol{r}$，有

$$\mathrm{d}A = F\mathrm{d}r\sin\varphi = F\mathrm{d}s\sin\varphi = Fr\sin\varphi\mathrm{d}\theta = M_z\mathrm{d}\theta \tag{3-25}$$

即作用于绕定轴转动刚体上的力 $\boldsymbol{F}$ 的元功，等于该力对转轴的力矩乘以刚体的元位移.

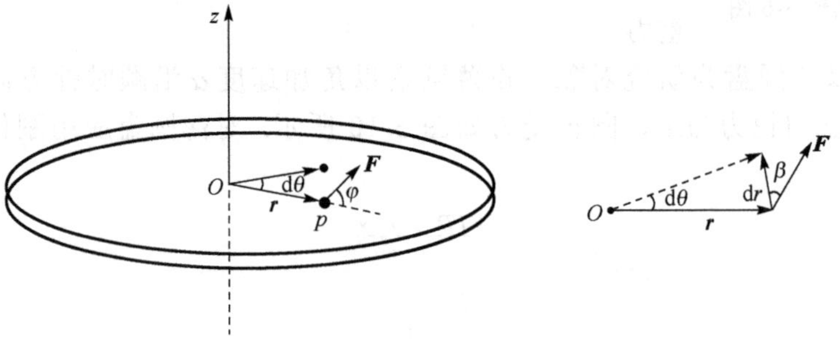

图 3-11　力矩做功

当刚体在力矩 M_z 的持续作用下从 θ_1 转到 θ_2 时，力矩 M_z 做的功为

$$A=\int_{\theta_1}^{\theta_2}M_z\mathrm{d}\theta \tag{3-26}$$

如果 M_z 为常量，则积分得

$$A=M_z(\theta_2-\theta_1) \tag{3-27}$$

可见，作用于绕定轴转动的恒力矩在某一过程中对刚体所做的功，等于该力矩乘以刚体在这一过程中的角位移.

二、转动动能定理

刚体做定轴转动时，刚体上所有质元做圆周运动的动能代数和为刚体的转动动能. 设刚体由 n 个质元组成，转动角速度为 ω，其中刚体上任意第 i 个质元的质量为 Δm_i，以速度 v_i 做半径为 r_i 的圆周运动，根据质点动能定义式可得到该质元的动能

$$\Delta E_{\mathrm{k}i}=\frac{1}{2}\Delta m_i v_i^2=\frac{1}{2}\Delta m_i r_i^2\omega^2 \tag{3-28}$$

对刚体上所有质元求和，即可得到刚体的转动动能

$$E_{\mathrm{k}}=\sum_{i=1}^{n}\Delta E_{\mathrm{k}i}=\frac{1}{2}\sum_{i=1}^{n}\Delta m_i v_i^2=\frac{1}{2}\sum_{i=1}^{n}(\Delta m_i r_i^2)\omega^2 \tag{3-29}$$

$\sum\limits_{i=1}^{n}(\Delta m_i r_i^2)$ 为刚体绕 z 轴转动的转动惯量 J，则式(3-29)可改写为

$$E_{\mathrm{k}}=\frac{1}{2}J\omega^2 \tag{3-30}$$

上式表明，刚体绕定轴转动的转动动能等于刚体对该轴的转动惯量与角速度平方的乘积的一半.

设刚体相对于 z 轴的转动惯量为 J_z. 在合外力矩 M_z 作用下，刚体的角加速度为 α，从角速度 ω_1 变到角速度 ω_2 的过程中，由式(3-2)、式(3-22)和式(3-25)得

$$\mathrm{d}A=J_z\frac{\mathrm{d}\omega}{\mathrm{d}t}\mathrm{d}\theta=J_z\omega\mathrm{d}\omega$$

上式可改写成

$$\mathrm{d}A=\mathrm{d}\left(\frac{1}{2}J_z\omega^2\right) \tag{3-31}$$

两边积分得

$$A=\int_{\omega_1}^{\omega_2}\mathrm{d}\left(\frac{1}{2}J_z\omega^2\right)=\frac{1}{2}J_z\omega_2^2-\frac{1}{2}J_z\omega_1^2=\Delta E_{\mathrm{k}} \tag{3-32}$$

上式表明，合外力矩对刚体做功等于刚体动能增量.

例题 3-7　如图 3-12 所示，质量为 m、长为 l 的均匀细杆，可绕过其一端 O 的水平轴在铅直平面内自由转动，杆的另一端与一质量也为 m 的小球固定在一起. 当该系统从水平位置由静止转过 θ 角时，试求：

(1) 此过程中力矩所做的功；

(2) 系统的角速度的大小和动能.

分析　杆受到轴的支撑力和重力，小球受到重力，作为一个系统，轴的支撑力对轴的力矩为零，杆和小球的重力对轴产生力矩，同时做功. 系统的转动惯量等于杆和小球分别相对于 O 轴的转动惯量之和.

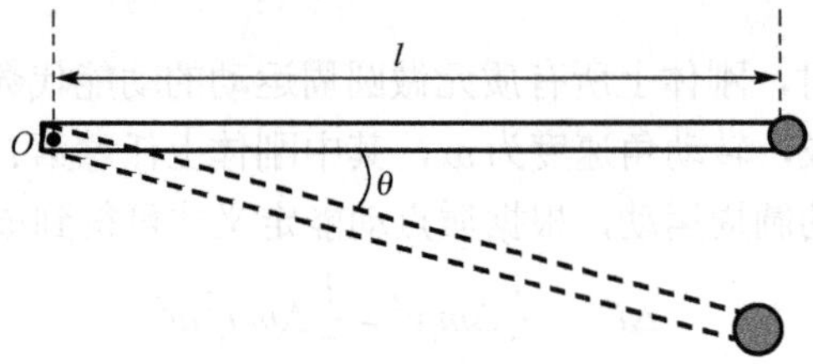

图 3-12　例题 3-7 图

解　(1) 根据功的定义式，有

$$A=\int_0^{\theta}M\mathrm{d}\theta=\int_0^{\theta}\left(mg\frac{l}{2}\cos\theta+mgl\cos\theta\right)\mathrm{d}\theta=\frac{3}{2}mgl\sin\theta$$

(2) 根据角动能定理，有

$$A=\Delta E_{\mathrm{k}}$$

$$\frac{3}{2}mgl\sin\theta=\frac{1}{2}J\omega^2-0 \qquad ①$$

$$J=\frac{1}{3}ml^2+ml^2=\frac{4}{3}ml^2 \qquad ②$$

由①和②解得

$$\omega=\frac{3}{2}\sqrt{\frac{g\sin\theta}{l}}$$

$$E_{\mathrm{k}}=\frac{1}{2}J\omega^2=\frac{3}{2}mgl\sin\theta$$

3.5　刚体定轴转动的角动量定理　角动量守恒定律

一、刚体定轴转动的角动量

设由 n 个质元组成的刚体以角速度 $\boldsymbol{\omega}$ 绕 z 轴转动，如图 3-13 所示. 第 i 个质元

的质量为 Δm_i，位置矢量为 $\boldsymbol{r}_i$，任意时刻的速度为 v_i，由质点角动量的定义式(3-11)，可得第 i 个质元绕 z 轴转动的角动量的大小为

$$L_{zi}=r_i\Delta m_i v_i=\Delta m_i r_i^2\omega \tag{3-33}$$

刚体的角动量等于刚体上所有质元的角动量的和，即

$$L_z=\sum_{i=1}^{n}L_{zi}=\sum_{i=1}^{n}(\Delta m_i r_i^2)\omega=J_z\omega \tag{3-34}$$

上式表明，绕定轴转动的**刚体对定轴的角动量**，等于刚体相对于该定轴的转动惯量与角速度的乘积.

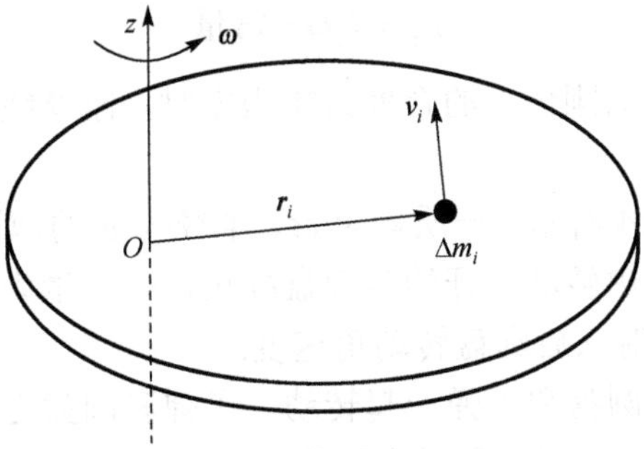

图 3-13　刚体角动量

二、刚体定轴转动的角动量定理

由式(3-2)和式(3-22)可得

$$M_z=J_z\frac{\mathrm{d}\omega}{\mathrm{d}t}$$

当刚体和固定轴都确定时，J_z 为常量，于是上式可改写成

$$M_z=\frac{\mathrm{d}(J_z\omega)}{\mathrm{d}t}$$

再考虑到 $L_z=J_z\omega$，则

$$M_z=\frac{\mathrm{d}L_z}{\mathrm{d}t} \tag{3-35a}$$

上式表明，作用于刚体上的合力相对于某轴的合外力矩，等于刚体相对于该轴的角动量随时间变化率. 这就是刚体绕定轴转动的**角动量定理的微分形式**.

对式(3-35a)两边积分得

$$\int_{t_1}^{t_2}M_z\mathrm{d}t=\int_{L_{z1}}^{L_{z2}}\mathrm{d}L_z=L_{z2}-L_{z1} \tag{3-35b}$$

该式表明，作用于刚体的合外力矩在某一段时间内的积累，等于这段时间内刚体的角动量增量.

三、刚体定轴转动的角动量守恒定律

当刚体绕固定轴 z 转动时，作用于刚体上的力相对于 z 轴的合外力矩等于零，即 $M_z=0$，由式(3-35a)可得

$$\frac{\mathrm{d}L_z}{\mathrm{d}t}=0$$

则

$$L_z=J_z\omega=常量 \tag{3-36}$$

即当作用在绕定轴转动的刚体上的合外力矩为零时，刚体绕该轴转动的角动量保持不变.

例题 3-8 如图 3-14 所示，一质量为 M、半径为 R 的薄圆盘可绕过圆心 O 的铅直轴在光滑水平面上自由转动，开始时圆盘静止，一质量为 m 的子弹以水平速度 v 射入圆盘边缘. 求子弹射入后圆盘转动角速度.

分析 子弹射入后圆盘和子弹一起转动，子弹和圆盘之间的作用力为内力，内力不会改变系统的角动量. 圆盘和子弹的重力对 O 轴的力矩均为零，故整个系统的合外力矩为零，系统角动量守恒.

解 根据角动量守恒定律，得

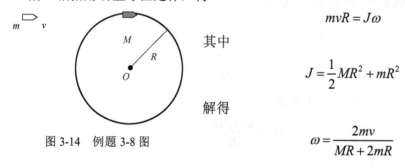

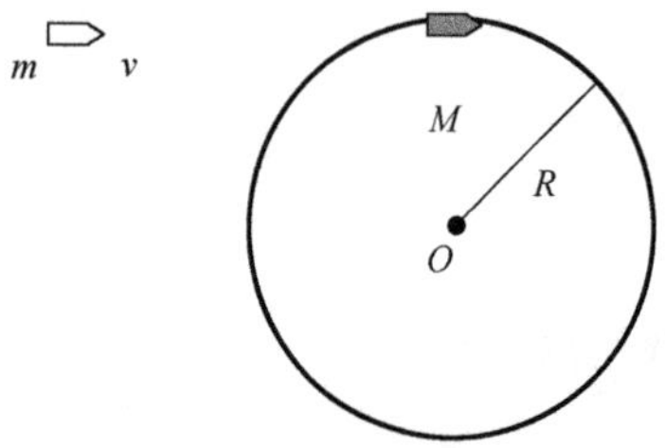

图 3-14 例题 3-8 图

$$mvR=J\omega$$

其中

$$J=\frac{1}{2}MR^2+mR^2$$

解得

$$\omega=\frac{2mv}{MR+2mR}$$

思 考 题

3-1 一圆盘绕过盘心且与盘面垂直的轴 O 以角速度 ω 按图 3-15 所示方向转动，若将两个大小相等、方向相反但不在同一条直线的力 F 沿盘面方向同时作用到盘上，则盘的角速度怎么变化？为什么？

3-2 圆桶内装厚薄均匀的冰，绕其中轴线旋转，不受任何力矩. 冰融化后，桶的角速度如何变化？为什么？

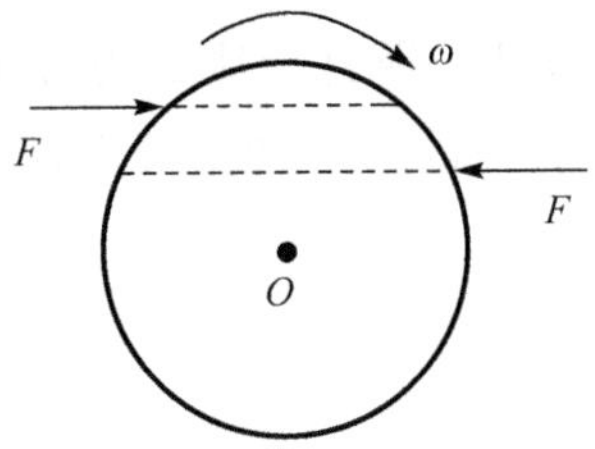

图 3-15　思考题 3-1 图

3-3　刚体的转动惯量由哪些因素决定？

3-4　一人双手各握一个哑铃伸开手臂，站在可以转动的转台上与转台一起转动. 当此人收回手臂时，人和转台系统的转速、转动动能以及角动量是否变化？若变化，怎样变化？

练　习　题

3-1　质量为 m 的质点沿一条由 $\boldsymbol{r}=a\cos\omega t\boldsymbol{i}+b\sin\omega t\boldsymbol{j}$ 定义的空间曲线运动，其中 a, b, ω 均为常数，证明此质点所受的力对原点的力矩为零.

3-2　质量为 $2m$、半径为 R 的匀质薄圆盘，可绕水平固定轴 z 在铅直平面内自由转动，如图 3-16 所示. 盘边缘固连一轻质、不可伸长的轻绳，绳下端系一质量为 m 的小物体. 初始时刻，用手握住圆盘边缘使圆盘和小物体均静止，试求：

(1) 小物体下落速度随时间变化关系；

(2) t=4s 时，小物体下落的距离；

(3) 绳中张力.

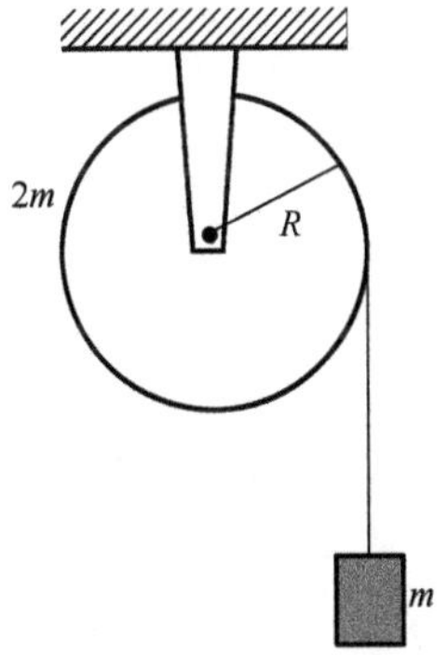

图 3-16　练习题 3-2 图

3-3　转动惯量为 J 的圆盘以初速度 ω_0 绕固定轴转动，阻力矩 $M=-k\omega$（k 为正常数，ω 为任意时刻角速度），求角速度减小到 $\dfrac{\omega_0}{2}$ 所需时间.

3-4　质量为 m、半径为 R 的匀质圆盘，开始时以角速度 ω_0 绕其中心轴自由转动. 现将其放在水平地面上，则其因受摩擦力而静止，若盘与地面间的摩擦系数为 μ，求圆盘静止所需时间.

3-5　如图 3-17 所示，一根放在水平光滑桌面上的匀质细棒，可绕通过其一端的竖直固定光滑轴 O 转动. 棒的质量为 m，长度为 l. 初始时棒静止，有一水平运动的子弹垂直地射入棒的另一端，并留在棒中. 若子弹质量为 m_1，速率为 u. 棒开始和子弹一起转动时角速度 ω 有多大？

3-6　长为 l、质量为 m_0 的细杆可绕过杆一端且与杆垂直的水平轴在竖直平面内自由转动. 开始时杆处于平衡状态. 现有一质量为 m 的小球沿光滑水平面飞来，正好与杆下端相碰(设碰撞为完全弹性碰撞)使杆向上摆到 $\theta=60°$ 处，如图 3-18 所示，求小球的初速度大小 v_0.

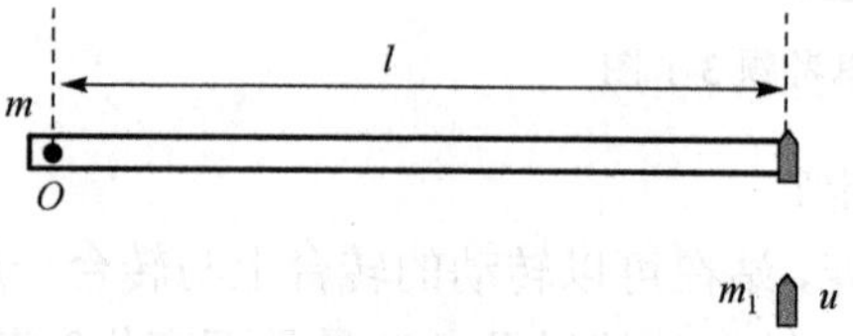

图 3-17 练习题 3-5 图

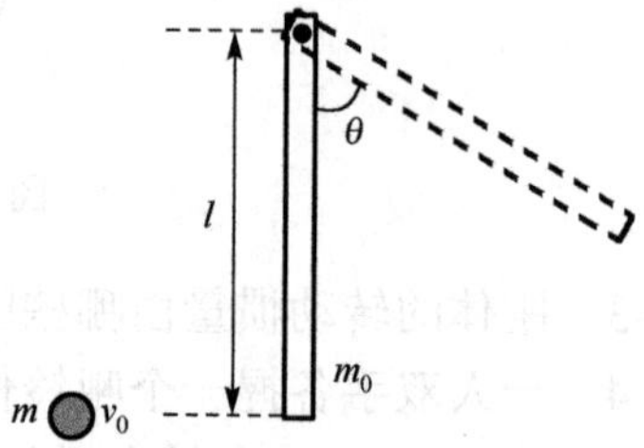

图 3-18 练习题 3-6 图

第四章　机械振动　机械波

小常识

美国有一农妇，习惯用吹笛子的方式呼唤丈夫回家吃饭，可当她有一次吹笛子时，居然发现树上的毛毛虫纷纷坠地而死，惊讶之余，她到自己的果园里吹了几个小时，将果树上的毛毛虫收拾得一干二净. 原因是什么？

物体在平衡位置附近所做的往复运动称为机械振动，简称振动. 在自然界中普遍存在振动现象，如心脏的跳动、昆虫翅膀的运动、气缸内活塞的运动等. 一般来说，机械振动是一个十分复杂的问题，早已发展成专门的学科. 简谐振动是振动的基本形式，实际的复杂振动都可以看成两个或多个简谐振动的合成. 机械振动在弹性介质中传播形成了机械波.

本章主要讨论简谐振动的描述、特征及其基本规律，平面简谐波的波函数，波的独立传播原理(叠加原理)，以及波的干涉.

4.1　简 谐 振 动

一、简谐振动的概念

当物体振动时，其位置的坐标按余弦(或正弦)函数规律随时间变化，这样的振动称为简谐振动. 在忽略一切阻力的情况下，将弹簧振子、单摆或复摆从平衡位置拉开一微小位移后释放，弹簧振子、单摆或复摆所做的运动都是简谐振动.

一劲度系数为 k 的轻弹簧与一个质量为 m 不产生形变的物体相连，并放在一光滑的水平面上，弹簧另一端固定，这个系统叫弹簧振子，物体被称为**振动物体**或**振子**，如图 4-1 所示.

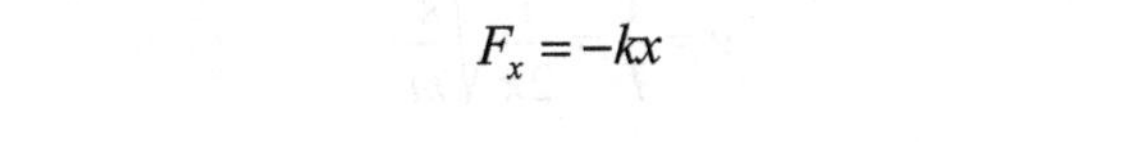

图 4-1　弹簧振子

坐标原点取在弹簧无形变处，x 轴正向指向弹簧伸长的方向. 振动物体的位置坐标为 x，所受弹性回复力 F_x 可表示为

$$F_x = -kx \tag{4-1}$$

根据牛顿第二定律，振动物体的运动微分方程为

$$m\frac{\mathrm{d}^2x}{\mathrm{d}t^2}=-kx \tag{4-2}$$

通常将上式改写成

$$\frac{\mathrm{d}^2x}{\mathrm{d}t^2}+\omega^2x=0 \tag{4-3}$$

其中 $\omega^2=\frac{k}{m}$.

方程(4-3)的通解可写成

$$x=A\cos(\omega t+\phi) \tag{4-4}$$

其中，A 和 ϕ 是两个积分常数，由初始条件决定，它们的物理意义和确定方法在后面讨论.

式(4-4)对时间求一阶和二阶导数，得到振动物体的速度和加速度

$$v=-\omega A\sin(\omega t+\phi) \tag{4-5}$$

$$a=-\omega^2A\cos(\omega t+\phi) \tag{4-6}$$

可见，简谐振动的速度随时间按正弦函数规律变化，加速度随时间按余弦规律变化.

二、简谐振动的振幅、周期、频率和相位

1. 振幅

A 是振动物体离开平衡位置的最大距离，表征简谐振动物体的运动范围，称为简谐振动的**振幅**.

2. 周期和频率

振动物体做一次完整振动所需要的时间称为振动周期，简称周期，用 T 表示. 根据周期的定义，有

$$x=A\cos(\omega t+\phi)\ =A\cos[\omega(t+T)+\phi]$$

故有

$$T=\frac{2\pi}{\omega}=2\pi\sqrt{\frac{m}{k}} \tag{4-7}$$

振动物体在 1s 内完成完整振动的次数称为频率，常用 ν (或 f)表示. 根据频率的定义，显然有

$$\nu=\frac{1}{T}=\frac{1}{2\pi}\sqrt{\frac{k}{m}} \tag{4-8}$$

质量 m 和弹簧劲度系数 k 都属于弹簧振子本身固有的性质. 式(4-7)和式(4-8)表明，弹簧振子的周期和频率完全取决于其本身的性质，因此常称为**固有周期**和**固有频率**.

ω 称为弹簧振子的**圆频率**或**角频率**. 由于 $\omega = 2\pi\nu$，因此圆频率(角频率)表示物体在 2π s 内振动的次数.

3. 相位

$\omega t+\phi$ 称为 t 时刻振动的相位. 由式(4-4)～式(4-6)可知，做简谐振动的物体任意时刻的位移、速度和加速度由 $\omega t+\phi$ 决定，因此，相位 $\omega t+\phi$ 是描述任意时刻物体运动状态的物理量. t=0 时刻的相位 ϕ 称为**初相位**，简称**初相**.

三、振幅和初相的确定

对于给定的弹簧振子，圆频率 ω 是确定的，但是弹簧振子还可做振幅不同、初相不同的振动，只有振幅和初相都确定，振动物体的振动才能完全确定. 振幅和初相由初始位置和初始速度决定. 当 t=0 时，由式(4-4)和式(4-5)得

$$x_0 = A\cos\phi \tag{4-9}$$

$$v_0 = -\omega A\sin\phi \tag{4-10}$$

由式(4-9)和式(4-10)可得

$$A = \sqrt{x_0^2 + \frac{v_0^2}{\omega^2}} \tag{4-11}$$

$$\tan\phi = -\frac{v_0}{x_0\omega} \tag{4-12}$$

四、简谐振动的旋转矢量表示法

简谐振动规律除了用简谐振动的运动学和振动曲线方程表示外，还可以采用旋转矢量表示法. 旋转矢量表示法可以更直观地说明简谐振动运动学方程中各个特征物理量的意义. 设一简谐振动的振动方程为 $x = A\cos(\omega t+\phi)$，以其平衡位置 O 为坐标原点，在 Oxy 平面内自 O 点做振幅矢量 $\boldsymbol{A}$，并使 $\boldsymbol{A}$ 绕 O 点以匀角速度 ω 沿逆时针方向旋转. 当 $\boldsymbol{A}$ 旋转时，其矢端在 x 轴上的投影是以 O 点为平衡位置沿 x 轴做简谐振动. t=0 时，$\boldsymbol{A}$ 与 x 轴正向的夹角为 ϕ，对应着简谐振动的初相，如图 4-2(a)所示. 任意时刻 t，$\boldsymbol{A}$ 与 x 轴正向夹角为 $\omega t+\phi$，对应着简谐振动在该时刻的相位，投影点 P 的坐标 $x = A\cos(\omega t+\phi)$ 就是简谐振动的振动方程. $\boldsymbol{A}$ 矢端 Q 的速度(大小为 ωA)在 x 轴上的投影就是投影点 P 的振动速度，其大小为 $v = -\omega A\sin(\omega t+\phi)$，如图 4-2(b)所示. $\boldsymbol{A}$ 矢端 Q 的加速度(大小为 $\omega^2 A$)在 x 轴上的投影就是投影点 P 的振动加速度，其大小 $a = -\omega^2 A\cos(\omega t+\phi)$，如图 4-2(c)所示. 矢量 $\boldsymbol{A}$ 称为旋转矢量.

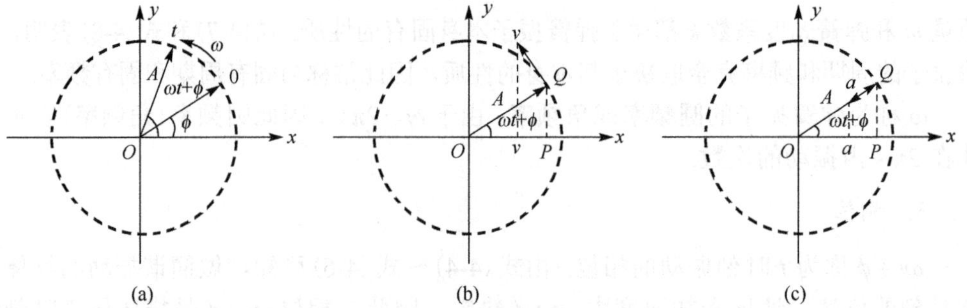

图 4-2　简谐振动的旋转矢量表示

例题 4-1　物体沿 x 轴做简谐振动，振幅为 12cm，周期为 2s，当 t=0 时，物体的坐标为 6cm，且向 x 轴正向运动，求：

(1) 初相；

(2) t=0.5s 时，物体的坐标、速度和加速度；

(3) 当 t=0 时，物体在平衡位置，且沿 x 轴负向运动时的初相，并写出运动方程.

解　(1) 由题意知：A=12cm，$T=\dfrac{2\pi}{\omega}=2\text{s}$，$t$=0 时，$x_0=A\cos\phi=6\text{cm}$，$\cos\phi=\dfrac{1}{2}$，并且 $v_0=-\omega A\sin\phi>0$，即 $\sin\phi<0$，所以 $\phi=\dfrac{5\pi}{3}$.

(2) t=0.5s 时，物体的坐标、速度和加速度分别为

$$x=A\cos\left(\frac{2\pi}{T}t+\phi\right)=12\cos\left(\pi\times0.5+\frac{5\pi}{3}\right)=10.4(\text{cm})$$

$$v=-\frac{2\pi}{T}A\sin\left(\frac{2\pi}{T}t+\phi\right)=-12\pi\sin\left(\pi\times0.5+\frac{5\pi}{3}\right)=-18.8(\text{cm/s})$$

$$a=-\left(\frac{2\pi}{T}\right)^2A\cos\left(\frac{2\pi}{T}t+\phi\right)=-12\pi^2\cos\left(\pi\times0.5+\frac{5\pi}{3}\right)=-103(\text{cm/s}^2)$$

(3) 当 t=0 时，$x_0=0$，$v_0<0$，则

$$x_0=A\cos(\omega t+\phi)=A\cos\phi=0$$

$$v_0=-\omega A\sin\phi<0\text{，即}\sin\phi>0$$

由以上条件可知，$\phi=\dfrac{\pi}{2}$. 因此运动方程为

$$x=12\cos\left(\pi t+\frac{\pi}{2}\right)\text{cm}$$

例题 4-2　如图 4-3 所示，用一根金属线把一均匀圆盘悬挂起来，悬线 OC 通过

圆盘质心，圆盘呈水平状态，这个装置叫扭摆. 当圆盘转过一个角度时，金属系受到扭矩，从而产生一个扭转的回复力矩. 若扭转角很小，圆盘对 OC 的转动惯量为 J，扭转力矩可表示为 $M=-k\theta$，求扭摆的振动周期.

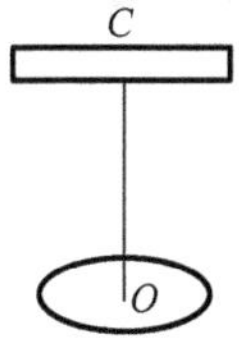

图 4-3　例题 4-2 图

解　由转动定理 $M=J\dfrac{\mathrm{d}^2\theta}{\mathrm{d}t^2}$，可得 $-k\theta=J\dfrac{\mathrm{d}^2\theta}{\mathrm{d}t^2}$，整理得

$$\frac{\mathrm{d}^2\theta}{\mathrm{d}t^2}+\frac{k}{J}\theta=0$$

因为 $\omega^2=\dfrac{k}{J}$，所以 $T=\dfrac{2\pi}{\omega}=2\pi\sqrt{\dfrac{J}{k}}$.

例题 4-3　质量为 m=0.3kg 的物体做简谐振动，振幅为 A=10cm，加速度的幅值为 40m/s^2. 取平衡位置为弹性势能零点，试求系统：

(1) 总能量；

(2) 物体过平衡位置时的动能；

(3) 动能和势能相等的位置.

解　(1) 加速度最大时，$F=ma=m\omega^2A=kA$，弹簧劲度系数为

$$k=\frac{ma}{A}=\frac{0.3\times40}{0.1}=120\ (\mathrm{N/m})$$

总能量为

$$E=\frac{1}{2}kA^2=\frac{1}{2}\times120\times0.1^2=0.6\ (\mathrm{J})$$

(2) 物体通过平衡位置时，动能最大，势能为零，动能为

$$E_\mathrm{k}=E=0.6\,\mathrm{J}$$

(3) 设物体位移为 x 时，动能和势能相等，有 $E_\mathrm{k}=E_\mathrm{p}=\dfrac{1}{2}E$，求得

$$x=\pm\frac{\sqrt{2}}{2}A=\pm\frac{\sqrt{2}}{2}\times0.1=\pm7.07\times10^{-2}\ (\mathrm{m})$$

4.2　简谐振动的能量转换

弹簧振子或单摆等振动系统中的回复力(或回复力矩)沿闭合路径做功为零，它们是保守力(或力矩)，所以简谐振动系统的机械能是守恒的，现以弹簧振子为例讨论振动系统的动能和势能的转换规律.

已知弹簧振子的运动学方程 $x=A\cos(\omega t+\phi)$，某一时刻 t，振动物体的位置坐标

为 x，速度为 v，并考虑到 $\omega^2=\dfrac{k}{m}$，若一弹簧无形变时弹簧振子所处的位置为坐标原点 O，则 t 时刻，弹簧振子的动能 E_k 和弹性势能 E_p 分别为

$$E_k=\frac{1}{2}mv^2=\frac{1}{2}m\omega^2A^2\sin^2(\omega t+\phi)=\frac{1}{2}kA^2\sin^2(\omega t+\phi) \tag{4-13}$$

$$E_p=\frac{1}{2}kx^2=\frac{1}{2}kA^2\cos^2(\omega t+\phi) \tag{4-14}$$

弹簧振子的总机械能为

$$E=E_k+E_p=\frac{1}{2}kA^2\sin^2(\omega t+\phi)+\frac{1}{2}kA^2\cos^2(\omega t+\phi)=\frac{1}{2}kA^2 \tag{4-15}$$

式(4-15)表示简谐振动的机械能守恒. 在振动过程中，弹簧振子的动能 E_k 和弹性势能 E_p 都是周期性变化的，并且动能和势能的变化频率都是原振动物体振动频率的 2 倍. 一个周期内动能和势能的时间平均值为

$$\bar{E}_k=\frac{1}{T}\int_0^T E_k\mathrm{d}t=\frac{1}{T}\int_0^T\frac{1}{2}kA^2\sin^2(\omega t+\phi)\mathrm{d}t=\frac{1}{2}E \tag{4-16}$$

$$\bar{E}_p=\frac{1}{T}\int_0^T E_p\mathrm{d}t=\frac{1}{T}\int_0^T\frac{1}{2}kA^2\cos^2(\omega t+\phi)\mathrm{d}t=\frac{1}{2}E \tag{4-17}$$

4.3　阻尼振动　受迫振动　共振

一、阻尼振动

4.2 节讨论的简谐振动，在振动过程中机械能是守恒的，是一种无阻尼的自由振动，是一个理想模型. 而实际的振动是存在阻力的，由于克服阻力做功，振动系统的能量不断减少，振幅不断减小. 这种振幅随时间而减小的振动称为阻尼振动.

实验表明，当物体以较小速度在黏性介质中运动时，物体所受阻力 f 与其运动速率 v 成正比，即

$$f=-\gamma v \tag{4-18}$$

式中，比例系数 γ 称为阻力系数，它与物体的形状、大小和介质的性质有关；负号表示阻力与速度方向相反. 对于弹簧振子，物体受到弹簧的弹性力和阻力作用，根据牛顿第二定律得

$$m\frac{\mathrm{d}^2x}{\mathrm{d}t^2}=-kx-\gamma\frac{\mathrm{d}x}{\mathrm{d}t} \tag{4-19}$$

或

$$m\frac{\mathrm{d}^2x}{\mathrm{d}t^2}+\gamma\frac{\mathrm{d}x}{\mathrm{d}t}+kx=0 \tag{4-20}$$

令 $\beta=\frac{\gamma}{2m}$，称为阻尼系数，$\omega_0=\sqrt{\frac{k}{m}}$，称为固有圆频率，式(4-20)可改写成

$$\frac{\mathrm{d}^2x}{\mathrm{d}t^2}+2\beta\frac{\mathrm{d}x}{\mathrm{d}t}+\omega_0^2x=0 \tag{4-21}$$

这是二阶常系数线性齐次方程. 在数学上，关于这种方程的解有三种情况.

(1) 当 $\beta<\omega_0$ 时，称为**欠阻尼状态**，此时式(4-21)的解为

$$x=A\mathrm{e}^{-\beta t}\cos(\omega t+\phi) \tag{4-22}$$

式中，$\omega=\sqrt{\omega_0^2-\beta^2}$，$A$ 和 ϕ 为待定系数，由初始条件决定. 由式(4-22)可以看出，欠阻尼振动是振幅减小的振动. 阻尼越小，越接近简谐振动；阻尼越大，振动周期越大.

(2) 当 $\beta=\omega_0$ 时，称为**临界阻尼状态**，此时式(4-21)的解为

$$x=(C_1+C_2t)\mathrm{e}^{-\beta t} \tag{4-23}$$

式中，C_1 和 C_2 为待定系数，由初始条件决定. 此时 $\omega=0$，是物体不能做往复运动的临界状态，这时物体从最大位移处到达平衡位置并静止下来.

(3) 当 $\beta>\omega_0$ 时，称为**过阻尼状态**，此时式(4-21)的解为

$$x=C_1\mathrm{e}^{-(\beta-\sqrt{\beta^2-\omega_0^2})t}+C_2\mathrm{e}^{-(\beta+\sqrt{\beta^2-\omega_0^2})t} \tag{4-24}$$

式中，C_1 和 C_2 为待定系数，由初始条件决定. 这时物体从最大位移处到达平衡位置并静止下来.

二、受迫振动

在实际振动系统中，阻尼总是客观存在的，要想系统的振动维持下去，必须对系统施加周期性外力. 系统在周期性外力作用下的振动，称为**受迫振动**.

我们仍然以弹簧振子为例，设振子受到余弦周期性驱动力 $F=F_0\cos(\omega_\mathrm{p}t)$，由牛顿第二定律得

$$m\frac{\mathrm{d}^2x}{\mathrm{d}t^2}+\gamma\frac{\mathrm{d}x}{\mathrm{d}t}+kx=F_0\cos(\omega_\mathrm{p}t) \tag{4-25}$$

令 $\beta=\frac{\gamma}{2m}$，$\omega_0=\sqrt{\frac{k}{m}}$，$h=\frac{F_0}{m}$，则式(4-25)可改写成

$$\frac{\mathrm{d}^2x}{\mathrm{d}t^2}+2\beta\frac{\mathrm{d}x}{\mathrm{d}t}+\omega_0^2x=h\cos(\omega_\mathrm{p}t) \tag{4-26}$$

上述微分方程的解为

$$x = A_0 e^{-\beta t}\cos(\omega t+\phi) + A\cos(\omega_p t+\theta) \tag{4-27}$$

此解由两项组成，第一项 $A_0 e^{-\beta t}\cos(\omega t+\phi)$ 为阻尼振动项；第二项 $A\cos(\omega_p t+\theta)$ 为余弦形式振动项，其振动源频率与周期驱动力频率相同. 当 t 很大时，A_0 趋于 0，即第一项消失，受迫振动达到稳定状态. 于是受迫振动变为

$$x = A\cos(\omega_p t+\theta) \tag{4-28}$$

A 和 θ 分别为

$$A = \frac{h}{\sqrt{(\omega_0^2-\omega_p^2)^2+4\beta^2\omega_p^2}} \tag{4-29}$$

$$\tan\theta = \frac{2\beta\omega_p}{\omega_p^2-\omega_0^2} \tag{4-30}$$

三、受迫振动的共振现象

根据式(4-29)可以画出 A-ω_p 曲线，如图 4-4 所示，图中 ω_0 为系统固有圆频率. 从图可以看出，当驱动力的频率 ω_p 与系统频率 ω_0 相差较大时，振幅 A 较小；而当 ω_p 接近 ω_0 时，振幅 A 增大；当 ω_p 为一定值时，A 达到最大. 我们把这种在周期性驱动力作用下系统振幅达到最大的现象称为共振. 共振时的圆频率称为共振圆频率，记作 ω_r，式(4-29)对 ω_p 求导，并令其等于零，可求得共振圆频率为

$$\omega_r = \sqrt{\omega_0^2 - 2\beta^2} \tag{4-31}$$

由此可见，共振圆频率 ω_r 由固有圆频率 ω_0 和阻尼系数 β 共同决定. 当系统阻尼较小时，驱动力的圆频率与系统固有圆频率接近，将出现**共振现象**.

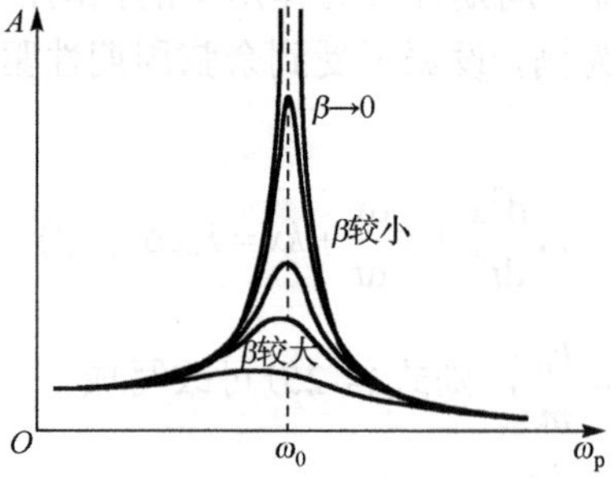

图 4-4 共振

共振现象与我们的日常生活紧密相连. 例如，收音机调频，就是调节系统的共有频率，使其与外界电磁波发生共振. 但是，有时候共振是有害的，需要避免. 1940年，美国全长 860m 的塔科马海峡大桥因大风引起的共振而坍塌. 1831 年，一队骑兵通过曼彻斯特附近的一座桥时，由于马蹄节奏整齐，桥梁发生共振而断裂. 在冰山雪峰间，动物的吼叫声引起空气的振动，当频率等于雪层中某一部分的固有频率时，会发生共振，形成雪崩.

4.4　简谐振动合成

在实际问题中，常常会遇到一个振动物体同时参与两个振动的情况. 例如，当两列声波在空间某点相遇，该点的空气要同时参与两个振动. 一般的振动问题比较复杂，本节主要讨论两个简谐振动合成.

一、两个频率相同、振动方向相同的简谐振动合成

设振动物体同时参与两个同频率、同方向简谐振动，在任意时刻 t，这两个振动的位移分别为 $x_1 = A_1\cos(\omega t+\phi_{10})$ 和 $x_2 = A_2\cos(\omega t+\phi_{20})$，两者的代数和为

$$\begin{aligned}x &= x_1 + x_2 = A_1\cos(\omega t+\phi_{10}) + A_2\cos(\omega t+\phi_{20})\\ &= (A_1\cos\phi_{10} + A_2\cos\phi_{20})\cos\omega t\\ &\quad -(A_1\sin\phi_{10} + A_2\sin\phi_{20})\sin\omega t\end{aligned}$$

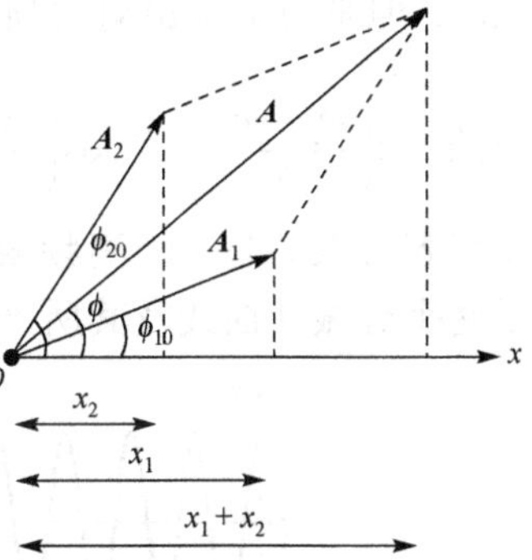

图 4-5　同频率、同方向简谐振动合成

由于上式中两个括号内表达式是常量，为使 x 改写成简谐振动的标准形式，引入两个新常量 A 和 ϕ，根据矢量投影的和等于矢量和的投影，见图 4-5，容易得到

$$A_1\cos\phi_{10} + A_2\cos\phi_{20} = A\cos\phi$$

$$A_1\sin\phi_{10} + A_2\sin\phi_{20} = A\sin\phi$$

因此，合位移为

$$x = A\cos\phi\cos\omega t - A\sin\phi\sin\omega t = A\cos(\omega t+\phi) \tag{4-32}$$

由式(4-32)可以看出，两个同频率、同方向简谐振动的合运动仍为简谐振动，合振动的频率与原振动的频率相同，合振动的振幅 A 和初相位 ϕ 分别为

$$A = \sqrt{A_1^2 + A_2^2 + 2A_1A_2\cos(\phi_{20}-\phi_{10})} \tag{4-33a}$$

$$\tan\phi = \frac{A_1\sin\phi_{10} + A_2\sin\phi_{20}}{A_1\cos\phi_{10} + A_2\cos\phi_{20}} \tag{4-33b}$$

从式(4-33a)可知，合振幅决定于两个原振动的振幅和相位差.

(1) $\phi_{20}-\phi_{10}=2k\pi,\ k=0,\ \pm1,\ \pm2,\ \cdots$，则 $A=A_1+A_2$，即合振动的振幅等于两个原振动振幅之和，这是合振动振幅可能达到的最大值.

(2) $\phi_{20}-\phi_{10}=(2k+1)\pi,\ k=0,\ \pm1,\ \pm2,\ \cdots$，则 $A=|A_1-A_2|$，即合振动的振幅等于两个原振动振幅之差的绝对值，这是合振动振幅可能达到的最小值.

二、两个频率不同、振动方向相同的简谐振动合成

设频率不同、振动方向相同的两简谐振动分别为 $x_1=A_1\cos(\omega_1 t+\phi_{10})$ 和 $x_2=A_2\cos(\omega_2 t+\phi_{20})$，为了简单起见，假设 $A_1=A_2=A$，$\phi_{10}=\phi_{20}=0$，则合振动为

$$x=x_1+x_2=A\cos\omega_1 t+A\cos\omega_2 t=2A\cos\left(\frac{\omega_2-\omega_1}{2}t\right)\cos\left(\frac{\omega_2+\omega_1}{2}t\right) \tag{4-34}$$

式(4-34)表明，两个频率不同、振动方向相同的简谐振动的合振动一般不再是简谐振动. 但是两个原振动的频率较高且非常接近，即 $\left|\frac{\omega_2-\omega_1}{2}\right| \ll \frac{\omega_2+\omega_1}{2}t$ 时，式(4-34)中的 $\cos\left(\frac{\omega_2-\omega_1}{2}t\right)$ 比 $\cos\left(\frac{\omega_2+\omega_1}{2}t\right)$ 的周期大得多，随时间变化缓慢得多，两者的乘积代表合振动是一个高频振动受低频振动调制，这样的合振动称为**拍**. 图 4-6 给出了两个分振动曲线及其所产生**拍**的振动曲线.

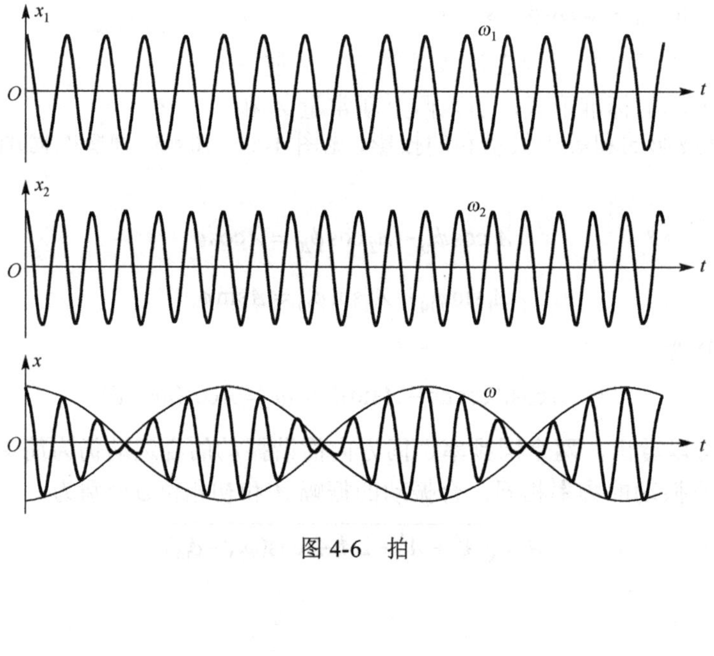

图 4-6　拍

拍振幅变化频率称为**拍频**，用ν表示. 由于拍振幅变化的圆频率为

$$\omega = 2\times\frac{|\omega_2-\omega_1|}{2} = |\omega_2-\omega_1|$$

因此，拍频为

$$\nu = \frac{\omega}{2\pi} = \frac{|\omega_2-\omega_1|}{2\pi} = |\nu_2-\nu_1|$$

三、两个频率相同、振动方向互相垂直的简谐振动合成

设频率相同、振动方向互相垂直的两简谐振动分别为$x_1 = A_1\cos(\omega_1 t+\phi_{10})$和$x_2 = A_2\cos(\omega_2 t+\phi_{20})$，从以上两式中消去$t$得到振动物体的轨迹方程

$$\frac{x^2}{A_1^2}+\frac{y^2}{A_2^2}-\frac{2xy}{A_1A_2}\cos\Delta\phi = \sin^2\Delta\phi \tag{4-35}$$

式中，$\Delta\phi=\phi_{20}-\phi_{10}$. 式(4-35)表明，参与频率相同、振动方向互相垂直的两简谐振动的振动物体的运动轨迹为广义椭圆，其轨迹可能是椭圆或直线，具体是哪种曲线决定于$\Delta\phi$值，情况如下：

(1)当$\Delta\phi=0$，即两个原振动初相位相同时，由式(4-35)得$y=\frac{A_2}{A_1}x$，即合振动的轨迹是斜率为$\frac{A_2}{A_1}$且过原点的直线段，曲线两个端点的坐标分别为(A_1, A_2)和$(-A_1, -A_2)$. 振动物体的运动为简谐振动，振动频率与原振动相同，振幅为$A=\sqrt{A_1^2+A_2^2}$. 因此，直线相对原点的位移为$r = A\cos\omega t$.

(2)当$\Delta\phi=\pi$，即两个原振动初相位相同时，由式(4-35)得$y=-\frac{A_2}{A_1}x$，即合振动的轨迹是斜率为$-\frac{A_2}{A_1}$且过原点的直线段，曲线两个端点的坐标分别为$(-A_1,A_2)$和$(A_1,-A_2)$. 合振动亦为与原振动频率相同、振幅为$A=\sqrt{A_1^2+A_2^2}$的简谐振动.

(3)当$\Delta\phi=\pm\frac{\pi}{2}$时，由式(4-35)得$\frac{x^2}{A_1^2}+\frac{y^2}{A_2^2}=1$，即合振动的轨迹为以$x$轴和$y$轴为主轴的椭圆，若$A_1=A_2$，轨迹为圆. $\Delta\phi=\frac{\pi}{2}$和$\Delta\phi=-\frac{\pi}{2}$的区别在于振动物体转动方向不同，当$\Delta\phi=\frac{\pi}{2}$时，振动物体沿顺时针方向转动；当$\Delta\phi=-\frac{\pi}{2}$时，振动物体沿逆时针方向转动.

(4)当$\Delta\phi$为任意值时，振动物体的运动轨迹为斜椭圆. 斜椭圆的倾斜程度决定

于 $\Delta\phi$ 的值. 图 4-7 给出了两个振动频率相同、振幅相等、振动方向相互垂直的简谐振动 $x = A\cos(\omega t + \phi_{10})$ 和 $y = A\cos(\omega t + \phi_{20})$，在初相位差 $\Delta\phi = \phi_{20} - \phi_{10} = 0, \dfrac{\pi}{4}, \dfrac{\pi}{2}, \cdots$ 情况下的振动物体轨迹曲线.

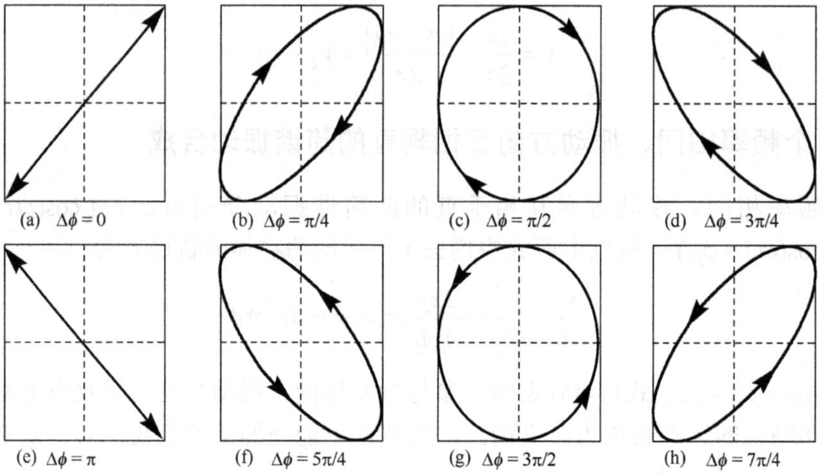

图 4-7　互相垂直同频率的简谐振动合成

四、两个频率不同、振动方向互相垂直的简谐振动合成

同时参与两个频率不同、振动方向互相垂直的简谐振动的物体的运动形式一般比较复杂，不能形成稳定的图样. 只有当两个原振动的频率成整数比时，振动物体的运动轨迹才能形成稳定的图样，这种稳定的图样被称为李萨如图形，如图 4-8 所示.

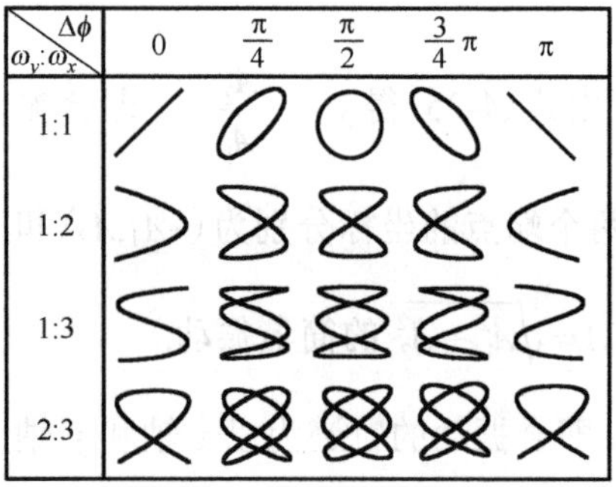

图 4-8　李萨如图形

例题 4-4　已知两个同方向简谐振动分别为 $x_1 = 0.05\cos\left(10t + \dfrac{3\pi}{5}\right)$ 和 $x_2 = 0.06\cos\left(10t + \dfrac{\pi}{5}\right)$.

(1) 求它们的合振幅；

(2) 另有一同方向简谐振动 $x_3 = 0.05\cos(10t + \phi)$，问 ϕ 为何值时，$x_1 + x_3$ 的振幅最大？ϕ 为何值时，$x_2 + x_3$ 的振幅最小？

解　(1) 根据同频率、同方向两简谐振动合成的合振幅计算公式

$$A = \sqrt{A_1^2 + A_2^2 + 2A_1^2A_2^2\cos(\phi_{20} - \phi_{10})}$$

得

$$A=\sqrt{0.05^2+0.06^2+2\times0.05\times0.06\cos\left(\frac{3\pi}{5}-\frac{\pi}{5}\right)}\approx0.0892(\mathrm{m})$$

(2) 当 $\phi_{30}-\phi_{10}=2k\pi$，$k=0,\ \pm1,\ \pm2,\cdots$ 时，考虑到在一个周期内，取 $k=0$，即 $\phi_{30}-\frac{3\pi}{5}=0$，$\phi=\phi_{30}=\frac{3\pi}{5}$.

当 $\phi_{30}-\phi_{10}=(2k+1)\pi$，$k=0,\ \pm1,\ \pm2,\cdots$ 时，考虑到在一个周期内，取 $k=0$，即 $\phi_{30}-\frac{\pi}{5}=\pi$，$\phi=\phi_{30}=\frac{6\pi}{5}$.

4.5 机械波的产生和传播

一、机械波的产生和传播简介

物体的振动可能激发周围物质的振动，并以一定速度向四周传播，称这种传播着的振动为波，机械振动在弹性介质内的传播形成机械波. 由此可见，要形成机械波，首先要有做机械振动的物体，即波源；其次还需要有能传播机械振动的介质. 弹性介质是指无限个质点相互之间通过弹性回复力联系在一起的连续介质，可分为固体、液体和气体. 波源和弹性介质是产生机械波的两个必须具备的条件.

机械波动传播的是振动形式，是能量，是弹性介质整体所表现出来的运动状态. 介质并不随波前进，各质点只在各自平衡位置附近振动.

二、横波和纵波

按机械波传播方向和弹性介质中各质元的振动方向之间的关系，可以把机械波分为**横波**和**纵波**. 如果质元的振动方向和波的传播方向垂直，则称为**横波**，如软绳上传播的波. 横波的传播需要弹性介质提供切向弹性力，所以横波只能在固体和液体表面传播. 如果质元的振动方向和波的传播方向在一条线上，则称为**纵波**，如声音在空气中的传播. 纵波的传播需要弹性介质提供张变弹性力，因此它可以在固体、液体和气体中传播. 横波和纵波是波的两种基本形式.

三、波线和波面

在波的传播过程中，任一时刻介质中各振动相位相同的点构成的平面叫波面(也称为波阵面). 某一时刻，离波源最远的波面(传播在最前面的波面)叫波前. 点波源在均匀各向同性介质中传播时，波面是以波源为球心的一组同心球面. 沿波的传播方向的一些带箭头的线叫波线(也叫波射线).

四、波长　周期　频率　波速

1. 波长

波传播时，在同一波线上两相邻的、相位差为 2π 的质元之间的距离叫做波长，用 λ 表示. 波源做一次完整振动，波前进的距离等于一个**波长**. 波长反映了波的空间周期性.

2. 周期　频率

波传播时，波前进一个波长距离所需的时间叫做波的**周期**，用 T 表示. 周期的倒数叫做频率，频率为单位时间内波前进距离中波的数目，用 ν 表示，有 $\nu=\dfrac{1}{T}$. 波的周期和频率与它所传播的振动的周期和频率相同，因此，具有一定振动周期和频率的波源，在不同介质中激起的波的周期和频率是相同的，与介质的性质无关.

3. 波速

振动状态在介质中传播的速度叫波速，用 u 来表示. 由于波动本身就是振动相位的传播过程，所以波速实质上是相位传播速度. 显然，波速与波长、周期和频率的关系为 $u=\dfrac{\lambda}{T}=\nu\lambda$.

4.6　平面简谐波

机械振动在弹性介质中的传播形成机械波. 如果传播的是简谐振动，且波所到之处，介质中的各质元均做同频率、同振幅的简谐振动，这样的波称为简谐波. 如果简谐波的波面是平面，则称为平面简谐波. 假设简谐振动在均匀各向同性、无限大、无吸收的介质中传播.

设有一平面简谐波以波速 u 沿 x 轴正向传播，介质中的质元振动沿 y 轴方向. t 时刻，坐标原点 O 处质元的振动位移为

$$y_O(t)=A\cos(\omega t+\phi) \tag{4-36}$$

在同一时刻 t，P 点的振动与 O 点的振动具有相同的频率和振幅，但相位为 O 点落后，这是因为 P 点开始振动的时刻比 O 点晚，所晚的时间就是波从 O 点传到 P 点所经历的时间，$\Delta t=\dfrac{x}{u}$，于是 P 点的振动位移为

$$y(x,t)=A\cos\left[\omega\left(t-\frac{x}{u}\right)+\phi\right] \tag{4-37}$$

式(4-37)给出了波在传播过程中，任意时刻波线上任意质元的振动方程，称为**平面简谐波波函数**，也称为**平面简谐波波方程**.

应用 $u=\dfrac{\lambda}{T}=\nu\lambda$ 和 $\omega=2\pi\nu=\dfrac{2\pi}{T}$，可以将式(4-37)改写成

$$y(x,t)=A\cos\left[2\pi\left(\nu t-\frac{x}{\lambda}\right)+\phi\right] \tag{4-38}$$

$$y(x,t)=A\cos\left[2\pi\left(\frac{t}{T}-\frac{x}{\lambda}\right)+\phi\right] \tag{4-39}$$

$$y(x,t)=A\cos\left[\frac{2\pi}{\lambda}(ut-x)+\phi\right] \tag{4-40}$$

对于沿 x 轴正向传播的平面简谐波，式(4-37)～式(4-40)是等价的.

为了进一步理解平面简谐波波函数的物理意义，下面分三种情况进行讨论.

(1)令 $x=x_0$，即 x 不变而 t 变化时，波函数可以写成

$$y(x_0,t)=A\cos\left[\omega\left(t-\frac{x_0}{u}\right)+\phi\right]=A\cos\left[\omega t-\left(\frac{\omega x_0}{u}-\phi\right)\right]$$

上式是距坐标原点 x_0 的介质质元的振动方程，式中，$-\left(\dfrac{\omega x_0}{u}-\phi\right)$ 为该质元振动初相位.

(2)令 $t=t_0$，即 t 不变而 x 变化时，波函数可以写成

$$y(x_0,t)=A\cos\left[\omega\left(t_0-\frac{x}{u}\right)+\phi\right]=A\cos\left(\omega t_0-\frac{\omega x}{u}+\phi\right)$$

上式反映了在 t_0 时刻波线上各质元位移分布的情况.

(3)当 x 和 t 都变化时，波函数表示波线上各质元在不同时刻的位移.

例题 4-5　一沿很长弦线行进的横波波函数可表示为 $y=6.0\times10^{-2}\cos(4.0\pi t+0.02\pi x)$，式中各量均为国际单位制. 试求振幅、波长、频率和波的传播方向.

解　波的方程可以写成 $y(x,t)=A\cos\left(2\pi\nu t\pm\dfrac{2\pi}{\lambda}x+\phi\right)$，$-\dfrac{2\pi}{\lambda}x$ 表示沿 x 轴正向传播，$+\dfrac{2\pi}{\lambda}x$ 表示沿 x 轴负向传播，由此可得

$$A=6.0\times10^{-2}\ \text{m},\quad \lambda=\frac{2\pi}{0.02\pi}=100\ (\text{m}),\quad \nu=\frac{4.0\pi}{2\pi}=2.0\ (\text{Hz})$$

波的传播方向为沿 x 轴负向.

4.7　波的能量与强度

机械波不仅是振动状态的传播，同时也伴随着能量传递. 现以平面简谐波为例研究波的能量和强度.

一、波的能量和能量密度

设平面简谐波沿 x 轴正向传播，其波动方程可用式(4-37)表示，位于 x 处的质元的振动速度 v 可以写成

$$v=\frac{\partial y}{\partial t}=-A\omega\sin\left[\omega\left(t-\frac{x}{u}\right)+\phi\right] \tag{4-41}$$

在 x 处取一质元 $\mathrm{d}m=\rho\mathrm{d}V$，其中 ρ 为 x 处介质的密度，$\mathrm{d}V$ 为所选质元体积. 将式(4-41)和 $\mathrm{d}m$ 代入质点的动能公式 $E_{\mathrm{k}}=\frac{1}{2}mv^2$，得到位于 x 处的质元 $\mathrm{d}m$ 的动能

$$\mathrm{d}E_{\mathrm{k}}=\frac{1}{2}\mathrm{d}mv^2=\frac{1}{2}\rho A^2\omega^2\sin^2\left[\omega\left(t-\frac{x}{u}\right)+\phi\right]\mathrm{d}V \tag{4-42}$$

x 处的质元 $\mathrm{d}m$ 的势能 $\mathrm{d}E_{\mathrm{p}}$ 可以写成

$$\mathrm{d}E_{\mathrm{p}}=\frac{1}{2}\rho u^2\mathrm{d}V\left(\frac{\partial y}{\partial x}\right)^2=\frac{1}{2}\rho A^2\omega^2\sin^2\left[\omega\left(t-\frac{x}{u}\right)+\phi\right]\mathrm{d}V \tag{4-43}$$

值得注意的是，x 处的质元 $\mathrm{d}m$ 的动能和势能表达式完全相同，即同时达到最大值和最小值.

质元 $\mathrm{d}m$ 的机械能为

$$\mathrm{d}E=\mathrm{d}E_{\mathrm{k}}+\mathrm{d}E_{\mathrm{p}}=\rho A^2\omega^2\sin^2\left[\omega\left(t-\frac{x}{u}\right)+\phi\right]\mathrm{d}V \tag{4-44}$$

由式(4-42)～式(4-44)可以看出，在波动传播的介质中，质元的动能、势能和机械能是时间和位置的周期函数，相位变化相同. 任一质元都在不断地接收和释放能量，即不断地传播能量，由此可见，波动是能量传递的一种形式.

二、波的能量密度　平均能量密度

能量密度是指单位体积介质内的机械能，用 w 表示，即

$$w=\frac{\mathrm{d}E}{\mathrm{d}V}=\rho A^2\omega^2\sin^2\left[\omega\left(t-\frac{x}{u}\right)+\phi\right] \tag{4-45}$$

平均能量密度是指一个周期内能量密度的平均值，即 $\overline{w}=\frac{1}{T}\int_0^T w\mathrm{d}T$，考虑到正弦函数平方的周期 T=π 和 $\int_0^{\pi}\sin^2\theta\mathrm{d}\theta=\frac{\pi}{2}$，则有

$$\overline{w}=\frac{1}{\pi}\int_0^{\pi}\rho A^2\omega^2\sin^2\left[\omega\left(t-\frac{x}{u}\right)+\phi\right]\mathrm{d}t=\frac{1}{2}\rho A^2\omega^2 \tag{4-46}$$

可见，波的平均能量密度与振幅的平方和频率的平方成正比.

三、波的强度

能流是指单位时间内通过介质中某一截面的能量. 取一截面为 S、长为 $u\mathrm{d}t$ 的长方体介质，如图 4-9 所示，截面 S 与波速 u 垂直，单位时间通过截面的能量，即能流 P 为

$$P=\frac{wu\mathrm{d}tS}{\mathrm{d}t}=wuS \tag{4-47}$$

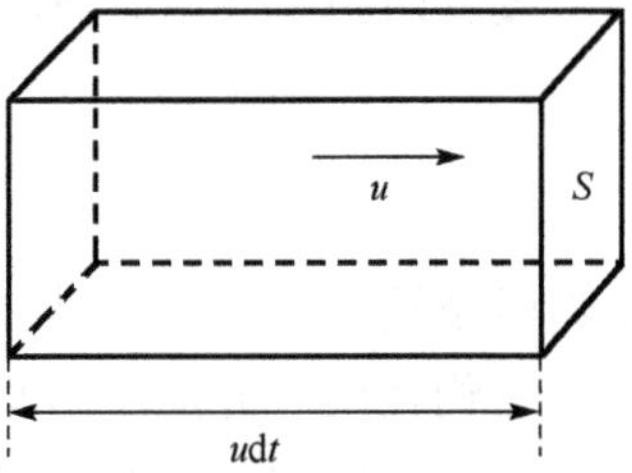

图 4-9　波的能流

平均能流是指在一个周期内能流的平均值，考虑到波速 u 和截面 S 不随时间变化，则有

$$\overline{P}=\overline{w}uS=\frac{1}{2}\rho A^2\omega^2 uS \tag{4-48}$$

通过与波动传播方向垂直的单位面积的平均能流，称为**平均能流密度**或**波的强度**，用 I 表示，即

$$I=\frac{\overline{P}}{S}=\overline{w}u=\frac{1}{2}\rho A^2\omega^2 u=\frac{1}{2}ZA^2\omega^2 \tag{4-49}$$

其中

$$Z=\rho u \tag{4-50}$$

是表征介质特性的一个常量，称为介质的特性阻抗. 式(4-49)表明，弹性介质中简谐波的强度与振幅的平方、圆频率的平方均成正比，还正比于介质的特性阻抗. 在国际单位制中，波的强度的单位为 $\mathrm{W/m^2}$.

4.8　波 的 干 涉

现在我们来讨论两个或两个以上的波源发出的波在同一介质中传播的情况. 把两个小石块投在很大的静止的水面上邻近两点，可以观察到，从石头落点发出二圆形波互相穿过，在它们分开之后仍然是以石块落点为中心的二圆形波，说明了它们各自独立传播. 当乐队演奏或几个人同时讲话时，能够辨别出每种乐器或每个人的声音，这表明某种乐器和某人发出的声波并不因为其他乐器或其他人同时发声而受到影响. 通过这些现象的观察和研究，可总结出如下的规律：几列波在传播空间中相遇时，各列波保持自己的特性(即频率、波长、振动方向、振幅不变)，各自按其原来传播方向继续传播，互不干扰. 在相遇区域内，任一点的振动为各列波单独存在时在该点所引起的振动的位移的矢量和. 这个规律称为**波的叠加原理**或波的**独立传播原理**.

一般地说，频率不同、振动方向不同的几列波在相遇各点的合振动是很复杂的，

叠加图样不稳定. 现在来讨论最简单而又最重要的情况，即两列频率相同、振动方向相同、相位相同或相位差恒定的波的叠加. 满足以上三个条件的波称为相干波，产生相干波的波源称为**相干波源**.

设有两相干波源 S_1 和 S_2，它们的振动方程分别为

$$y_{10} = A\cos(\omega t + \phi_{10})$$
$$y_{20} = A\cos(\omega t + \phi_{20})$$

由这两个波源发出的简谐波满足相干条件，即频率相同、振动方向相同、相位差恒定，它们在同一介质中传播而相遇时，就会发生干涉. 现在考虑两波源的距离分别为 r_1 和 r_2 的一点 P 的振动情况，如图 4-10 所示. 设由 S_1 和 S_2 发出的两列波到达 P 点时的振幅分别为 A_1 和 A_2，则两波在 P 点单独引起的振动分别为

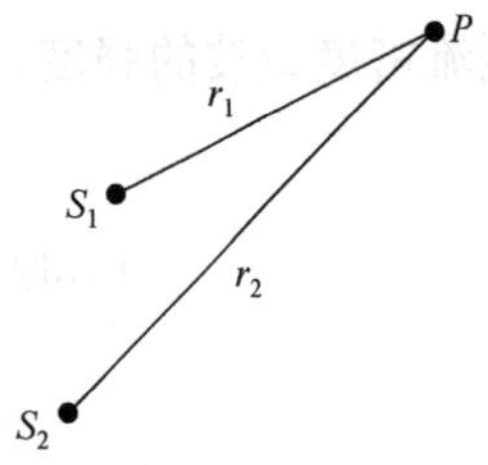

图 4-10　波的干涉

$$y_1 = A_1\cos\left(\omega t - 2\pi\frac{r_1}{\lambda} + \phi_{10}\right)$$

$$y_2 = A_2\cos\left(\omega t - 2\pi\frac{r_2}{\lambda} + \phi_{20}\right)$$

由于这两个分振动的振动方向相同，根据同方向、同频率振动合成，P 点的运动仍为简谐振动，振动方程为

$$y = y_1 + y_2 = A\cos(\omega t + \phi) \tag{4-51}$$

式中，A 为合成振动的振幅，由下式决定：

$$A = \sqrt{A_1^2 + A_2^2 + 2A_1 A_2\cos\Delta\phi} \tag{4-52}$$

其中

$$\Delta\phi = (\phi_{20} - \phi_{10}) - 2\pi\frac{r_2 - r_1}{\lambda} = \begin{cases} 2k\pi \\ 2(k+1)\pi \end{cases}, \quad k = 0,\ \pm1,\ \pm2,\ \cdots \tag{4-53}$$

$A = A_1 + A_2$，振幅最大，即振动加强；$A = \left|A_1 - A_2\right|$，振幅最小，即振动减弱.

例题 4-6　B、C 是振幅相同，均为 200m、相距 30m 的两相干波源，频率为 $\nu =$ 100Hz，初相差为π，相向发出简谐波，波速为 $u = 400$ m/s. 求在 BC 连线上因干涉而静止不动点的位置.

解　波源 B 发出的波的波函数可写成

$$y_B = A\cos 200\left[\pi\left(t - \frac{x}{400}\right)\right]$$

波源 C 发出的波的波函数可写成

$$y_C = A\cos 200\left[\pi\left(t-\frac{30-x}{400}+\pi\right)\right]$$

相位差为

$$200\pi\left(\frac{30-2x}{400}\right)+\pi=(2n+1)\pi$$

解得 $x=15-2n$, n=7, x=1; n=6, x=3; n=5, x=5；…；n=−7, x=29，即距 B 点为 1m,3m, 5m,…,29m 的位置为静止不动的点.

思 考 题

4-1 什么是简谐振动？试从运动学和动力学两方面说明质点做简谐振动时的特征.

4-2 试说明下列运动是否是简谐振动：

(1) 小球在地面上做完全弹性的上下跳动；

(2) 小球在半径很大的光滑凹球面底部做小幅度的摆动.

4-3 波与振动有何区别和联系？

4-4 两列波的相干条件是什么？

练 习 题

4-1 如图 4-11 所示，一刚体可绕水平轴摆动. 已知刚体质量为 m，其重心 C 和轴 O 间的距离为 h，刚体对转动轴线的转动惯量为 J. 刚体围绕平衡位置的微小摆动可视为简谐振动，求其振动周期(不计阻力).

4-2 两简谐振动曲线如图 4-12 所示，试求：

(1) 合振动的振幅；

(2) 合振动的振动表达式.

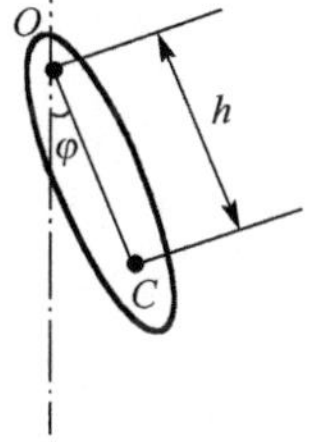

图 4-11 练习题 4-1 图

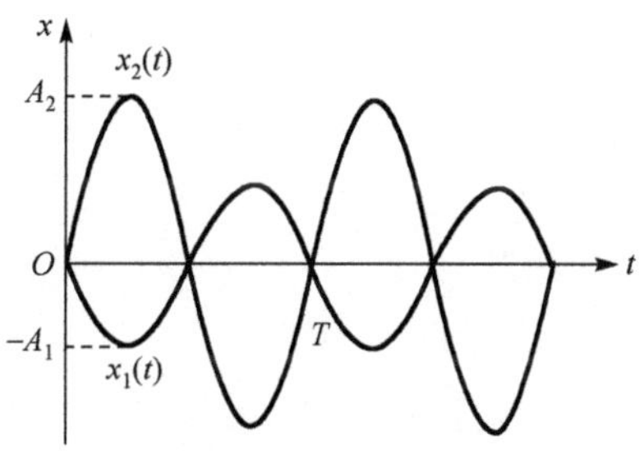

图 4-12 练习题 4-2 图

4-3　质点分别参与下列三组互相垂直的谐振动：

(1) $\begin{cases} x = 4\cos\left(8\pi t + \dfrac{\pi}{6}\right) \\ y = 4\cos\left(8\pi t - \dfrac{\pi}{6}\right) \end{cases}$　　(2) $\begin{cases} x = 4\cos\left(8\pi t + \dfrac{\pi}{6}\right) \\ y = 4\cos\left(8\pi t - \dfrac{5\pi}{6}\right) \end{cases}$

(3) $\begin{cases} x = 4\cos\left(8\pi t + \dfrac{\pi}{6}\right) \\ y = 4\cos\left(8\pi t + \dfrac{2\pi}{3}\right) \end{cases}$

试判别质点运动的轨迹.

4-4　已知一波的波函数为 $y = 5.0\sin(10\pi t - 0.6x)$ cm，试：

(1) 求波长、频率、波速和周期；

(2) 说明 x=0 时波函数的意义.

4-5　已知一沿 x 轴负方向传播的平面余弦波，在 t=1/3s 时的波形如图 4-13 所示，且周期 T=2s.

(1) 写出 O 点的振动表示式；

(2) 写出此波的波动表示式；

(3) 写出 Q 点的振动表示式；

(4) Q 点到 O 点的距离多大?

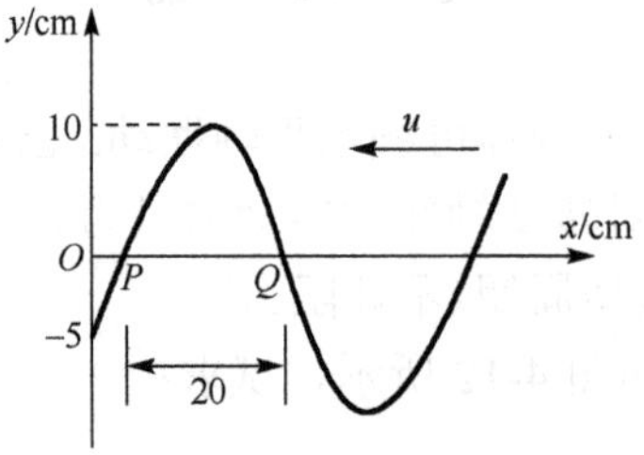

图 4-13　练习题 4-5 图

第二部分 热　学

物体是由大量原子和分子等微观粒子构成的. 这些微观粒子不停地进行着无规则的运动. 这些大量微观粒子的无规则运动即为分子热运动. 组成物体的大量分子、原子热运动的集体表现即热现象. 热学即是研究与热现象有关的学科. 热学理论可以分为微观理论和宏观理论. 微观理论即从物质内部的微观结构出发，用统计方法研究大量微观粒子系统微观量的统计平均值，建立宏观量与微观量之间的联系，从而揭示宏观热现象的微观本质，这是第五章的主要研究内容，即气体分子动理论. 宏观理论即从实验事实出发，总结出宏观热现象所遵从的基本规律，再运用逻辑推理的方法研究物质的各宏观性质，以及热运动过程进行的方向和条件. 这是第六章主要研究的内容，即热力学基础. 热力学基础所研究的宏观性质需要用气体动理论分析其本质，而气体动理论需要经过热力学规律的研究得到验证，二者相辅相成.

罗伯特·布朗
(1773～1858)

第五章 气体分子动理论

小故事

小明家里有一个足球，还有给足球打气用的气针，但没有气筒，平时他都是借气筒打气. 暑假的时候小明想去踢球，但没借到气筒. 正发愁，突然灵机一动：先用人工给足球吹气，尽量吹到鼓，然后把足球放到冰箱速冻. 冻过之后足球又瘪了，然后再吹气，再速冻，如此往复……终于，足球可以踢了. 原因是什么？

气体动理论是在物质结构的分子学说的基础上，为说明气体的物理性质和气态现象而发展起来的. 气体动理论的研究对象是分子热运动. 由于组成物质的分子和原子等微观粒子数目巨大，因此其运动状态相当复杂. 就单个粒子而言，热运动具有偶然性和无序性，而对于大量分子而言，热运动具有规律性和统计性. 本章运用统计物理学知识，从宏观物质系统是由大量微观粒子所组成的这一事实出发，阐释热现象的宏观性质是大量微观粒子运动的集体表现，宏观物理量是微观量的统计平均值. 本章主要内容包括：热运动描述和理想气体状态方程，分子热运动的统计规律和麦克斯韦统计速率，理想气体的压强和温度的微观本质，能量均分定理和理想气体的内能等.

5.1 热运动描述 理想气体状态方程

一、热力学系统及状态参量

热力学系统简称系统(图 5-1)，是指在热力学中所研究的物体或物体组，是由大量微观粒子组成的物体或物体系，也是热力学研究的对象. 从热力学系统与外界相互作用角度考虑，热力学系统分为孤立系统、封闭系统和开放系统.

描述热力学系统状态的变量称为**状态参量**，可分为微观量和宏观量. 微观量是表征个别分子行为特征的物理量，如分子或原子的大小、质量、速度、能量等. 宏观量是大量粒子运动的集体表现，决定于微观量的统计平均值. 对于一定的气体(质量为 m，摩尔质量为 M)，它的状态一般可用体积(V)、压强(p)、温度(T)来表示.

图 5-1 热力学系统

气体的体积是气体分子所能达到的空间，并非气体分子本身体积的总和. 气体体积的国际单位为立方米. 生活中常用的体积单位升和立方米的转换关系为：1 L=0.001m^3.

气体的压强，是指垂直作用在容器壁单位面积上的气体压力，即 $p=F/S$. 压强的单位为 Pa，即 N/m^2. 其中 F 为垂直作用于容器壁上的压力，S 为容器器壁面积.

温度是气体冷热程度的量度. 温度的本质与物质分子运动密切相关，温度的不同反映物质内部分子运动剧烈程度的不同. 在宏观层次上温度是表征热平衡状态下系统的宏观性质的物理量. 处于热平衡的两个系统的温度是相同的. 在微观层次上温度是物质分子无规则运动的量度. 这种微观运动在宏观上不能直接观察到，宏观上观察到的是温度. 随着温度的升高，微观运动也加强. 温度数值的标定方法称为温标，常用的有两种：一种是热力学温标 T，单位是 K；另一种是摄氏温标 t，单位是℃. T 和 t 的关系是：t(℃)=T(K)−273.15.

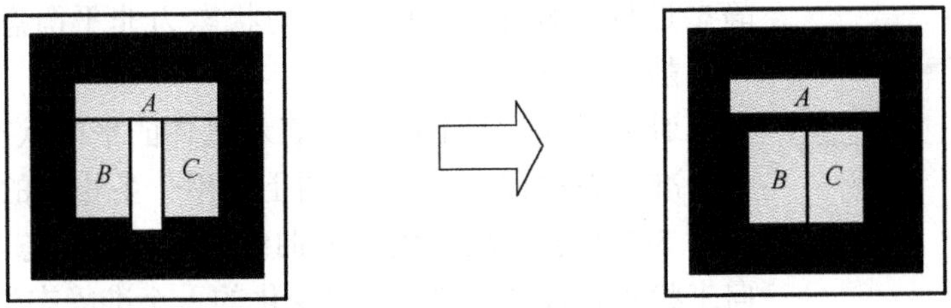

图 5-2　热力学第零定律示意图

二、平衡态　准静态过程

热力学系统如果与外界没有能量交换，内部没有任何形式的能量转换，也没有外场作用，经过相当长时间后，气体内各部分的压强和温度将不再随时间发生变化. 当整个气体处于均匀温度下并且与周围温度相同时，该气体就处于热平衡之中；当整个气体在外场不存在时处于均匀的压强下，该气体就处于力学平衡之中；当整个气体化学成分处处均匀时，该气体就处于化学平衡之中. 这种热力学系统在不受外界影响条件下，其宏观性质不随时间改变的状态，称为**平衡态**. 需要注意的是，如系统与外界有能量交换，即使系统宏观性质不随时间变化，也是非平衡态. 例如，利用一根铁棒连接有一定温差的两杯水，经过一定时间，两杯水将达到同一温度，即处于热平衡. 但是，由于这个系统借助了铁棒的外界作用，即使其宏观性质不再随时间发生变化，这也不是平衡态.

在不受外界影响的条件下，如果两个系统分别与第三个系统达到热平衡，则这两个系统彼此也处于热平衡，称为热力学第零定律. 例如，如图 5-2 所示，在一个密闭的容器中，B 与 A 处于热平衡，C 与 A 也处于热平衡，则 A 和 B 必处于热平衡.

考虑到气体中分子热运动的存在，气体的平衡态属于动态平衡. 气体分子的热运动是永不停息的，通过气体分子的热运动和相互碰撞，在宏观上表现为气体各部分的密度均匀、温度均匀和压强均匀的热动平衡状态. 一定质量的气体的平衡状态，

可用状态参量 p、V、T 的一组参量值来表示，例如，一组参量值 p_1、V_1、T_1 表示某一状态，另一组参量值 p_2、V_2、T_2 表示另一状态，等等.

当气体的外界条件改变时，它的状态就发生变化. 气体从一个状态不断地变化到另一状态，所经历的是状态变化的过程，可以很快，也可以很慢. 如果过程进展得十分缓慢，使所经历的一系列中间状态都无限接近于平衡状态，这个过程就叫做**准静态过程或平衡过程**. 显然，准静态过程是一个理想的过程，它和实际过程是有差别的，但在许多情况下，可近似地把实际过程当成准静态过程处理，所以准静态过程是一个很有用的理想模型. 从初始到新平衡态建立所需的时间称为弛豫时间. 对于实际过程，若系统状态发生变化的特征时间远远大于弛豫时间，则可近似看成准静态过程. 如果过程中的中间状态为非平衡态，这个过程叫非静态过程.

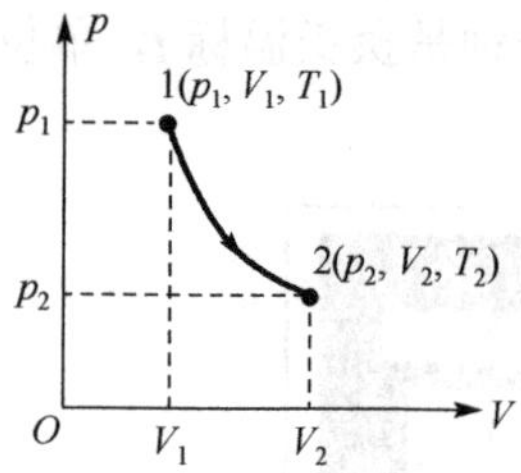

图 5-3　p-V 示意图

通常用 p-V 图上的一点表示气体的平衡状态，而气体的一个准静态过程，在 p-V 图上则用一条相应的曲线来表示. 如图 5-3 所示，从 1 到 2 的曲线表示从初状态 $(p_1,\ V_1,\ T_1)$ 向末状态 $(p_2,\ V_2,\ T_2)$ 缓慢变化的一个准静态过程.

三、理想气体的状态方程

表示平衡态的三个参量 p、V、T 之间存在着一定的关系. 我们把反映气体的 p、V、T 之间关系的式子叫做气体的状态方程. 实验表明，一般气体在密度不太高、压强不太大(与大气压比较)和温度不太低(与室温比较)的实验范围内遵守一定的定律. 对于一定质量的理想气体，当热力学温度 T 保持不变时，压强 p 和体积 V 成反比，遵守玻意耳定律：$pV=C_1$，其中 C_1 为一常数. 当体积 V 保持不变时，理想气体的压强与热力学温度成正比，遵守查理定律：$P/T=C_2$，C_2 为一常数. 当压强 p 保持不变时，理想气体的体积与热力学温度成正比，遵守盖吕萨克定律：$V/T=C_3$，C_3 为一常数.

实际上在任何情况下都服从上述三个实验定律的气体是没有的. 我们把实际气体抽象化，提出理想气体的概念，认为理想气体能无条件地服从这三个实验定律. 理想气体是气体的一个理想模型，我们在此处先从宏观上给予定义. 当我们用这个模型研究气体的平衡态性质和规律时，还将对理想气体的分子和分子运动作一些基本假设，建立理想气体的微观模型. 理想气体状态的三个参量 p、V、T 之间的关系即**理想气体状态方程**，可从上面三个实验定律导出. 当质量为 m、摩尔质量为 M 的理想气体处于平衡态时，它的状态方程为

$$pV=\frac{m}{M}RT \tag{5-1}$$

式中，R 为普适气体常量. 在国际单位制中，$R=8.31\text{J}/(\text{mol}\cdot\text{K})$.

例题 5-1　容积为 V_1=32L 的氧气瓶储有压强为 $p_1=1.317\times10^7$Pa 的氧气，规定氧气压强降到 $p_2=1.031\times10^6$Pa 时需充气，以免阀门打开时混入空气而需洗瓶. 若车间每天需 $p=1.031\times10^5$Pa，V=400L 的氧气，问需几天充气？(假设气瓶内温度不变)

解　T 不变，设每天用 m 质量的气体，则

$$m=\frac{MpV}{RT}$$

使用前，气体质量为

$$m_1=\frac{Mp_1V_1}{RT}$$

充气时，气体质量为

$$m_2=\frac{Mp_2V_1}{RT}$$

因此使用天数为

$$N=\frac{m_1-m_2}{m}=\frac{(p_1-p_2)V_1}{pV}=9.4\text{天}$$

所以 9 天需要充气一次.

5.2　分子热运动的统计规律　麦克斯韦统计速率

一、分子热运动的图像

物质结构的分子原子学说是气体动理论的重要基础之一. 按照物质结构理论，自然界所有物体都由许多不连续的、相隔一定距离的分子组成，而分子则由更小的原子组成. 所有物体的原子和分子都处在永不停息的运动之中. 实验告诉我们，热现象是物质中大量分子无规则运动的集体表现，因此人们把大量分子的无规则运动叫做分子热运动. 1827 年，布朗(R. Brown)用显微镜观察到悬浮在水中的植物颗粒(如花粉等)不停地做纷乱的无定向运动，这就是所谓的布朗运动(Brownian motion). 布朗运动是由杂乱运动的流体分子碰撞植物颗粒引起的，它虽不是流体分子本身的热运动，却如实地反映了流体分子热运动的情况. 流体的温度愈高，布朗运动愈剧烈.

二、分子热运动的基本特征

布朗运动告诉我们：**分子热运动的基本特征**是分子的永恒运动和频繁的相互碰撞. 显然，具有这种特征的分子热运动是一种比较复杂的物质运动形式，它与物质

的机械运动有本质上的区别. 因此，我们不能简单地用力学方法来解决它. 如果我们想追踪气体中某个分子的运动，那么，我们将看到它忽而东忽而西，或者上或者下，有时快有时慢，因此对它列出运动方程是很困难的. 而且，在大量分子中，每个分子的运动状态和经历都可以和其他分子有显著的差别，这些都说明了分子热运动的混乱性或无序性. 值得注意的是，尽管个别分子的运动是杂乱无章的，但就大量分子的集体来看，却又存在着一定的统计规律，这是分子热运动统计性的表现. 例如，在热力学平衡状态下，气体分子的空间分布按密度来说是均匀的. 据此，我们假设：分子沿各个方向运动的机会是均等的，没有任何一个方向上气体分子的运动比其他方向更占优势. 也就是说，沿着各个方向运动的平均分子数应该相等，分子速度在各个方向上的分量的各种平均值也应该相等. 气体分子数目愈多，这个假设的准确度就愈高. 当然，这并不意味着我们所假设的分子数目的精确度能达到一个分子. 由于运动的分子的数目非常巨大，如果该数目有几百个，甚至有几万个分子的偏差，在百分比上仍是非常微小的. 这一切说明分子热运动除了具有无序性外，还服从统计规律，具有鲜明的统计性，两者的关系十分密切.

分子热运动的无序性和统计性使我们认识到：在气体动理论中，必须运用统计方法，求出大量分子的某些微观量的统计平均值，并用于解释在实验中直接观测到的物体的宏观性质. 用对大量分子的平均性质的了解代替个别分子的真实性质，这是统计方法的一个特点.

三、分子速率分布函数

现在，我们将注意力转到气体分子速率分布函数的计算上来. 凡是不能预测而又大量出现的事件，叫做偶然事件. 多次观察同样的事件，就可获得该事件的分布规律. 现在介绍一个演示实验. 如图 5-4 所示，在一块竖直木板的上部规则地钉了许多铁钉，下部用竖直的隔板隔成许多等宽的狭槽. 从板顶漏斗形的入口处放入绿豆粒. 板前覆盖玻璃，以使绿豆粒留在狭槽内. 这种装置叫做伽尔顿板.

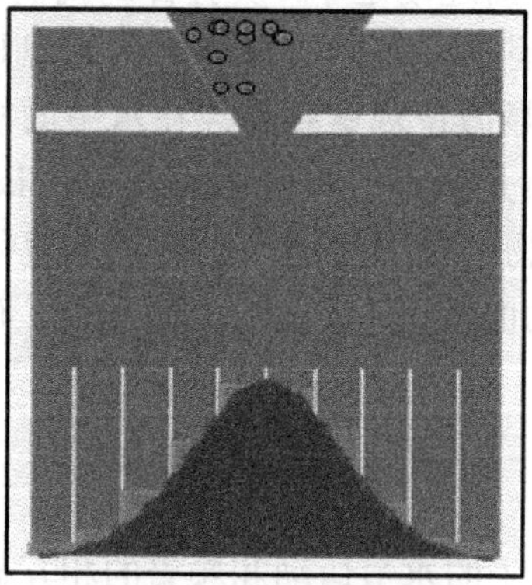

图 5-4　伽尔顿板示意图

如果从入口投入一颗绿豆，则绿豆在下落过程中先后与许多铁钉碰撞，经曲折路径最后落入某个狭槽. 重复几次实验，可以发现，绿豆每次落入的狭槽是不完全相同的. 这表明在一次实验中绿豆落入哪个狭槽是偶然的.

如果同时投入大量的绿豆，就可看到，最后落入各狭槽的绿豆数目是不相等的，靠近入口的狭槽内绿豆较多，远离入口的狭槽内绿豆较少. 如果在玻璃板上沿各狭槽中绿豆的顶部画一条曲线，则该曲线表示绿豆数目按狭槽的分布情况，可称为绿豆数目按狭槽的分布曲线. 若重复此实验，则可发现：在绿豆数目较少的情况下，每次所得的分布曲线彼此有显著差别，但当绿豆数目较多时，每次所得到的分布曲线彼此近似地重合.

上述实验结果表明，尽管单个绿豆落入哪个狭槽是偶然的，少量绿豆按狭槽的分布情况也带有一些偶然性，但大量绿豆按狭槽的分布情况则是确定的. 这就是说，大量绿豆整体按狭槽的分布遵从一定的统计规律.

下面，我们将落入每个狭槽的绿豆数目做一统计，并作出柱状图，如图 5-5 所示. 其中横坐标为狭槽位置，ΔN_i 表示落入第 i 个狭槽内的绿豆数目. 有阴影的矩形面积为 $\dfrac{\Delta N_i}{\Delta x}\times\Delta x=\Delta N_i$，表明落入位置在 x～$x+\Delta x$ 的狭槽内的绿豆数目. $f_i=\dfrac{\Delta N_i}{\Delta x}$ 则表示在 x 附近的单位宽度内落入绿豆的数目.

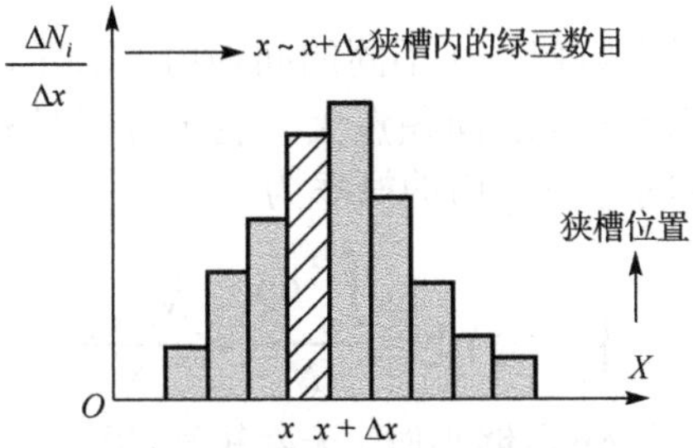

图 5-5　绿豆分布示意图

上述分析同样适用于气体分子的热运动. 按统计假设分子速率通过碰撞不断改变，不能说正处于哪个速率的分子数有多少，但可用某一速率区间内分子数占总分子数的百分比来说明，这就是分子按速率的分布，即速率分布函数. 在一定的实验条件下，分子速率的分布具有一定的特征. 例如，气体分子按速率的分布如表 5-1 所示，其中 v 表示分子速率，ΔN_i 表示第 i 个速率间隔 v_i～$v_i+\Delta v$ 内的气体分子数，$\Delta N_i/N$ 表示第 i 个速率间隔内气体分子数占总分子数 N 的百分比. $\{\Delta N_i\}$就是分子数按速率的分布. 一般情况下，ΔN_i 和 $\Delta N_i/N$ 与气体分子实际分布规律有关，同时与速率间隔也有关. 相同条件下，Δv 越大，间隔内分子数越多. 因此，利用 $\dfrac{\Delta N_i}{N\Delta v}$，即单位速率间隔内的分子数占总分子数的百分比，就避免了由速率间隔不同所带来的困扰. Δv 越小，越能详细地描述分子速率的分布规律.

表 5-1

速率	v_1～v_2	v_2～v_3	…	v_i～$v_i+\Delta v$	…
分子数按速率的分布	ΔN_1	ΔN_2	…	ΔN_i	…
分子数百分比按速率的分布	$\Delta N_1/N$	$\Delta N_2/N$	…	$\Delta N_i/N$	…

设 dN 为速率分布在某一间隔 $v\sim v+\mathrm{d}v$ 内的分子数，dN/N 表示分布在这一间隔内的分子数占总分子数的百分比. 显然 dN/N 与 dv 成正比. 当我们在不同的速率 v(如 500m/s 与 600m/s)附近取相等的间隔(如 dv=10m/s)时，不难发现，dN/N 的数值一般是不相等的，所以 dN/N 还与速率 v 有关. 这样，我们有

$$\frac{\mathrm{d}N}{N}=f(v)\mathrm{d}v \tag{5-2}$$

式中，$f(v)=\dfrac{\mathrm{d}N}{N\mathrm{d}v}$ 就是**分子速率的分布函数**，它表示分布在 v 附近单位速率间隔内的分子数占总分子数的百分比. 对于处在一定温度下的气体，$f(v)$ 只是速率 v 的函数，叫做气体的速率分布函数.

从统计学上，$\dfrac{\mathrm{d}N}{N}$ 也可以理解为分子速率在区间 $v\sim v+\mathrm{d}v$ 内的概率. $f(v)\mathrm{d}v$ 即图 5-6(a)中的小矩形的阴影面积. 在不同的间隔内，有不同面积的小长方形，说明不同间隔内的分布百分比不相同. 面积愈大，表示分子具有该间隔内的速率值的概率也愈大. 分子速率在区间 $v_1\sim v_2$ 内的概率为

$$\int_{v_1}^{v_2} f(v)\,\mathrm{d}v=\frac{\displaystyle\int_{v_1}^{v_2}\mathrm{d}N}{N}=\frac{N_{v_1\to v_2}}{N} \tag{5-3}$$

即图 5-6(b)中阴影面积. 当 Δv 足够小时，无数矩形的面积总和将渐近于曲线下的面积，这个面积是分子在整个速率间隔(0～∞)的概率的总和，应等于 1.

$$\int_0^{\infty} f(v)\mathrm{d}v=1 \tag{5-4}$$

上式也称为分布函数的归一化条件.

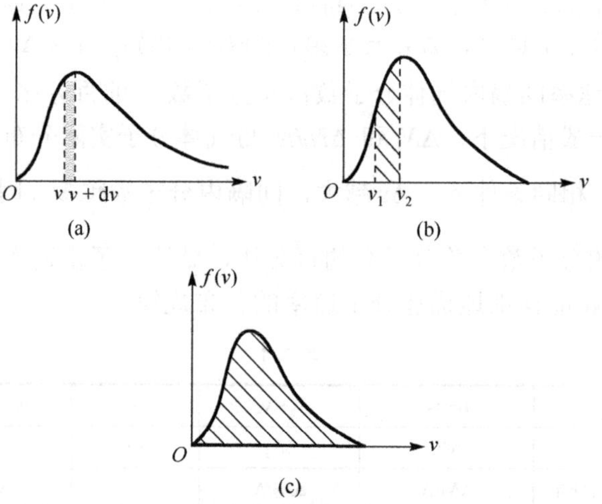

图 5-6　速率分布示意图

麦克斯韦经过理论研究，指出在平衡状态中气体分子速率分布函数的具体形式是

$$f(v)=4\pi\left(\frac{m_0}{2\pi kT}\right)^{\frac{3}{2}}\mathrm{e}^{\frac{-m_0v^2}{2kT}}v^2 \tag{5-5}$$

其中 k 为玻尔兹曼常量，且 $k=\frac{R}{N_0}$，$(f(v)$ 叫做**麦克斯韦速率分布函数**. 表示速率分布函数的曲线叫做麦克斯韦速率分布曲线.

下面介绍分子速率的三种统计平均值，包括分子平均速率、方均根速率和最概然速率.

分子平均速率为

$$\overline{v}=\int v\frac{\mathrm{d}N}{N}=\frac{1}{N}\int_0^{\infty}vNf(v)\mathrm{d}v$$

$$\int_0^{\infty}vf(v)\mathrm{d}v=\sqrt{\frac{8kT}{\pi m_0}}\approx1.60\sqrt{\frac{RT}{M}} \tag{5-6}$$

方均根速率为

$$\overline{v^2}=\int_0^{\infty}v^2f(v)\mathrm{d}v=\frac{3kT}{m_0}$$

$$\sqrt{\overline{v^2}}=\sqrt{\frac{3kT}{m_0}}=\sqrt{\frac{3RT}{M}}\approx1.73\sqrt{\frac{RT}{M}} \tag{5-7}$$

从速率分布曲线我们还可以知道，具有很大速率或很小速率的分子数较少，其占总分子数的百分比较低，而具有中等速率的分子数很多，其占总分子数的百分比很高. 值得注意的是，如图 5-7 所示，曲线上有一个最大值，与这个最大值相应的速率值 v_{p}，叫做**最概然速率**. 它的物理意义是，在一定温度下，速率大小与 v_{p} 相近的气体分子的百分比为最大，也就是说，以相同速率间隔来说，气体分子中速度大小在 v_{p} 附近的概率为最大. 在最大值处，遵循如下规律：

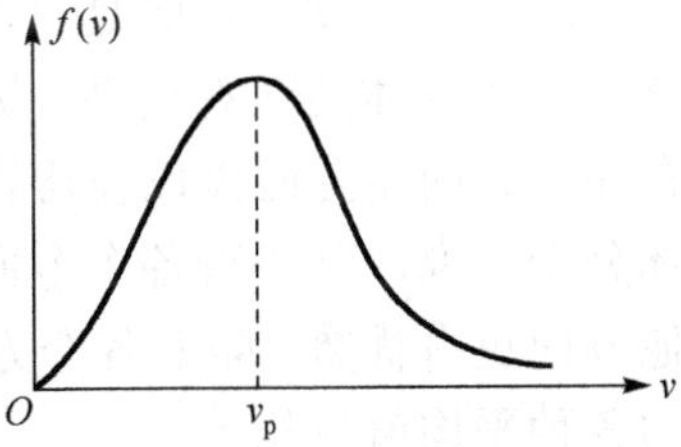

图 5-7　最概然速率

$$\frac{\mathrm{d}}{\mathrm{d}v}f(v)=0$$

因此，我们可以假设当 $v=v_{\mathrm{p}}$ 时即为最概然速率

$$v_{\mathrm{p}}=\sqrt{\frac{2kT}{m_0}}=\sqrt{\frac{2RT}{M}}\approx1.41\sqrt{\frac{RT}{M}} \tag{5-8}$$

在气体理论中有些问题的研究采用了分布函数的概念，却不需要函数 $f(v)$ 的具体形式，理想气体的压强公式就是其中一例. 5.3 节将对理想气体的压强和温度的微观本质做一介绍.

例题 5-2　计算在 27℃时，氢气分子和氧气分子的方均根速率.

解　氢气的摩尔质量为 M_H=0.002kg；氧气的摩尔质量为 M_O=0.032kg. 温度为 T=300K.

由方均根速率表达式可以求得

氢气分子：$\sqrt{\overline{v^2}}=\sqrt{\dfrac{3RT}{M}}=1934\text{m}\cdot\text{s}^{-1}$

氧气分子：$\sqrt{\overline{v^2}}=\sqrt{\dfrac{3RT}{M}}=483\text{m}\cdot\text{s}^{-1}$

5.3　理想气体的压强和温度的微观本质

一、理想气体的微观模型

从气体分子热运动的基本特征出发，认为理想气体的力学微观模型应该是这样的：

(1) 气体分子的大小与气体分子间的距离相比，可以忽略不计，因此我们可以将气体分子看成质点.

(2) 气体分子的运动服从经典力学规律. 气体分子之间以及气体分子和器壁之间的碰撞遵循弹性碰撞规律. 气体分子与器壁碰撞时，气体分子的速率和动能不发生变化，只改变分子运动的方向.

(3) 除碰撞的瞬间外，分子间相互作用力可忽略不计. 由于气体分子质量很小，在气体分子运动过程中忽略重力的影响.

总之，气体被看成是自由地、无规则地运动着的弹性球分子的集合. 这种模型就是理想气体的微观模型. 从统计假设角度分析，气体在平衡态时，根据气体分子存在频繁的相互碰撞以及容器内分子数密度处处均匀的特点，可以假定：对大量气体分子来说，分子沿各个方向运动的机会是均等的，任何一个方向的运动并不比其他方向更占优势. 即沿各个方向运动的分子数目相等，分子速度在各个方向的分量的各种平均值也相等.

二、理想气体压强公式的推导

为计算方便，我们选一个边长分别为 d_1、d_2、d_3 的长方形容器，如图 5-8 所示，并设容器中有 N 个同类气体的分子，做不规则的热运动，每个分子的质量都是 m_0. 在平衡状态下，器壁各处的压强完全相同，因此只要计算得到一个器壁所受压强即可. 现在我们计算器壁 A_1 面上所受的压强. 由压强的定义可知，只要计算得到 A_1 面上所受的平均垂直压力 $\overline{\boldsymbol{F}}$，然后利用压强公式 $p=\overline{F}/S_1$ 即可得到 A_1 面上所受的压强，S_1 为 A_1 面的面积.

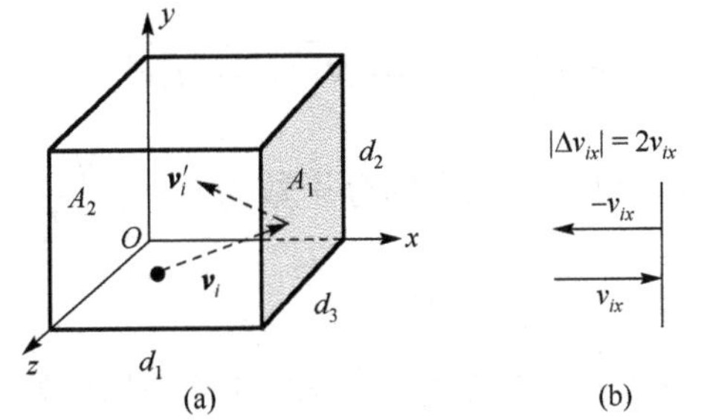

图 5-8　压强公式推导(a)和速度变化(b)示意图

A_1 面上所受的压力应该是大量分子的撞击产生的. 先选一分子 i 来考虑，它的速度是 $\boldsymbol{v}_i$，在 x、y、z 三个方向上的速度分量分别为 v_{ix}、v_{iy}、v_{iz}，有

$$\boldsymbol{v}_i = v_{ix}\boldsymbol{i} + v_{iy}\boldsymbol{j} + v_{iz}\boldsymbol{k} \tag{5-9}$$

分子 i 与容器器壁 A_1 碰撞，是完全弹性碰撞，在 y、z 方向上的速度分量不变化，碰撞一次，在 x 方向上速度分量将变为 $-v_{ix}$，因此分子的动量将发生变化. 分子动量的改变量即分子所受冲量：$\Delta P = I'_{ix} = -m_0 v_{ix} - m_0 v_{ix} = -2m_0 v_{ix}$.

根据牛顿第三运动定律，这时分子 i 对 A_1 面也必有一个沿$+x$ 方向的同样大小的反作用冲量 $I_{ix} = 2m_0 v_{ix}$. 由于弹性碰撞并不改变分子速度的大小，所以分子在容器中运动时沿 x 方向运动的速率不变，因此分子 i 每碰撞器壁 A_1 面一次所需时间为 $\Delta t = \dfrac{2d_1}{v_{ix}}$. 单位时间内此分子与器壁 A_1 碰撞次数是 $\dfrac{1}{\Delta t} = \dfrac{v_{ix}}{2d_1}$，则单位时间内器壁受到分子 i 的冲量为：$I_i = \dfrac{v_{ix}}{2d_1} \times 2m_0 v_{ix} = \dfrac{m_0 v_{ix}^2}{d_1}$.

需要指出的是，每一分子对器壁的碰撞以及作用在器壁上的力是间歇的、不连续的. 但是，由于容器内分子数巨大，每个气体分子都会撞击器壁，器壁受到一个近似连续的力. A_1 面所受的平均力 $\bar{F}$ 的大小应该等于单位时间内所有分子与 A_1 面碰撞时所作用的冲量的总和，即 N 个分子对器壁 A_1 单位时间的总冲量

$$I = \sum I_i = \sum_{i=1}^{N} \frac{m_0 {v_{ix}}^2}{d_1} = \frac{m_0}{d_1} \sum {v_{ix}}^2 = \frac{m_0}{d_1} N \overline{{v_x}^2} \tag{5-10}$$

其中，$\overline{v_x^2}$ 为容器内 N 个分子沿 x 方向速度分量的平方的平均值 $\overline{v_x^2} = \dfrac{v_{1x}^2 + v_{2x}^2 + \cdots + v_{Nx}^2}{N}$，因此单位时间内器壁所受平均冲力为

$$\bar{F} = \frac{m_0}{d_1} N \overline{v_x^2} \tag{5-11}$$

按压强定义得

$$p=\frac{\overline{F}}{S}=\frac{m_0}{d_1d_2d_3}N\overline{v_x^2}=\frac{N}{V}m_0\overline{v_x^2} \tag{5-12}$$

又因气体的体积为 $d_1d_2d_3$，单位体积内的分子数为 $n=\frac{N}{d_1d_2d_3}$，所以上式可写成

$$p=nm_0\overline{v_x^2} \tag{5-13}$$

按分子的统计假设，分子速度在各个方向的分量的平均值也相等，即 $\overline{v_x^2}=\overline{v_y^2}=\overline{v_z^2}=\frac{1}{3}\overline{v^2}$，则有

$$p=nm_0\frac{1}{3}\overline{v^2}$$

若以 $\overline{\varepsilon_k}$ 表示分子的平均平动动能，则有 $\overline{\varepsilon_k}=\frac{1}{2}m_0\overline{v^2}$，代入上式得

$$p=\frac{2}{3}n\left(\frac{1}{2}m_0\overline{v^2}\right)=\frac{2}{3}n\overline{\varepsilon_k} \tag{5-14}$$

式(5-14)是气体动理论的压强公式. 压强公式建立了宏观量和微观量的关系. 气体作用在器壁上的压强,既和单位体积内的分子数 n 有关,又和分子的平均平动动能 $\overline{\varepsilon_k}$ 有关. 分子对器壁的碰撞是断断续续的，是大量分子运动的集体表现，决定于微观量的统计平均值.

三、温度的微观本质

下面从理想气体状态方程和压强公式出发，可以得到气体的温度和分子的平均平动动能之间的关系，从而阐明温度这一宏观量的微观本质.

设每个分子的质量是 m_0，则气体的摩尔质量 M 为 $M=N_Am_0$，N_A 为阿伏伽德罗常量. 同时假设气体质量为 m 时的分子数为 N，所以有关系 $m=Nm_0$. 把这两个关系代入理想气体状态方程 $pV=\frac{m}{M}RT$，得

$$p=\frac{N}{V}\frac{R}{N_A}T$$

R 与 N_A 都是常量，两者的比值常用 k 表示，k 叫做玻尔兹曼(Boltzmann)常量，

$$k=\frac{R}{N_A}=1.38\times10^{-23}\,\text{J/K}$$

因此，理想气体状态方程可改写成

$$p=nkT \tag{5-15}$$

将上式和气体压强公式(5-14)比较，得温度公式

$$\overline{\varepsilon_k}=\frac{1}{2}m\overline{v^2}=\frac{3}{2}kT \tag{5-16}$$

上式是宏观量温度 T 与微观量 $\overline{\varepsilon_k}$ 的关系式. 上式说明：①分子的平均平动动能仅与温度成正比，说明温度是分子平均平动动能的量度，反映热运动的剧烈程度；②温度是大量分子的集体表现，个别分子无意义，揭示了气体温度的统计意义；③如有两种分别处于热平衡态的气体，它们的温度相同，那么由式(5-16)可以看出，两种气体分子的平均平动动能也相等，即在同一温度下，各种气体分子平均平动动能均相等. 这与热力学第零定律的描述一致.

例题 5-3 黄绿光的波长是 5000Å，理想气体在标准状态下，以黄绿光的波长为边长的立方体内有多少个分子，其分子的平均平动动能的总和是多少?

解 标准状态下：T_0 =273K，p_0=1atm, 标准状态下分子数密度为

$$n=\frac{p_0}{kT_0}=\frac{1.013\times10^5}{1.38\times10^{-23}\times273}=2.69\times10^{25}(\text{m}^{-3})$$

以 5000Å 为边长的立方体内分子数为

$$N=nV=2.69\times10^{25}\times(5.0\times10^{-7})^3\approx3.36\times10^6$$

每个分子的平均平动动能为

$$\overline{\varepsilon_k}=\frac{3}{2}kT=\frac{3}{2}\times1.38\times10^{-23}\times273=5.65\times10^{-21}(\text{J})$$

则

$$E_k=N\varepsilon_k=1.90\times10^{-14}\text{ J}$$

例题 5-4 试求氮气分子的平均平动动能. (1)在温度 $t=1000$℃时；(2)在温度 $t=0$℃时.

解 由气体分子的平均平动动能公式可得

$$\bar{\varepsilon}_{kt1}=\frac{3}{2}kT_1=\frac{3}{2}\times1.38\times10^{-23}\times1273=2.64\times10^{-20}(\text{J})$$

$$\bar{\varepsilon}_{kt2}=\frac{3}{2}kT_2=\frac{3}{2}\times1.38\times10^{-23}\times273=5.65\times10^{-21}(\text{J})$$

5.4 能量均分定理 理想气体的内能

一、分子的自由度

我们在 5.3 节讨论气体的压强公式时将气体分子看成质点. 实际上，气体分子具有一定的大小和比较复杂的结构，不能看成质点. 因此，分子的运动不仅有平动，

还有转动和分子内原子间的振动. 因此在研究分子热运动能量时，分子的动能就有平动动能、转动动能和振动动能. 为了说明分子无规则运动的能量所遵从的统计规律，并在这个基础上计算理想气体的内能，我们将借助于力学中自由度的概念.

现在根据力学中的概念来讨论分子的自由度数. 气体分子的情况比较复杂. 按分子的结构，气体分子可以是单原子的、双原子的、三原子的或多原子的. 单原子的分子可以看成一质点，可以在任意方向自由运动，因此单原子气体分子有 3 个自由度. 在双原子分子中，如果原子间的相对位置保持不变，那么，这个分子就可看成由保持一定距离的两个质点 m_1 和 m_2 组成，如图 5-9 所示. 由于质心 C 的位置需要用 3 个独立坐标决定，连线的方位需用 2 个独立坐标决定，而两质点以连线为轴的转动又可不计. 所以，双原子气体分子有 3 个平动自由度与 2 个转动自由度，共有 5 个自由度. 在 3 个及 3 个以上原子的多原子分子中，如果这些原子之间的相对位置不变，则整个分子就是自由刚体，它共有 6 个自由度，其中 3 个属于平动自由度，3 个属于转动自由度. 事实上，双原子或多原子的气体分子一般不是完全刚性的，这些分子中的两原子间的距离会发生变化，分子内部要出现振动. 因此，除平动自由度和转动自由度外，还有振动自由度. 但分子间的振动只在高温时才显著，在常温下，大多数分子的振动自由度可以不予考虑.

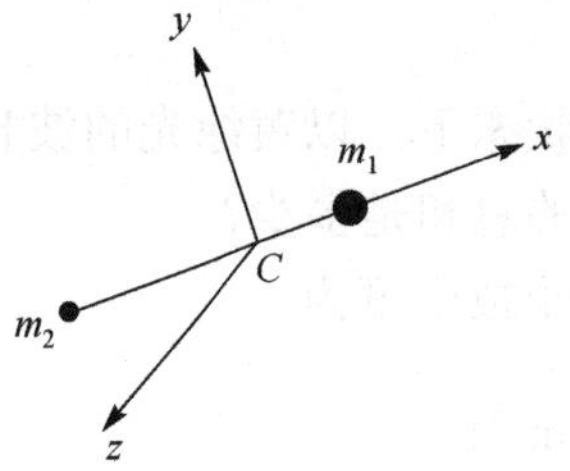

图 5-9　双原子分子运动图

二、能量按自由度均分定理

对于理想气体，单个分子的平均平动动能为

$$\frac{1}{2}m_0\overline{v^2}=\frac{3}{2}kT$$

式中，$\bar{v}=\overline{v_x^2}+\overline{v_y^2}+\overline{v_z^2}$，同时由 5.3 节所述，$\overline{v_x^2}=\overline{v_y^2}=\overline{v_z^2}=\frac{1}{3}\overline{v^2}$，因此

$$\frac{1}{2}m_0\overline{v_x^2}=\frac{1}{2}m_0\overline{v_y^2}=\frac{1}{2}m_0\overline{v_z^2}=\frac{1}{3}\left(\frac{1}{2}m_0\overline{v^2}\right)=\frac{1}{2}kT \tag{5-17}$$

该式表明，气体分子沿 x、y、z 三个方向运动的平均平动动能完全相等；可以认为，分子的平均平动动能 $\frac{3}{2}kT$ 是均匀地分配在每一个平动自由度上的. 因为分子平动有 3 个自由度，所以相应于每一个平动自由度的能量是 $\frac{1}{2}kT$.

这个结论可以推广到刚性气体分子. 由于气体分子热运动的无序性，我们知道，对于个别分子来说，它在任一瞬时的各种形式的动能和总能量完全可与其他分子相差很大，而且每一种形式的动能也不一定相等. 但是，我们不要忘记分子之间进行着十分频繁的碰撞. 分子通过碰撞，进行能量的传递与交换. 如果在全体分子中分配于某一运动形式或某一自由度上的能量多了，那么，在碰撞中能量由这种运动形式或这一自由度转换到其他运动形式或其他自由度的概率也随之增大. 因此，在平衡状态时，由于分子间频繁的无规则碰撞，平均地说，不论何种运动，相应于每一自由度的平均动能都应该相等，不仅各个平动自由度上的平均动能应该相等，各个转动自由度上的平均动能也应该相等，而且每个平动自由度上的平均动能与每个转动自由度上的平均动能都应该相等. 气体分子任一自由度的平均动能都等于 $\frac{1}{2}kT$. 如果气体分子有 i 个自由度，则每个分子的总平均动能就是 $\frac{i}{2}kT$. 能量按照这样的原则分配，叫做能量按自由度均分定理，这个原则是关于分子无规则运动动能的统计规律，是大量分子统计平均所得出的结果，也是分子热运动统计性的一种反映.

如果气体不是刚性的，那么，除上述平动与转动自由度以外，还存在着振动自由度. 对应于每一个振动自由度，每个分子除 $\frac{1}{2}kT$ 的平均动能外，还具有 $\frac{1}{2}kT$ 的平均势能，所以，在每一振动自由度上将分配到量值为 kT 的平均能量.

三、理想气体的内能

把系统内与热现象有关的能量叫做内能，包括分子的热运动动能和分子间相互作用势能. 对于理想气体来说，由于分子间距很大，分子相互作用力很小，所以分子与分子之间相互作用的势能可忽略不计，因此理想气体的内能可以近似地看成是分子各种运动能量的总和. 下面推导理想气体内能的公式.

首先计算得到 1mol 理想气体内能. 每一个分子总平均动能为 $\frac{i}{2}kT$ ，而 1mol 理想气体有 N_A 个分子，所以 1mol 理想气体的内能是

$$E_0 = N_A\left(\frac{i}{2}kT\right) = \frac{i}{2}RT \tag{5-18}$$

质量为 m(摩尔质量为 M) 的理想气体的内能是

$$E = \frac{m}{M}\frac{i}{2}RT \tag{5-19}$$

由此可知，一定量的理想气体的内能完全决定于分子运动的自由度 i 和气体的热力学温度 T，而与气体的体积和压强无关. 应该指出，这一结论与“不计气体分子之间的相互作用力”的假设是一致的，所以有时也把“理想气体的内能只是温度的单值函数”这一性质作为理想气体的定义内容之一. 一定质量的理想气体在不同的状态变化过程中，只要温度的变化量相等，它的内能的变化量就相同，而与过程

无关. 以后，我们在热力学中，将应用这一结果计算理想气体的热容量.

例题 5-5 一容器内某理想气体的温度为 273K，密度为 $\rho=1.25\text{g/m}^3$，压强为 $p=1.0\times10^{-3}\text{atm}$. 问：

(1) 气体的摩尔质量，是何种气体？

(2) 气体分子的平均平动动能和平均转动动能各是多少？

(3) 单位体积内气体分子的总平动动能是多少？

(4) 设该气体有 0.3mol，气体的内能是多少？

解 (1) 由理想气体状态方程

$$pV=\frac{m}{M}RT$$

$$M=\frac{mRT}{pV}=\frac{\rho RT}{p}=\frac{1.25\times10^{-3}\times8.31\times273}{10^{-3}\times1.013\times10^{5}}=0.028(\text{kg/mol})$$

由结果可知，此为 N_2 气体或者 CO 气体.

(2) N_2 气体或者 CO 气体属于双原子分子，分子的平动自由度为 3，转动自由度为 2. 按照能量均分定理可得平均平动动能和平均转动动能为

$$\overline{\varepsilon_{\text{kt}}}=\frac{3}{2}kT=\frac{3}{2}\times1.38\times10^{-23}\times273=5.65\times10^{-21}(\text{J})$$

$$\overline{\varepsilon_{\text{kr}}}=kT=1.38\times10^{-23}\times273=3.77\times10^{-21}(\text{J})$$

(3) 单位体积内气体分子的总平动动能为

$$E_{\text{k}}=\overline{\varepsilon_{\text{k}}}\times n=\overline{\varepsilon_{\text{k}}}\times\frac{p}{kT}=5.65\times10^{-21}\times\frac{1.013\times10^{2}}{1.38\times10^{-23}\times273}=1.51\times10^{2}(\text{J/m}^3)$$

(4) 由理想气体的内能公式，有

$$E=\frac{m}{M}\frac{i}{2}RT=0.3\times\frac{5}{2}\times8.31\times273=1.70\times10^{3}(\text{J})$$

思 考 题

5-1 解释气体为什么容易压缩，却又不能无限地压缩.

5-2 气体的平衡态有何特征？当气体处于平衡态时还有分子热运动吗？与力学中的平衡有何不同？

5-3 一金属杆一端置于沸水中，另一端和冰接触，当沸水和冰的温度维持不变时，金属杆上各点的温度将不随时间而变化，请问金属杆这时是否处于平衡态，为什么？

5-4　一瓶氦气和一瓶氮气密度相同，分子平均平动动能相同，而且它们都处于平衡状态，则它们温度和压强是否都相等？

5-5　在一固定容器内理想气体分子速率提高到原来的 2 倍，那么温度和压强如何变化.

5-6　为什么夏天给自行车打气时不能打得太足，而冬天可以？

练　习　题

5-1　求在标准状态下，1.0m^3 氮气中速率处于 500～501m/s 的分子数目.

5-2　一容器内储有氧气，其压强为一个标准大气压，其温度为 27℃,求：

(1) 单位体积内的分子数；

(2) 氧气的密度；

(3) 氧分子的质量；

(4) 分子的平均平动动能；

(5) 分子的平均总动能.

5-3　求温度为 127℃时氢分子和氧气分子的平均速率、方均根速率及最概然速率？

5-4　在一个具有活塞的容器中盛有一定的气体. 如果压缩气体并对它加热，使它的温度从 27℃升到 177℃，这时气体分子的平均平动动能变化多少？

5-5　一容积为 V=1.0m^3 的容器内装有 N_1=1.0×10^{24} 个氧分子和 N_2=3.0×10^{24} 个氮分子的混合气体，混合气体的压强 p =2.58×10^4Pa. 求：(1) 分子的平均平动动能；(2) 混合气体的温度.

5-6　容积为 10L 的容器内有 1mol 的 CO_2 气体，其方均根速率为 1440m/s，求气体的压力(CO_2 的摩尔质量为 44g/mol).

5-7　已知标准状态下空气的密度为 ρ=1.29kg/m^3，求标准状态下空气分子的方均根速率.

5-8　容积为 20.0L 的瓶子以速率 u=200m/s 匀速运动，瓶中充有质量为 100g 的氦气. 设瓶子突然停止，且气体分子全部定向运动的动能都变为热运动动能. 瓶子与外界没有热量交换，热平衡后氦气的温度、压强、内能及氦气分子的平均动能各增加多少？

5-9　在容积为 2.0×$10^{-3}$$m^3$ 的容器中，有内能为 6.75×10^2J 的刚性双原子分子理想气体. (1) 求气体的压强；(2) 设分子总数为 5.4×10^{22} 个，求分子的平均平动动能及气体的温度.

5-10　容器内有某种理想气体，气体温度为 273K，压强为 0.01atm（1atm = 1.013×10^5Pa），密度为 1.24×10^{-2}kg · m^{-3}. 试问：

(1) 气体分子的方均根速率是多少？

(2) 气体的摩尔质量是多少，并确定它是什么气体？

(3) 气体分子的平均平动动能和平均转动动能各是多少；

(4) 单位体积内分子的平动动能是多少？

(5) 若气体的物质的量为 0.3mol，其内能是多少？

第六章　热力学基础

小故事

1698 年萨维利和 1705 年纽可门先后发明了蒸汽机，当时蒸汽机的效率极低. 1765 年瓦特对其进行了重大改进，大大提高了效率. 人们一直在为提高热机的效率而努力，从理论上研究热机效率问题，一方面指明了提高效率的方向，另一方面也推动了热学理论的发展. 各种热机的效率约为：液体燃料火箭 48%；柴油机 37%；汽油机 25%; 蒸汽机 8%. 为何系统吸收的热量不能全部转换为对外做功？如何计算热功转换效率？

热力学主要研究物质热现象与热运动的宏观规律. 第五章主要运用概率论研究了大量微观粒子的运动规律. 本章以实验总结出来的热力学定律为基础，从能量转换角度出发，研究物质热现象的宏观基本规律及其应用，主要研究系统状态变化过程中热、功和内能转换的规律.

6.1　热力学第一定律

一、热力学过程

当系统由某一平衡状态开始进行变化，状态的变化必然要破坏原来的平衡态，需要经过一段时间才能达到新的平衡态. 系统从一个平衡态过渡到另一个平衡态所经过的变化历程就是一个**热力学过程**. 如第五章所述，热力学过程由于中间状态不同而被分成非静态与准静态两种过程. 下面举例说明如何实现准静态过程. 如图 6-1 所示，一带有活塞的容器内储有一定量气体，活塞可自由地沿容器壁无摩擦滑动. 在活塞上放置一些细沙粒，初始时，气体处于平衡态，其状态参量为 p_1、V_1、T_1，然后将沙粒一粒粒拿走，最终气体状态参量变为 p_2、V_2、T_2. 由于沙粒很轻，并且是很平缓地被一粒粒拿走，所以每拿走一粒，容器内的状态参量就发生一微小变化 $\mathrm{d}V$、$\mathrm{d}p$、$\mathrm{d}T$. 但是由于该变化对容器内气体扰动很小，所以可以很快达到平衡态. 假设从拿走沙粒使容器内气体发生扰动到达到平衡态所需时间为

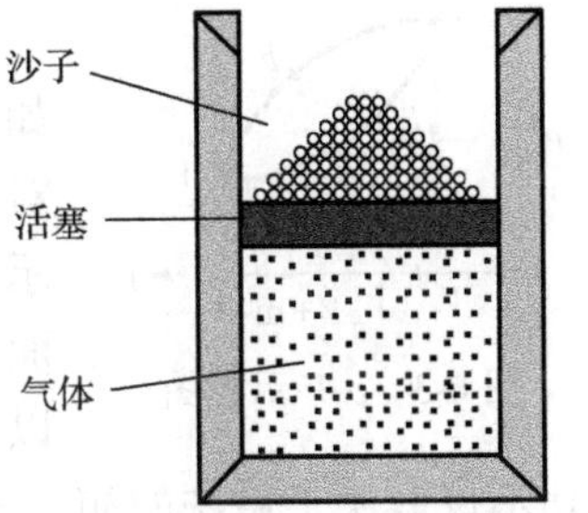

图 6-1　准静态过程的实现

τ，即系统的弛豫时间，而两次拿走沙粒的时间间隔为 t. 只要保证 $t \gg \tau$，就可以认为容器中每一个中间状态均为平衡态，则系统整个变化过程为准静态过程.

二、功　热量　内能

热力学系统的状态变化，总是通过外界对系统做功，或向系统传递热量，或两者兼施并用而完成的. 例如，一杯水，可以通过加热，即用传递热量的方法，使这杯水从某一温度升高到另一温度；也可用搅拌做功的方法，使它升高到同一温度. 前者是通过热量传递来完成的，后者则是通过外界做功来完成的. 两种方式虽然不同，但能导致相同的状态变化. 这就是所谓的热功等效性. 现在，在国际单位制中，功与热量都用 J(焦耳) 作单位.

我们以气体膨胀为例，介绍流体体积变化所做的功. 设有一气缸，其中气体的压强为 p，活塞的面积为 S(图 6-2)，则气体作用在活塞上的力为 $F=pS$. 当活塞缓慢移动一微小距离 dx 时，在这一微小的变化过程中，可认为压强 p 处处均匀而且不变，因此是个准静态过程. 在此过程中，气体所做的功为

$$dA = pSdx = pdV \tag{6-1}$$

式中，dV 是气体体积的微小增量. 气体膨胀时，$dV>0$，$dA>0$，表示系统对外做功；气体被压缩时，$dV<0$，$dA<0$，表示系统对外做负功，亦即外界对系统做功.

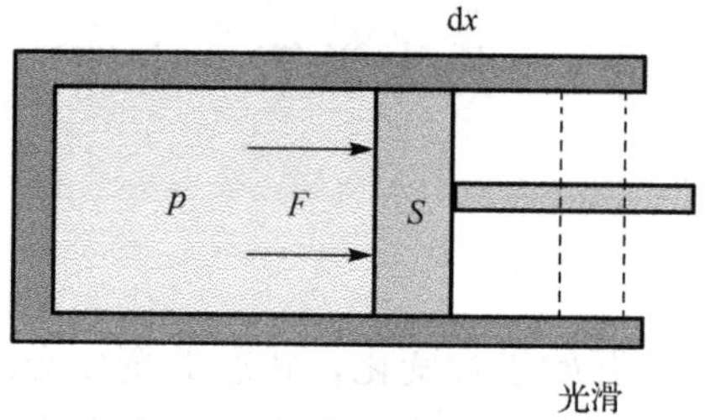

图 6-2　气体做功

当气体经历一个状态变化的准静态过程时，气体所做总功为

$$A = \int_{V_1}^{V_2} pdV \tag{6-2}$$

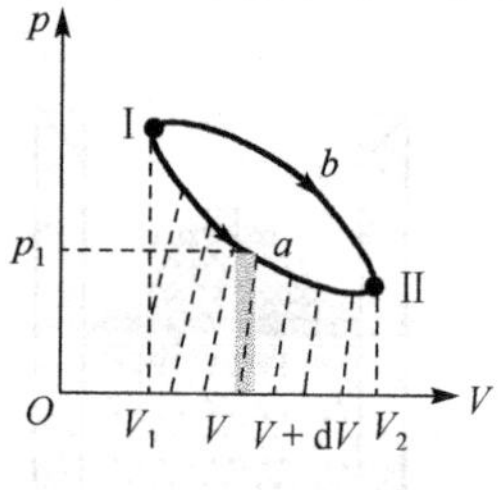

图 6-3　p-V 示意图

如图 6-3 所示，在 p-V 图上是由代表这个准静态过程的实线对 V 轴所覆盖的阴影面积表示的. 如果系统沿图中 b 线所表示的过程进行状态变化，那么它所做的功将等于 b 线下面的面积，这比 a 线表示的过程中的功要大. 因此，根据图示可以清楚地看到，系统由一个状态变化到另一状态时，所做的功不仅取决于系统的初、末状态，而且与系统所经历的过程有关.

由此可见，做功是系统与外界相互作用的一种方式，也是两者的能量相互交换

的一种方式. 这种能量交换的方式是通过宏观的有规则运动(如机械运动、电流等)来完成的. 我们把机械功、电磁功等统称为宏观功.

热量传递和做功不同，这种交换能量的方式是通过分子的无规则运动来完成的. 当外界物体(热源)与系统相接触时，不需要借助机械的方式，也不显示任何宏观运动的迹象，直接在两者的分子无规则运动之间进行能量的交换，这就是热量传递. 一般把热量传递叫做微观功. 做功是把有规则的宏观机械运动能量转换成系统内分子无规则热运动能量，引起系统内能发生变化. 热量传递是系统外分子无规则热运动传递给系统内分子，使其热运动加剧，引起系统内能发生变化. 但是，无论是做功还是热量传递，只有在过程发生时才有意义，它们的大小也与过程有关，因此它们都是过程量.

实验证明，系统状态发生变化时，只要初、末状态给定，则不论所经历的过程有何不同，外界对系统所做的功和向系统所传递的热量的总和总是恒定不变的. 我们知道，对一系统做功将使系统的能量增加，又根据热功的等效性，可知对系统传递热量也将使系统的能量增加. 由此看来，热力学系统在一定状态下应具有一定的能量，叫做热力学系统的“内能”. 如不考虑分子内部结构，内能也可以理解为物体内分子做无规运动的动能和势能的总和，是表征与做功和传热有关的系统状态的量. 上述实验事实表明：内能的改变量，只由系统的初、末状态决定，和变化的具体过程无关. 换句话说，内能是系统状态的单值函数.

三、热力学第一定律

在一般情况下，当系统状态变化时，做功与热量传递往往是同时存在的. 如果有一系统，外界对它传递的热量为 Q，系统从内能为 E_1 的初始平衡状态改变到内能为 E_2 的终末平衡状态，同时系统对外做功为 A，那么不论过程如何，总有

$$Q = E_2 - E_1 + A \tag{6-3}$$

上式就是**热力学第一定律**. 我们规定：系统从外界吸收热量时，Q 为正值，反之为负；系统对外界做功时，A 为正值，反之为负；系统内能增加时，E_2-E_1 为正，反之为负. 这样，上式的意义就是：外界对系统传递的热量，一部分是使系统的内能增加，另一部分是用于系统对外做功. 不难看出，热力学第一定律其实是包括热量在内的能量守恒定律. 对微小的状态变化过程，式(6-3)可写成

$$\mathrm{d}Q = \mathrm{d}E + \mathrm{d}A \tag{6-4a}$$

当气体经历一个状态变化的准静态过程时，利用式(6-2)可将式(6-3)写成

$$Q = E_2 - E_1 + \int_{V_1}^{V_2} p\mathrm{d}V \tag{6-4b}$$

例题 6-1　某系统吸热 800J，对外做功 500J，由状态 A 沿路径 1 变到状态 B，

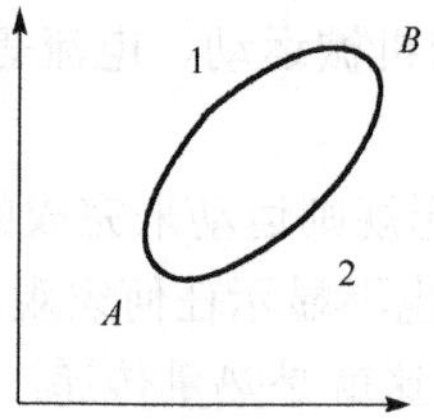

图 6-4

气体内能改变了多少？如果气体沿路径 2 由状态 B 回到状态 A，外界对系统做功 300J，气体放热多少？

解　如图 6-4 所示，状态 A 沿路径 1 变到状态 B，则系统对外做功，A=500J，Q=800J. 由热力学第一定律：

$$Q = \Delta E + A$$

$$\Delta E = Q - A = 800 - 500 = 300(\text{J})$$

沿路径 2 由状态 B 回到状态 A，外界对系统做功，所以 A=−300J，内能减少 300J，所以 $\Delta E = -300\text{J}$，则

$$Q = \Delta E + W = -600\text{J}$$

6.2　热力学第一定律对于理想气体准静态过程的应用

热力学第一定律确定了系统在状态变化过程中被传递的热量、功和内能之间的相互关系，不论是气体、液体或固体的系统都适用. 在本节中，我们讨论在理想气体的几种准静态过程中热力学第一定律的应用.

一、等体过程　气体的摩尔定体热容

等体过程的特征是气体的体积保持不变，即 V=常量，dV=0. 其过程方程为 pT^{-1} = 常量，其在 p-V 图上的变化如图 6-5 所示.

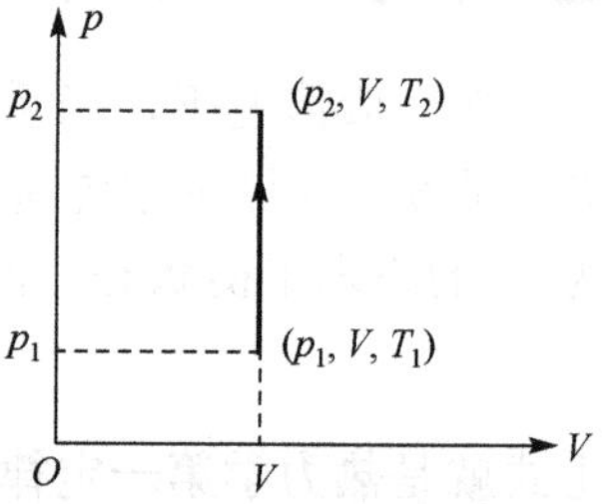

图 6-5　等体过程

在等体过程中，dV=0，所以 dA=0. 根据热力学第一定律，得

$$\mathrm{d}Q_V = \mathrm{d}E \tag{6-5a}$$

对于有限量变化，则有

$$Q_V = E_2 - E_1 \tag{6-5b}$$

下标 V 表示体积保持不变.

由上式可知，在等体过程中，外界传给气体的热量全部用来增加气体的内能，而系统没有对外做功.

下面我们讨论气体的摩尔定体热容. 设有 1mol 理想气体在体积不变而且没有化学反应与相变的条件下，吸收的热量为 $\mathrm{d}Q_V$，使温度升高 dT，其**摩尔定体热容**为

$$C_V = \frac{\mathrm{d}Q_V}{\mathrm{d}T} \tag{6-6}$$

那么，对于质量为 m 的理想气体，当温度升高 dT 时，需要从外界吸收的热量为

$$\mathrm{d}Q_V = \frac{m}{M} C_V \mathrm{d}T$$

把式(6-6)代入式(6-5a)，即得

$$dE = \frac{m}{M} C_V dT \tag{6-7}$$

对于一有限温度变化的准静态过程

$$E_2 - E_1 = \frac{m}{M} C_V (T_2 - T_1)$$

应该注意，式(6-7)是计算过程中理想气体内能变化的通用公式，不仅仅适用于等体过程. 前面已经指出，理想气体的内能只与温度有关，所以一定质量的理想气体在不同的状态变化过程中，如果温度的增量 dT 相同，那么气体所吸收的热量和所做的功虽然随过程的不同而异，但是气体内能的增量却相同，与所经历的过程无关.

由第五章可知，理想气体的内能可以表示为

$$E = \frac{m}{M} \frac{i}{2} RT$$

由此得

$$dE = \frac{m}{M} \frac{i}{2} R dT \tag{6-8}$$

把它与式(6-7)相比较，则有

$$C_V = \frac{i}{2} R \tag{6-9}$$

上式说明，理想气体的摩尔定体热容是一个只与分子的自由度有关的量，与气体的温度无关. 对于单原子气体，$i=3, C_V = 12.5\,\mathrm{J/(mol \cdot K)}$；对于双原子气体，不考虑分子的振动，$i=5, C_V = 20.8\,\mathrm{J/(mol \cdot K)}$；对于多原子气体，不考虑分子的振动，$i=6, C_V = 24.9\,\mathrm{J/(mol \cdot K)}$.

二、等压过程　气体的摩尔定压热容

等压过程的特性是系统的压强保持不变，即 p=常量，$dp=0$，如图 6-6 所示. 其过程方程为：VT^{-1} = 常量.

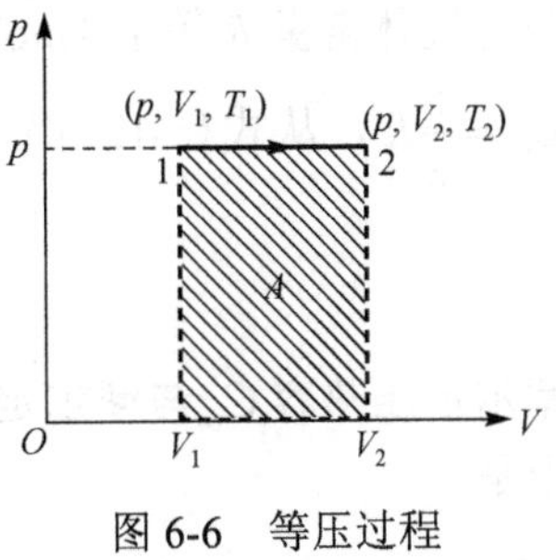

图 6-6　等压过程

在等压过程中，假设系统从外界吸收热量为 dQ，气体对外做功为 $dA=pdV$，系统内能的改变为 dE，由热力学第一定律可知

$$dQ_p = dE + pdV$$

所以在等压过程中，系统吸收的热量一部分用来对外做功，一部分用于内能的增加.

当气体从状态 1(p，V_1，T_1)等压地变为状态 2(p，V_2，T_2)时，气体对外做功为

$$A=\int_{V_1}^{V_2} p\mathrm{d}V = p(V_2-V_1) \tag{6-10a}$$

另外，由理想气体状态方程 $pV=\dfrac{m}{M}RT$，可知 $p\mathrm{d}V=\dfrac{m}{M}R\mathrm{d}T$，所以上式也可以写为

$$A=\int_{T_1}^{T_2}\frac{m}{M}R\mathrm{d}T=\frac{m}{M}R(T_2-T_1) \tag{6-10b}$$

所以，整个过程中传递的热量为

$$Q_p=E_2-E_1+\frac{m}{M}R(T_2-T_1) \tag{6-11}$$

下面我们讨论气体的摩尔定压热容. 设有 1mol 理想气体在压强不变且没有化学反应与相变的条件下，吸收的热量为 $\mathrm{d}Q_p$，使温度升高 $\mathrm{d}T$，其**摩尔定压热容**用 C_p 表示，即

$$C_p=\frac{\mathrm{d}Q_p}{\mathrm{d}T}$$

那么，对于质量为 m 的理想气体，当温度升高 $\mathrm{d}T$ 时，需要从外界吸收的热量为

$$\mathrm{d}Q_p=\frac{m}{M}C_p\mathrm{d}T$$

对于一有限温度变化的准静态过程

$$Q_p=\frac{m}{M}C_p(T_2-T_1)$$

又因 $E_2-E_1=\dfrac{m}{M}C_V(T_2-T_1)$，把这两个公式代入式(6-11)，可知

$$C_p=C_V+R \tag{6-12}$$

上式叫做迈耶公式. 它的意义是，1mol 理想气体温度升高 1K 时，在等压过程中比在等体过程中要多吸收 8.31J 的热量，目的是转化为对外所做的膨胀功. 由此可见，普适气体常量 R 等于 1mol 理想气体在等压过程中温度升高 1K 时对外所做的功. 因 $C_V=\dfrac{i}{2}R$，从式(6-12)得

$$C_p=\frac{i}{2}R+R=\frac{i+2}{2}R \tag{6-13}$$

摩尔定压热容 C_p 与摩尔定体热容 C_V 之比，用 γ 表示，叫做**摩尔热容比或绝热指数**，于是

$$\gamma=\frac{C_p}{C_V}=\frac{i+2}{i} \tag{6-14}$$

根据上式不难算出：对于单原子气体，$\gamma=\dfrac{5}{3}=1.67$；双原子气体$\gamma=1.40$；多原子气体$\gamma=1.33$．它们也都只与气体分子的自由度有关，而与气体温度无关.

例题 6-2　一气缸中储有氮气，质量为 1.25kg，在标准大气压下缓慢地加热，使温度升高 1K. 试求气体膨胀时所做的功 A、气体内能的增量 ΔE 以及气体所吸收的热量 Q_p.（活塞的质量以及它与气缸壁的摩擦均可略去）

解　因过程是等压的，得

$$A=\frac{m}{M}R\Delta T=\frac{1.25}{0.028}\times 8.31\times 1=371(\mathrm{J})$$

因 $i=5$，所以 $C_V=iR/2=20.8\mathrm{J/(mol\cdot K)}$，可得气体内能的增量为

$$\Delta E=\frac{m}{M}C_V\Delta T=\frac{1.25}{0.028}\times 20.8\times 1=929(\mathrm{J})$$

$$Q_p=E_2-E_1+A=1300\mathrm{J}$$

三、等温过程

等温过程的特征是系统的温度保持不变，T=常量，$\mathrm{d}T=0$. 其过程方程为：pV=常量. 由于理想气体的内能只取决于温度，所以在等温过程中，理想气体的内能也保持不变，亦即 $\mathrm{d}E=0$. 由热力学第一定律可知，$\mathrm{d}Q_T=\mathrm{d}A=p\mathrm{d}V$，即等温过程中系统吸收的热量全部转化为对外做功，系统内能保持不变. 图 6-7 为一等温过程变化 p-V 图.

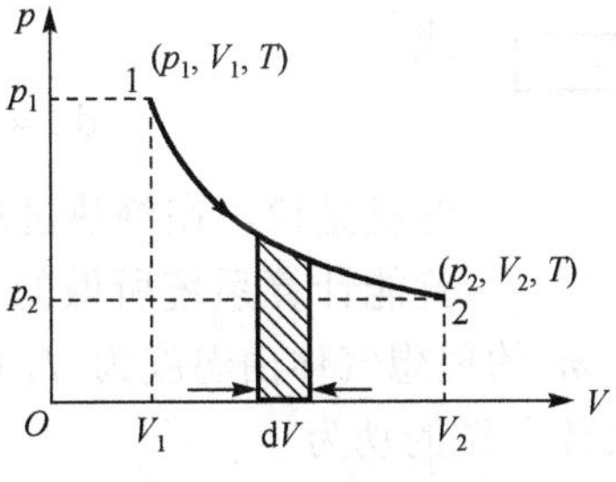

图 6-7　等温过程

在等温过程中，$p_1V_1=P_2V_2$，系统对外做的功为

$$A=\int_{V_1}^{V_2}p\mathrm{d}V=\int_{V_1}^{V_2}\frac{p_1V_1}{V}\mathrm{d}V=p_1V_1\ln\frac{V_2}{V_1}=p_1V_1\ln\frac{p_1}{p_2}$$

根据理想气体状态方程可得

$$A=\frac{m}{M}RT\ln\frac{V_2}{V_1}=\frac{m}{M}RT\ln\frac{p_1}{p_2}\tag{6-15}$$

又根据热力学第一定律，系统在等温过程中所吸收的热量应和它所做的功相等，即

$$Q_T = A = \frac{m}{M}RT\ln\frac{V_2}{V_1} = \frac{m}{M}RT\ln\frac{p_1}{p_2} \tag{6-16}$$

等温过程在 p-V 图上是一条等温线(双曲线)上的一段，如图 6-7 中所示的过程 1→2 是一等温膨胀过程. 在等温膨胀过程中，理想气体所吸取的热量全部转化为对外所做的功；反之，在等温压缩时，外界对理想气体所做的功将全部转化为传给恒温热源的热量.

四、绝热过程

在气体状态的变化过程中，如果系统与外界没有任何热量交换，则此过程叫做**绝热过程**. 它的特征是 $dQ=0$. 要实现绝热过程，系统的外壁必须是完全绝热的，过程也应该进行得无限缓慢(图 6-8). 但是完全绝热的器壁是找不到的，因此理想的绝热过程并不存在，实际进行的都是近似的绝热过程. 例如，气体在杜瓦瓶(一种保温瓶)内或在用绝热材料包起来的容器内所经历的变化过程，就可看成是近似的绝热过程；蒸汽机中汽缸内蒸汽的膨胀、柴油机中受热气体的膨胀等，也可以近似地看成绝热过程. 这些过程进行得很快，热量来不及与四周交换. 又如，声波传播时所引起的空气的压缩和膨胀.

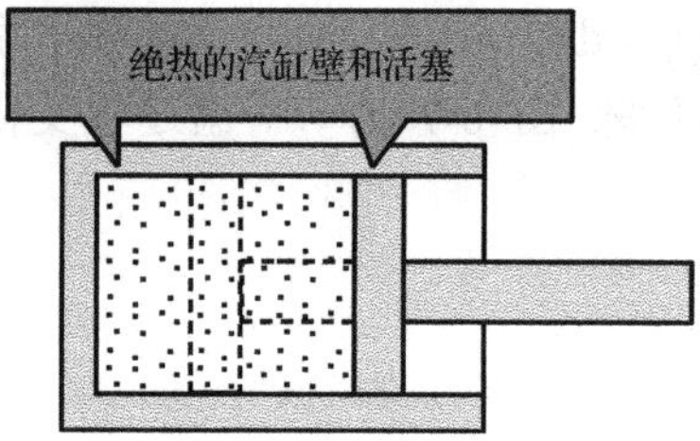

图 6-8　绝热过程

根据绝热过程的特征，热力学第一定律($dQ = dE + pdV$)可写成

$$dE + pdV = 0$$

或

$$dA = pdV = -dE$$

这就是说，在绝热过程中，只要已知内能的变化就能计算系统所做的功. 系统所做的功完全来自内能的变化. 据此，质量为 m 的理想气体由温度为 T_1 的初状态绝热地变到温度为 T_2 的末状态，在该过程中气体所做的功为

$$A = -(E_2 - E_1) = -\frac{m}{M}C_V(T_2 - T_1) \tag{6-17}$$

又由理想气体状态方程 $pV = \frac{m}{M}RT$，上式可以改写为

$$A = C_V\left(\frac{p_1V_1}{R} - \frac{p_2V_2}{R}\right)$$

在绝热过程中，理想气体的三个状态参量 p、V 和 T 是同时变化的，遵循下面的规律：

$$\begin{cases} pV^{\gamma}=\text{常量} \\ V^{\gamma-1}T=\text{常量} \\ p^{\gamma-1}T^{-\gamma}=\text{常量} \end{cases} \tag{6-18}$$

称为理想气体的绝热过程方程.

下面我们来推导绝热过程方程中的第一个方程.

根据热力学第一定律及绝热过程的特征($\mathrm{d}Q=0$)，可得

$$p\mathrm{d}V=-\frac{m}{M}C_V\mathrm{d}T$$

理想气体同时又要适合方程 $pV=\dfrac{m}{M}RT$，在绝热过程中，因 p、V、T 三个量都在变化，所以对理想气体状态方程取微分，得

$$p\mathrm{d}V+V\mathrm{d}p=\frac{m}{M}R\mathrm{d}T$$

将上面两式中 $\mathrm{d}T$ 消去，得

$$C_V(p\mathrm{d}V+V\mathrm{d}p)=-Rp\mathrm{d}V$$

但

$$R=C_p-C_V$$

所以

$$C_V(p\mathrm{d}V+V\mathrm{d}p)=(C_V-C_p)p\mathrm{d}V$$

简化后，得

$$C_VV\mathrm{d}p+C_pp\mathrm{d}V=0$$

或

$$\frac{\mathrm{d}p}{p}+\gamma\frac{\mathrm{d}V}{V}=0$$

式中，$\gamma=\dfrac{C_p}{C_V}$，将上式积分得

$$pV^{\gamma}=\text{常量}$$

这就是绝热过程中 p 与 V 的关系式，应用 $pV=\dfrac{m}{M}RT$，并将上式中 p 或者 V 消去，即可分别得到 V 与 T 以及 p 与 T 之间的关系，如式(6-18)所示.

当气体作绝热变化时，也可在 p-V 图上画出 p 与 V 的关系曲线，称为绝热线.

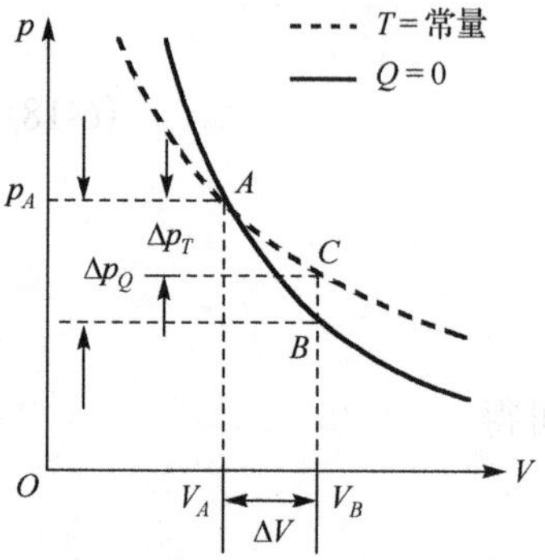

图 6-9　绝热线比等温线陡

图 6-9 中的实线表示绝热线，虚线则表示同一气体的等温线，两者有些相似，A 点是两线的相交点.

对于绝热过程，有

$$pV^{\gamma}=\text{常量}$$

对上式求微分得

$$\gamma pV^{\gamma-1}\mathrm{d}V+V^{\gamma}\mathrm{d}p=0$$

因此绝热过程在 A 点的斜率为

$$\left(\frac{\mathrm{d}p}{\mathrm{d}V}\right)_Q=-\gamma\frac{P_A}{V_A}$$

对于等温过程，$pV=$常量，两边取微分得

$$p\mathrm{d}V+V\mathrm{d}p=0$$

因此等温线在 A 点斜率为

$$\left(\frac{\mathrm{d}p}{\mathrm{d}V}\right)_T=-\frac{p_A}{V_A}$$

由于$\gamma>1$，所以在两线的交点处，绝热线的斜率的绝对值较等温线的斜率的绝对值要大. 这表明同一气体从同一初始状态作同样的体积压缩时，压强的变化在绝热过程中比等温过程中要大. 我们也可用物理概念来说明这一结论：假定从交点 A 起，气体的体积压缩了 dV，那么不论过程是等温的或绝热的，气体的压强总要增加，但是，在等温过程中，温度不变，所以压强的增加只是由于体积的减小，在绝热过程中，压强的增加不仅由于体积的减小，而且还由于温度的升高. 因此，在绝热过程中，压强的增量$(\mathrm{d}p)_Q$应较等温过程$(\mathrm{d}p)_T$为多. 所以绝热线在 A 点的斜率的绝对值较等温线的斜率的绝对值要大.

例题 6-3　设有 5mol 的氢气，最初温度为 20℃，压强为$1.013\times10^5\,\mathrm{Pa}$，求下列过程中把氢气压缩为原体积的 1/10 需做的功：(1) 等温过程；(2) 绝热过程；(3) 经这两个过程后，气体的压强各为多少？

解　由题意可得，$T_1=293\mathrm{K}$, $p_1=1.013\times10^5\,\mathrm{Pa}$, $V_2=0.1V_1$.

(1) 等温过程

$$A=\frac{m}{M}RT\ln\frac{V_2}{V_1}=-2.80\times10^4\ \mathrm{J}$$

(2) 绝热过程：氢气为双原子气体，i=5，由式(6-14)计算得$\gamma=1.4$，有

$$T_2=T_1\left(\frac{V_1}{V_2}\right)^{\gamma-1}=753\mathrm{K}$$

$$C_V = 20.78\text{J}\cdot\text{mol}^{-1}\cdot\text{K}^{-1}$$

$$A = -\frac{m}{M}C_V(T_2 - T_1) = -4.78\times10^4\text{J}$$

(3) 对等温过程，有

$$p_2 = p_1\frac{V_1}{V_2} = 1.01\times10^6\text{Pa}$$

对绝热过程，有

$$p_2 = p_1\left(\frac{V_1}{V_2}\right)^{\gamma} = 2.60\times10^6\text{Pa}$$

6.3　循环过程　卡诺循环

一、循环过程

物质系统经历一系列变化后又回到初始状态的整个过程叫**循环过程**，简称循环. 循环所包括的每个过程叫做分过程. 这种物质系统叫做工作物. 若循环所经历的过程都是准静态过程，则此循环过程为准静态循环过程. 在 p-V 图上，工作物的循环过程用一个闭合的曲线来表示. 由于工作物的内能是状态的单值函数，所以经历一个循环，回到初始状态时，内能没有改变. 也就是说，在一个循环中外界对系统做正功，系统必然放热；反之，如系统对外界做正功，系统必然吸热，即在循环过程中 $Q=A$.

如图 6-10(a) 所示，系统由 A 到 B，又由 B 经等压过程到 C，最后由等容过程回到初始状态 A，完成了一个顺时针循环，系统在这一循环中做正功. 根据热力学第一定律，系统吸热. 这一循环称为**正循环**. 如图 6-10(b) 所示，系统由 A 到 B，又由 B 到 A 回到初始状态，完成了一个循环，不同的是这一循环是逆时针的. 系统在这一循环中做负功. 根据热力学第一定律，系统放热. 这样的循环称为**逆循环**.

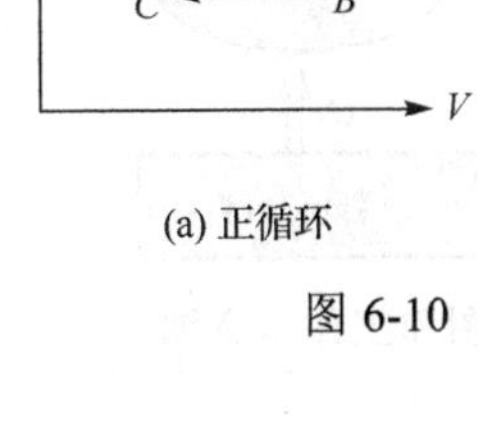

(a) 正循环

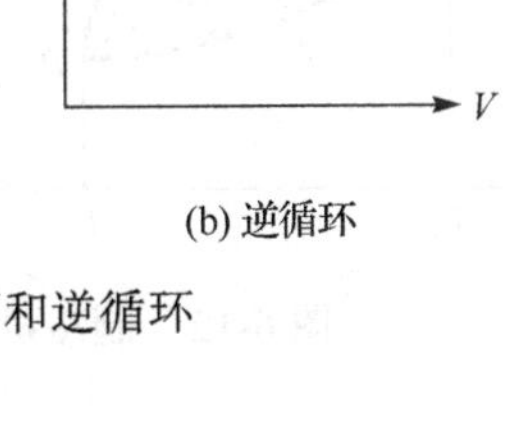

(b) 逆循环

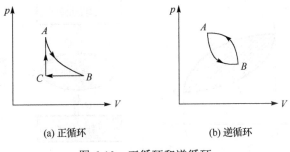

图 6-10　正循环和逆循环

工作于正循环的机器，从外界吸收热量，通过工作物质转化为对外做功. 这类机器称为热机，见图 6-11. 工作于逆循环的机器，通过外界对工作物质做功，使工作物质从低温热源吸热，到高温热源放热，使低温热源降温. 这类机器称为制冷机. 实际中的热机和制冷机都有一定的效率.

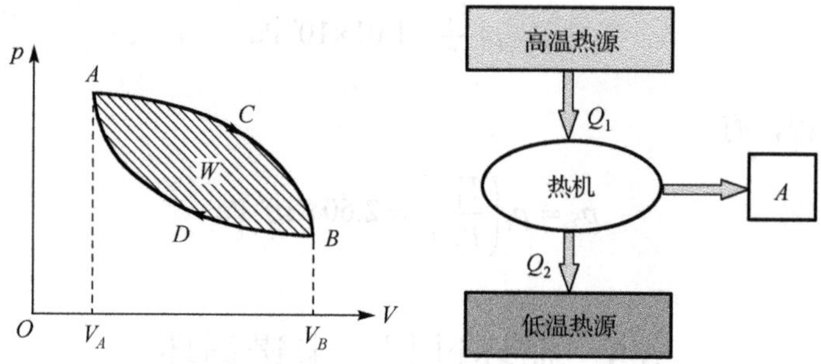

图 6-11　热机的 p-V 图和工作示意图

首先来考虑热机的工作效率. 热机的工作原理是从高温热源吸热，向低温热源放热，并对外做功. 假设从高温热源吸热为 Q_1，向低温热源放热为 Q_2，对外做功为 A. 系统吸收的热量不会全部转为功，只有一部分转化为功. **热机的工作效率**为：对外所做的功与吸收热量之比，即

$$\eta = \frac{A}{Q_1} = \frac{Q_1 - Q_2}{Q_1} = 1 - \frac{Q_2}{Q_1} \tag{6-19}$$

图 6-12 为制冷机示意图. 基本工作原理为，外界做功，将热量从低温热源送至高温热源，从而使低温热源的温度降低. Q_2 为从低温热源吸收热量，Q_1 为向高温热源放出热量，A 为外界对系统所做功. 制冷机的功效常用从低温热源中所吸收的热量 Q_2 和所消耗的外功 A 的比值来衡量，这一比值叫做**制冷系数**，即

$$\omega = \frac{Q_2}{|A|} = \frac{Q_2}{Q_1 - Q_2} \tag{6-20}$$

下面以卡诺循环为例，简要地说明热机和制冷机的基本原理.

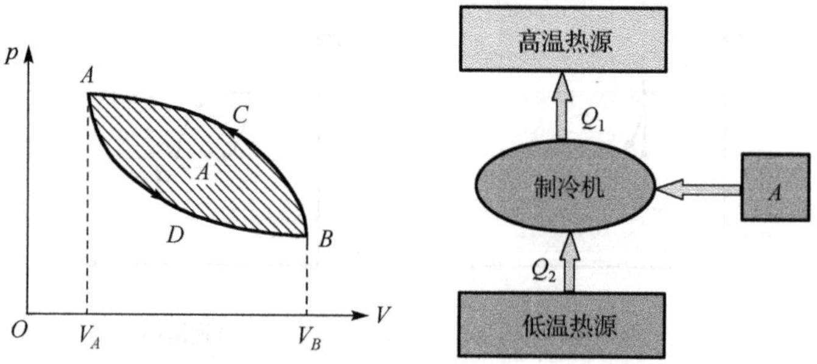

图 6-12　制冷机的 p-V 图和工作示意图

二、卡诺循环

1824 年法国的年轻工程师卡诺提出一个工作在两热源之间的理想循环——卡诺循环，给出了热机效率的理论极限值，还提出了著名的卡诺定理.

卡诺循环是在两个温度恒定的热源(一个高温热源 T_1，一个低温热源 T_2)之间工作的循环过程，包括两个等温过程和两个绝热过程，如图 6-13 所示. 卡诺循环对工作物质没有特殊要求，这里假设气体为理想气体. A—B 为工作物与高温热源接触而吸热的过程，是一个温度为 T_1 的等温膨胀过程. C—D 为工作物与温度为 T_2 的低温热源接触而放热的过程，是一个温度为 T_2 的等温压缩过程. 当工作物脱离两热源时所进行的过程是绝热的准静态过程，包括 B—C 绝热膨胀过程和 D—A 绝热压缩过程.

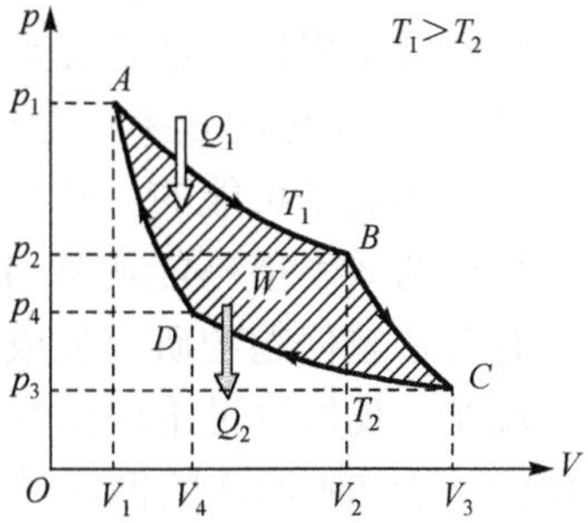

图 6-13　卡诺循环 p-V 图

我们先讨论以状态 A 为始点，沿闭合曲线 $ABCDA$ 所作的循环过程. 在完成一个循环后，气体的内能回到原值不变，但气体与外界通过传递热量和做功而有能量的交换. 在 ABC 的膨胀过程中，气体对外所做的功 A_1 是曲线 ABC 下面的面积，在 CDA 的压缩过程中，外界对气体所做的功 A_2 是曲线 CDA 下面的面积. 因为 $A_1>A_2$，所以气体对外所做净功 $A=A_1-A_2$ 就是闭合曲线 $ABCDA$ 所围的面积. 热量交换的情况是，气体在等温膨胀过程 AB 中，从高温热源吸取热量

$$Q_1=\frac{m}{M}RT_1\ln\frac{V_2}{V_1}$$

气体在等温压缩过程 CD 中向低温热源放出热量 Q_2，为便于研究，取绝对值，有

$$Q_2=\frac{m}{M}RT_2\ln\frac{V_3}{V_4}$$

应用绝热方程 $T_1V_2^{\gamma-1}=T_2V_3^{\gamma-1}$ 和 $T_1V_1^{\gamma-1}=T_2V_4^{\gamma-1}$，可得

$$\left(\frac{V_2}{V_1}\right)^{\gamma-1}=\left(\frac{V_3}{V_4}\right)^{\gamma-1}\quad \text{或}\quad \frac{V_2}{V_1}=\frac{V_3}{V_4}$$

所以

$$Q_2=\frac{m}{M}RT_2\ln\frac{V_3}{V_4}=\frac{m}{M}RT_2\ln\frac{V_2}{V_1}$$

取 Q_1 与 Q_2 的比值，可得

$$\frac{Q_1}{T_1}=\frac{Q_2}{T_2}$$

根据热力学第一定律可知，在每一循环中高温热源传给气体的热量是 Q_1，其中一部分热量 Q_2 由气体传给低温热源，同时气体对外所做净功为 $A=Q_1-Q_2$，所以这个循环是热机循环.

因此，由式(6-19)可得卡诺热机的效率

$$\eta_c = 1 - \frac{Q_2}{Q_1} = 1 - \frac{T_2}{T_1} \tag{6-21}$$

从以上的讨论中可以看出：

(1)要完成一次卡诺循环，必须有高温和低温两个热源.

(2)卡诺循环热机效率只与高温热源和低温热源温度有关，温差越大，效率越高. 提高热机高温热源的温度 T_1 或降低低温热源的温度 T_2 都可以提高热机的效率，但实际中通常采用的方法是提高热机高温热源的温度 T_1.

(3)卡诺循环的效率总是小于 1 的(除非 T_2=0K). 这进一步说明热机循环不向低温热源放热是不可能的；热机循环至少需要两个热源.

热机的效率能不能达到 100%呢？如果不能达到 100%，最大可能效率又是多少？有关这些问题的研究促成了热力学第二定律的建立.

现在，我们再讨论理想气体以状态 A 为始点，沿着与热机循环相反的方向按闭合曲线 $ADCBA$ 所作的循环过程. 显然，气体将从低温热源吸收热量 Q_2，又接受外界对气体所做的功 A，向高温热源传递热量 $Q_1=A+Q_2$.

由于循环从低温热源吸热，低温热源(一个要使之降温的物体)的温度降得更低，这就是制冷机可以制冷的原理. 要完成制冷机这个循环，必须以外界对气体所做的功为代价. 对卡诺制冷机来说，由式(6-20)可得制冷系数为

$$\omega_c = \frac{Q_2}{Q_1 - Q_2} = \frac{T_2}{T_1 - T_2} \tag{6-22}$$

上式告诉我们：T_2 愈小，ω_c 也愈小，亦即要从温度很低的低温热源中吸收热量，所消耗的外功越多.

制冷机向高温热源所放出的热量($Q_1=Q_2+A$)也是可以利用的. 从卡诺循环能降低低温热源的温度来说，它是制冷机，而从它把热量从低温热源输送到高温热源来说，它又是热泵.

例题 6-4　一卡诺制冷机从温度为−10℃的冷库中吸收热量，释放到温度为 27℃的室外空气中，若制冷机耗费的功率是 1.5kW，求：(1)每分钟从冷库中吸收的热量；(2)每分钟向室外空气中释放的热量.

解　令 $T_1 = 300\text{K}$，$T_2 = 263\text{K}$，根据卡诺制冷系数公式有

$$\omega = \frac{T_2}{T_1 - T_2} = \frac{263}{300 - 263} = 7.1$$

每分钟做功

$$A = 1.5\times10^3\times60 = 9\times10^4(\mathrm{J})$$

(1)每分钟从冷库中吸收的热量为

$$Q_2 = \omega A = 6.39\times10^5\ \mathrm{J}$$

(2)每分钟向室外空气中释放的热量为

$$Q_1 = A + Q_2 = 1.5\times10^3\times60 + 6.39\times10^5 = 7.29\times10^5(\mathrm{J})$$

6.4　热力学第二定律

一、自然过程的方向性

热力学第一定律说明在任何过程中能量必须守恒. 但是能量守恒的热力学过程一定能实现吗?

若系统经历了一个过程，而过程的每一步都可沿相反的方向进行，同时不引起外界的任何变化，那么这个过程就称为可逆过程. 如对于某一过程，用任何方法都不能使系统和外界恢复到原来状态，该过程就是不可逆过程. 对于孤立系统，从非平衡态向平衡态过渡是自动进行的，这样的过程叫自发过程，具有确定的方向性. 一切自发过程都是单方向进行的不可逆过程. 只有准静态、无摩擦的过程才是可逆的过程. 例如，通过做功可以自发地将机械能全部或部分转化为“热”，但是“热”不能自发地完全转化为功进而增加物体的机械能. 因此，热功转换为不可逆过程. 热量可以自发地从高温物体传递到低温物体，但是不能自发地从低温物体传递到高温物体. 要想实现从低温物体向高温物体传递，必须有外界的影响，如做功. 实际上一切与热现象有关的实际过程都是不可逆的. 需要注意的是，不可逆过程不是不能逆向进行，而是说当过程逆向进行时，逆过程在外界留下的痕迹不能将原来正过程的痕迹完全消除.

二、热力学第二定律

根据热力学第一定律，可知制造效率大于100%的循环动作的热机是一种幻想. 但是，制造一个效率为100%的循环动作的热机，是否有可能呢? 设想这种热机只从一个热源吸收热量，并使之全部转变为功；它不需要冷源，也没有释放出热量. 这种热机不违反热力学第一定律，因而对人们有很大的诱惑力. 从一个热源吸热，并将热全部转变为功的循环动作的热机，叫做第二类永动机. 无数尝试证明，第二类永动机同样是一种幻想，也是不可能实现的. 6.3 节介绍的卡诺循环是一个理想循环. 工作物从高温热源吸收热量，经过卡诺循环，总要向低温热源放出一部分热量，才能恢复到初始状态. 卡诺循环的效率也总是小于 1.

根据这些事实，开尔文总结出一个重要原理，即热力学第二定律. 热力学第二定律的开尔文叙述是这样的：不可能制成一种循环动作的热机，它只从一个单一热源吸收热量，并使之完全变成有用的功而不引起其他变化. 开尔文表述的另一种形式为：第二类永动机(从单一热源吸热并全部变为功的热机)是不可能实现的. 在这一叙述中，我们要特别注意“循环动作”几个字. 对于非循环过程，例如，等温膨胀过程是从单一热源吸热做功，而不放出热量给其他物体，可以使一个热源冷却做功而不放出热量便是可能的.

1850 年，克劳修斯在大量事实的基础上提出热力学第二定律的另一种叙述：热量不可能自动地从低温物体传向高温物体. 从 6.3 节卡诺制冷机的分析中可以看出，要使热量从低温物体传到高温物体，靠自发地进行是不可能的，必须依靠外界做功. 克劳修斯的叙述正是反映了热量传递的这种特殊规律.

热力学第一定律说明在任何过程中能量必须守恒，热力学第二定律却说明并非所有能量守恒的过程均能实现. 热力学第二定律是反映自然界过程进行的方向和条件的一个规律，在热力学中，它和第一定律相辅相成，缺一不可，同样是非常重要的.

三、两种表述的等价性

热力学第二定律的两种表述，乍看起来似乎毫不相干，其实二者是等价的. 可以证明，如果开尔文叙述成立，则克劳修斯叙述也成立；反之，如果克劳修斯叙述成立，则开尔文叙述也成立. 下面，我们用反证法来证明两者的等价性.

假设开尔文叙述不成立，亦即允许有一循环 E 可以只从高温热源 T_1 取得热量 Q_1，并把它全部转变为功 A(图 6-14). 这样我们再利用一个逆卡诺循环 D 接受 E 所做的功 $A(=Q_1)$，使它从低温热源 T_2 取得热量 Q_2，输出热量 Q_1+Q_2 给高温热源. 现在，把这两个循环看成一部复合制冷机，其总的结果是，外界没有对它做功而它却把热量 Q_2 从低温热源传给了高温热源. 这就说明，如果开尔文叙述不成立，则克劳修斯叙述也不成立；反之，也可以证明，如果克劳修斯叙述不成立，则开尔文叙述也必然不成立.

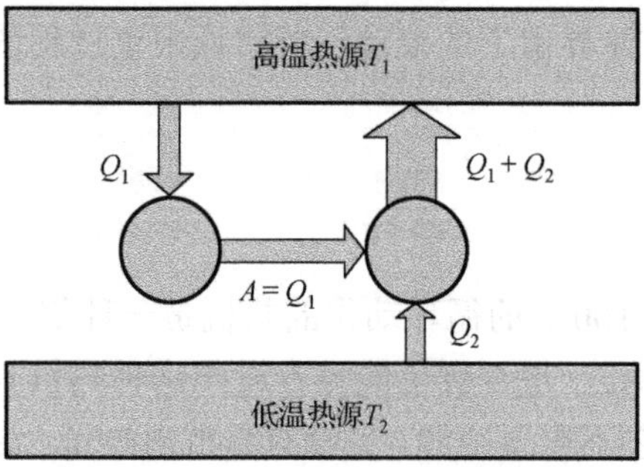

图 6-14

思　考　题

6-1　分析下列两种说法是否正确：

(1)物体的温度越高，则热量越多？

(2)物体的温度越高，则内能越大？

6-2　说明在下列过程中，热量、功与内能变化的正负：(1)用气筒打气；(2)水沸腾变成蒸汽.

6-3　功可以完全变为热量，而热量不能完全变为功，对吗？

6-4　一物质系统从外界吸收一定的热量，则系统的温度一定升高，对吗？

6-5　绝热过程的两条绝热线是否可以相交？

6-6　往保温瓶灌开水时，不完全灌满能更好地保温. 为什么？

6-7　小明说："系统经过一个正的卡诺循环后，系统本身没有任何变化". 小丽则说："同上，而且外界也没有任何变化". 小明和小丽谁说的对？为什么？

练　习　题

6-1　刚性双原子分子的理想气体在等压下膨胀所做的功为 A，则传递给气体的热量为多少？内能变化为多少？

6-2　把压强为 $p=1.013\times10^5$Pa，体积为 100cm^3 的 N_2 压缩到 20cm^3 时，求气体分别经历下列两个不同过程的ΔE、Q、A：

(1)等温过程；

(2)先等压压缩，再等容升压到同样状态.

6-3　质量为 2.8g，温度为 300K，压强为 1atm 的氮气，等压膨胀到原来的 2 倍. 求氮气对外所做的功、内能的增量以及吸收的热量.

6-4　设有质量为 8g，体积为 0.41×10^{-3}m^3，温度为 300K 的氧气. 如氧气做绝热膨胀，膨胀后的体积为 4.1×10^{-3}m^3. 问：气体做功多少？氧气作等温膨胀，膨胀后的体积也是 4.1×10^{-3}m^3，这时气体做功多少？

6-5　1mol 单原子理想气体，由状态 $a(p_1,V_1)$先等压加热至体积增大一倍，再等容加热至压强增大一倍，最后再经绝热膨胀，使其温度降至初始温度. 如图 6-15 所示，试求：(1)状态 d 的体积 V_d；(2)整个过程对外所做的功；(3)整个过程吸收的热量.

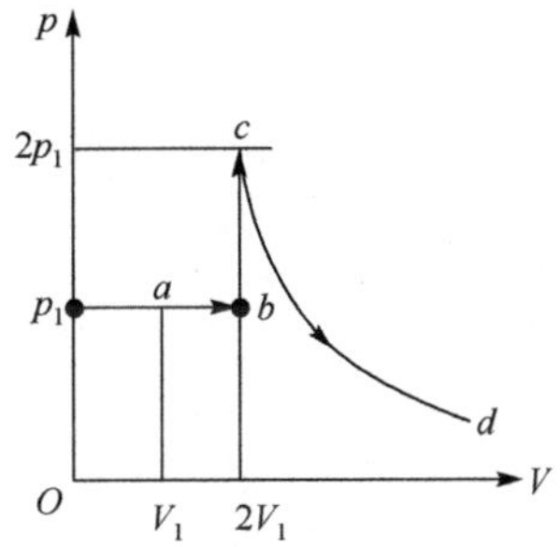

图 6-15　练习题 6-5 图

6-6　一单原子理想气体压强为 p_0，体积为 V_0，经历一等体过程，压强升到 $2p_0$，后经历等温膨胀，压强降到 p_0，最后经由等压过程回到初态.

(1)在 p-V 图上画出该过程的示意图；

(2)求该过程气体所做的功.

6-7　25mol 的某种单原子理想气体，做如图 6-16 所示循环过程(ac 为等温过程). $p_1=4.15\times10^5$Pa，$V_1=2\times10^{-2}$m^3，$V_2=3\times10^{-2}$m^3. 求各过程中的热量、内能变化以及做功.

6-8　1mol 单原子分子的理想气体，经历如图 6-17 所示的可逆循环，连接 ac 两点的曲线的方程为 $p=p_0V^2/V_0^2$，a 点的温度为 T_0. 试：(1)以 T_0 表示三个过程中气体吸收的热量；(2)求此循环的效率.

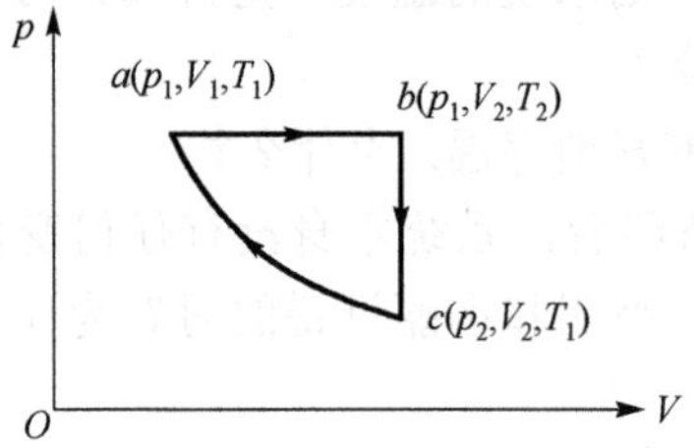

图 6-16　练习题 6-7 图

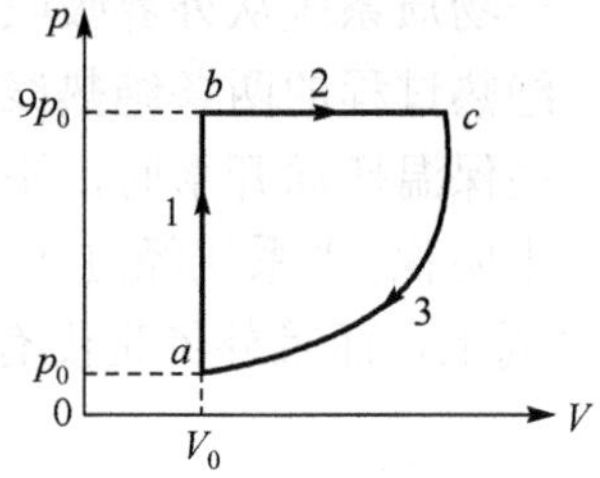

图 6-17　练习题 6-8 图

6-9　一台电冰箱放在室温为 20℃的房间内，冰箱储物柜内的温度维持在 5℃，每天有 2.0×10^7J 的热量通过热传导方式传入电冰箱内，若要保持冰箱内 5℃的温度，外界每天需做多少功？其功率为多少？设制冷机的制冷效率为卡诺制冷机的 55%.

第三部分　电　磁　学

物理学中的电磁学对我们生活方式的影响极大．对电和电子器件的使用今天已成为我们的习惯．电视机、微波炉、计算机、手机和其他我们熟悉的以及不熟悉的用具和器件的发明，都要求我们对电磁学的基本原理有一定的了解．

麦克斯韦(1831～1879)

电和磁是自然界中最为常见的两种现象，电磁学就是研究电磁现象的规律以及物质的电学和磁学性质的科学．电能由于容易获得又易于转换和使用，便于传输又有极高的效率，因此被广泛地应用在日常生活、工业生产、高科技产业等各个方面，包括动力、通信、测量等领域．目前绝大多数理工类学科都离不开电磁学的支撑，如光学工程、仪器科学与技术、电气工程、材料科学与工程、信息与通信工程、计算机科学与技术、核科学与技术、生物医学工程等都与电磁学密切相关．电磁学直接关系到国家能源、信息、生物、海洋等战略性行业以及前沿领域的发展．可以说，电磁学是理工专业一门十分重要的基础课， 它不断给人类带来新的科技革命，引领人类进入新的时代，目前正朝着人类对自然界认识的极限迈进．

第七章 静 电 场

小问题

干燥的冬日，用梳子梳头发或者脱衣服时，会听见噼里啪啦的响声，如果房间足够暗，还会看见火花，这都发生了什么？什么是电荷？如何捕捉？如何利用？

本章主要研究静电场的基本规律. 首先从力和能两个角度引入描述静电场的两个物理量——电场强度和电势，然后通过高斯定理和环路定理给出宏观尺度下关于静电场性质的两个基本规律，最后介绍静电场与导体之间的相互作用及其主要结论. 本章介绍的一些基本概念、规律、研究和处理问题的方法始终贯穿于整个电磁学乃至物理学中，在学习过程中应该注意提高此方面的能力.

7.1 库 仑 定 律

一、电荷

与质量一样，电荷是物质状态的一种内禀属性. 实验发现，物体所带有的电荷只有两种：正电荷“+”和负电荷“−”. 带同种电荷的物体互相排斥，带异种电荷的物体相互吸引. 电量Q是表征带电物体所带电荷多少的物理量. 在国际单位制中，电量的单位为库仑，符号为 C.

近代物理实验证实，物质由原子组成，原子由原子核和核外电子组成，如图 7-1 所示. 原子核又由中子和质子组成. 中子不带电，质子带正电，电子带负电，其电量均为基本电量 e. 质子数和电子数相等，原子呈电中性. 由大量原子构成的物体也就处于电中性状态，对外不显示电性.

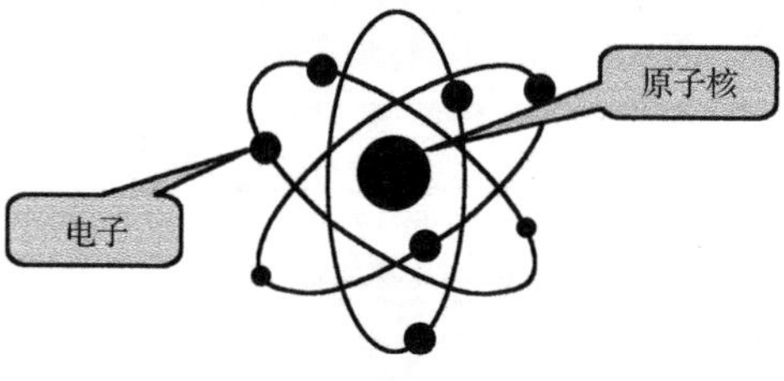

图 7-1　原子的结构

电量是分立的、不连续的，它有一个最小的单元——基本电荷. 迄今为止，所

有实验结果表明，任何带电体所带的电量都是基本电荷 e 的整数倍，即

$$Q = \pm ne, \quad e = 1.602 \times 10^{-19}\,\text{C} \tag{7-1}$$

对于基本电荷 e，人们认为电子是最小的带电体，其电量大小为基本电荷. 目前发现的能够自由移动的最小电荷也是基本电荷 e. 近代物理从理论上预言，构成基本粒子的夸克或反夸克，其电量为 $\frac{1}{3}e$，$\frac{2}{3}e$. 但是，无论最小的电量是何值，电荷的量子化性质是不变的. 需要说明的是，电荷的量子化是相对于微观而言，对于宏观物体，由于 e 非常小，其量子性显现不出来，所以对于宏观带电体(即使非常微小，n 也非常大)，我们仍然将其看成是电荷连续的带电体来处理.

在一个孤立的系统内，无论发生何种物理过程，该系统内的电荷的代数和保持不变. 这种规律叫做电荷守恒定律，它是自然界的基本定律之一.

物体由原子和分子组成，因此其内部包含大量的负电荷(电子)和正电荷(原子核)，一般情况下正负电荷相等，物体呈现不带电的状态. 如果物体由于某种原因失去一定量的电子，它就呈现带正电状态；反之，如果物体得到一定量的过剩电子，它便呈现带负电状态.

物体带电的方式一般有两种：接触带电(如摩擦带电)和感应带电(如静电感应).

电荷在物体内部转移和传导的能力体现了物体材料的导电性能. 人们把材料依据其导电性能从强到弱分为导体、半导体和绝缘体.

二、库仑定律

两个静止带电体之间的相互作用力称为静电力(即电场力)，该力不仅与两个带电体所带电量及它们之间的距离有关，而且还与带电体的大小、形状以及电荷分布情况有关. 为了简化问题，参照力学中的质点模型，我们引入点电荷的概念. 所谓点电荷就是只有电量而没有形状和大小的带电体，这是一个理想的物理模型. 在实际中，如果带电体本身的线度与它们之间的距离相比足够小，带电体可以看成是点电荷.

1785 年，法国物理学家库仑通过扭秤实验测量了两个静止(相对于观察者)点电荷之间的相互作用力关系，得出了一个重要的实验定律——**库仑定律**.

库仑定律(图 7-2)**描述**：真空中，两个静止点电荷 q_1 及 q_2 之间的相互作用力的大小和 q_1 与 q_2 的乘积成正比，和它们之间距离 r 的平方成反比；作用力的方向沿着它们的连线，同号电荷相斥，异号电荷相吸.

相互作用力 $\boldsymbol{F}$ 的数学表达式为

$$\boldsymbol{F} = k\frac{q_1 q_2}{r^2}\hat{\boldsymbol{r}} \tag{7-2}$$

式中，$\hat{\boldsymbol{r}}$ 是施力电荷(源电荷)指向受力电荷的矢径方向上的单位矢量；k 为比例系数，其数值和单位取决于各个物理量所采用的单位. 在国际单位制 SI 中，$k = 8.9880 \times 10^9\,\text{N} \cdot \text{m}^2/\text{C}^2 \approx 9.0 \times 10^9\,\text{N} \cdot \text{m}^2/\text{C}^2$.

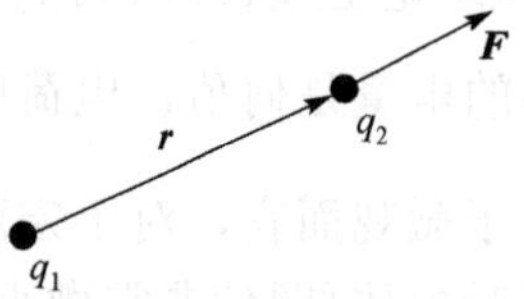

图 7-2　库仑定律

为了使得后面的常用推导公式形式上简单，我们引入新的常数 ε_0 来代替 k，两者的关系为

$$k = \frac{1}{4\pi\varepsilon_0}$$

即

$$\varepsilon_0 = \frac{1}{4\pi k} = 8.85 \times 10^{-12}\,\text{C}^2 \cdot \text{m}^{-2} \cdot \text{N}^{-1}$$

ε_0 称为真空中的介电常数. 将 ε_0 代入库仑公式，得到库仑定律的常用形式

$$\boldsymbol{F} = \frac{1}{4\pi\varepsilon_0} \frac{q_1 q_2}{r^2} \hat{\boldsymbol{r}} \tag{7-3}$$

近代物理实验表明，当两个点电荷之间的距离在 $10^{-17} \sim 10^7\,\text{m}$ 范围内时，库仑定律是极其准确的. 库仑定律的适用条件可以放宽到静止源电荷对运动点电荷的作用力，但是不能推广到运动点电荷对静止点电荷的作用力.

库仑定律是静电学的基础.

三、静电力的叠加原理

实验表明，两个或两个以上静止的点电荷对一个点电荷 q_0 的静电力，等于其他各个点电荷单独存在时作用在该点电荷上的静电力的矢量和，即

$$\boldsymbol{F} = \sum_{i=1}^{N} \boldsymbol{F}_i = \sum_{i=1}^{N} \frac{q_0 q_i}{4\pi\varepsilon_0 r_i^2} \hat{\boldsymbol{r}}_i \tag{7-4a}$$

式中，$\boldsymbol{F}_i$ 是第 i 个点电荷对 q_0 的静电力，r_i 是 q_0 和 q_1 之间的距离，$\hat{\boldsymbol{r}}_i$ 是 q_i 到 q_0 方向上的单位矢量. 上式称为**静电力叠加原理**，见图 7-3.

如果电荷连续分布，则

$$\boldsymbol{F} = \int \mathrm{d}\boldsymbol{F}, \quad \mathrm{d}\boldsymbol{F} = \frac{q_0 \mathrm{d}q}{4\pi\varepsilon_0 r^2} \hat{\boldsymbol{r}} \tag{7-4b}$$

只要给定电荷分布，原则上用库仑定律和静电力叠加原理就可以解决静电学问题.

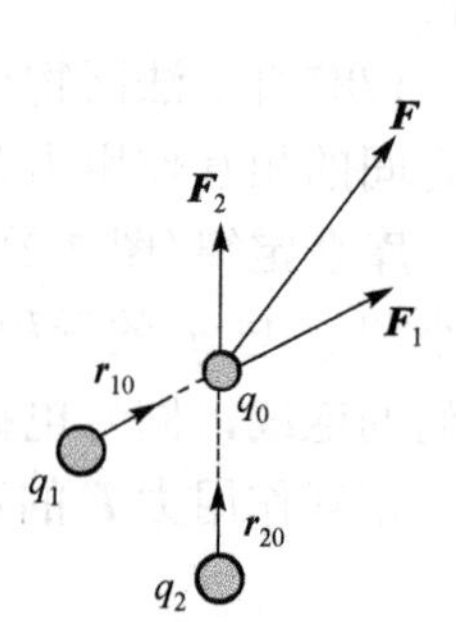

图 7-3　静电力叠加原理

例题 7-1　如图 7-4 所示，在正方形的两个相对对角上放置点电荷 Q，在其他两个相对角上放置点电荷 q，如果作用在 Q 上的力为 0，求 Q、q 的关系.

解　以 Q 为研究对象，其所受合力为两个 q 和另外一个 Q 所产生的静电力，即

$$\boldsymbol{F} = \boldsymbol{F}_{Qq1} + \boldsymbol{F}_{Qq2} + \boldsymbol{F}_{QQ}$$

$$F_{Qq1} = \frac{1}{4\pi\varepsilon_0}\frac{Qq}{l^2}，方向沿 x 轴正方向$$

$$F_{Qq2} = \frac{1}{4\pi\varepsilon_0}\frac{Qq}{l^2}，方向沿 y 轴正方向$$

$$F_{QQ} = \frac{1}{4\pi\varepsilon_0}\frac{Q^2}{2l^2}，方向与 x，y 轴夹角均为 45^\circ$$

所以 x 和 y 轴方向上合力均为

$$\sum F_x = \frac{1}{4\pi\varepsilon_0}\frac{Qq}{l^2} + \frac{\sqrt{2}}{2}\frac{1}{4\pi\varepsilon_0}\frac{Q^2}{2l^2} = \sum F_y$$

$$F^2 = \sum F_x^2 + \sum F_y^2 = 2\sum F_x^2$$

$F = \sqrt{2}\sum F_x = 0$，代入解之得：$Q = -2\sqrt{2}q$.

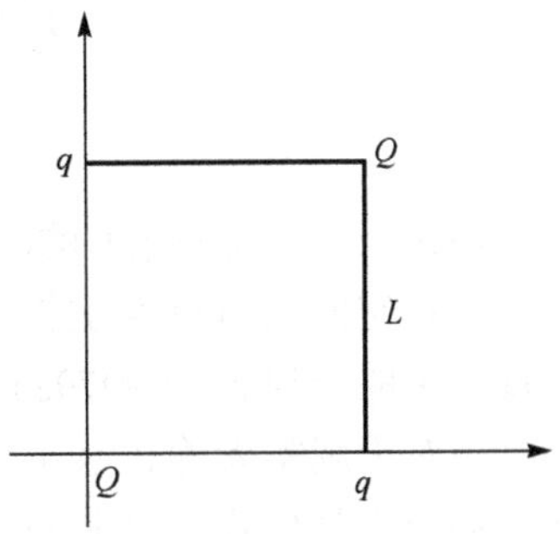

图 7-4　例题 7-1 图

例题 7-2　如图 7-5 所示，一个电荷均匀分布的细长直棒，带电量为 Q，长度为 L，在其右端延长线距离为 d 的地方有一个点电荷 q，假设棒上的电荷分布不受点电荷的影响，求点电荷 q 上所受的静电力.

解　建立坐标系，如图 7-5 所示. 将带点直棒切割成无数个电荷元，每一个电荷元均可以看成是点电荷，任取其中一个电荷元 $\mathrm{d}q'$，其坐标为 x，所带电量为 $\mathrm{d}q' = \dfrac{Q}{L}\mathrm{d}x$，此电荷元对点电荷 q 的静电力的大小为

$$\mathrm{d}F = \frac{q\mathrm{d}q'}{4\pi\varepsilon_0 r^2} = \frac{qQ/L\mathrm{d}x}{4\pi\varepsilon_0(L+d-x)^2}$$

方向：水平向右. 所以 q 所受合力为

$$F = \int \mathrm{d}F = \int_0^L \frac{qQ/L\mathrm{d}x}{4\pi\varepsilon_0(L+d-x)^2} = \frac{qQ}{4\pi\varepsilon_0(L+d)d}$$

方向：水平向右.

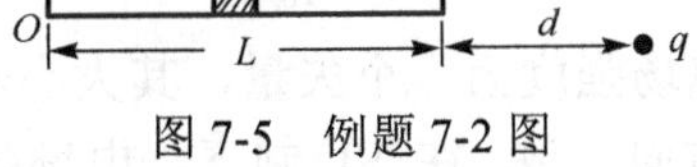

图 7-5　例题 7-2 图

7.2 电 场 强 度

一、电场

近代科学实验表明，电荷之间的相互作用是通过一种特殊的物质来作用的，这种特殊的物质就叫电场，如图 7-6 所示. 任何带电体的周围都有电场，电场的特性之一就是对处于场中的电荷有力的作用，这种力叫**电场力**. 电场的概念是由英国物理学家法拉第(M.Faraday)首先提出的.

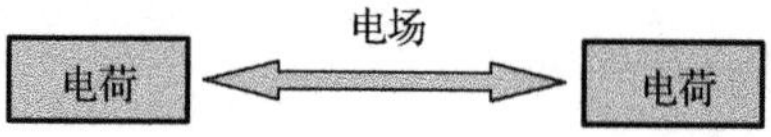

图 7-6　电场的概念

场是一种特殊形态的**物质**，具有能量、质量、动量，电场可以脱离电荷而独立存在，在空间具有可叠加性. 它的传播速度很快，但是有限，在真空中，其速度就是真空中的光速 $c=2.99792458\times10^{8}\,\text{m/s}$.

相对于观察者静止且电量不随时间变化的电荷产生的电场，称为静电场. 当然并不局限于静电场，凡是对静止电荷有作用力的场都是电场. 例如，变化的磁场也能产生电场，这种电场称为感生电场，它不是静电场.

静电场的主要性质表现在：

(1) 处于电场中的任何带电体都受到电场所作用的力，即展现“力”的性质；

(2) 当带电体在电场中移动时，电场所作用的力将对带电体做功，即展现“能”的性质.

二、电场强度

为了定量研究电场，我们引入试探点电荷的概念，即电量足够小的点电荷，避免改变被研究物体的电荷或者电场分布. 假设试探点电荷 q_0 在电场中的某一点处受电场力为 $\boldsymbol{F}$，实验发现，在该点处虽然电场力 $\boldsymbol{F}$ 与试探电荷电量 q_0 有关，但是比值 $\boldsymbol{F}/q_0$ 是一个无论大小和方向都与试探电荷无关的矢量，它是反映电场本身性质的一个量. 我们将其定义为电场强度，简称场强，用 $\boldsymbol{E}$ 来表示

$$\boldsymbol{E}=\frac{\boldsymbol{F}}{q_0} \tag{7-5}$$

其文字描述就是：某点处电场强度为一个矢量，其大小和方向均与单位正电荷在该处所受的电场力的大小和方向一致. 在 SI 制下，电场强度 $\boldsymbol{E}$ 的单位为牛顿每库仑（N/C），也可以写成伏特每米（V/m）.

如果电场中空间各点的大小和方向都相同，这种电场叫做均匀电场.

在一般情况下，电场中空间不同点的场强，无论是大小还是方向都是不同的. 要完整地描述整个电场，必须知道空间各点的电场强度分布，即求出矢量场函数 $\boldsymbol{E}=\boldsymbol{E}(\boldsymbol{r})$.

根据电场强度的定义和库仑定律，静止点电荷 q 的场强为

$$\boldsymbol{E}=\frac{q}{4\pi\varepsilon_0 r^2}\hat{\boldsymbol{r}}$$

式中，r 是场点与点电荷 q 之间的距离，$\hat{\boldsymbol{r}}$ 是由源电荷 q 到场点方向上的单位矢量. 上式表明，静止点电荷 q 的场强是以电荷为中心的球对称分布；场强的大小与电量 q 成正比，与场点到电荷之间的距离的平方成反比；方向沿半径向外（$q>0$）或向内（$q<0$），即沿着 $\mathrm{sgn}(q)\hat{r}$ 方向.

三、电场强度叠加原理

将试探电荷 q_0 放在点电荷系 $q_1,q_2,\cdots,q_n$ 所产生的电场中，q_0 将受到各点电荷静电力的作用，由静电力叠加原理可知，q_0 受到的总静电力为

$$\boldsymbol{F}=\boldsymbol{F}_1+\boldsymbol{F}_2+\cdots+\boldsymbol{F}_n$$

两边除以 q_0，得

$$\frac{\boldsymbol{F}}{q_0}=\frac{\boldsymbol{F}_1}{q_0}+\frac{\boldsymbol{F}_2}{q_0}+\cdots+\frac{\boldsymbol{F}_n}{q_0}$$

按照电场强度定义，有

$$\boldsymbol{E}=\boldsymbol{E}_1+\boldsymbol{E}_2+\cdots+\boldsymbol{E}_n=\sum_{i=1}^{n}\boldsymbol{E}_i \tag{7-6a}$$

上式表明，电场中任一场点处的总电场强度等于各个点电荷单独存在时在该点处所产生的电场强度的矢量和，这就是电场强度叠加原理.

用 $\boldsymbol{r}_i$ 表示第 i 个点电荷 q_i 到场点 P 的矢径，$\boldsymbol{E}_i$ 表示第 i 个点电荷单独存在时在场点 P 处产生的电场强度，有

$$\boldsymbol{E}_i=\frac{1}{4\pi\varepsilon_0}\frac{q_i}{r_i^2}\boldsymbol{r}_i$$

根据电场强度叠加原理，P 点处的总电场强度为

$$\boldsymbol{E}=\sum_{i=1}^{n}\boldsymbol{E}_i=\sum_{i=1}^{n}\frac{1}{4\pi\varepsilon_0}\frac{q_i}{r_i^2}\boldsymbol{r}_i$$

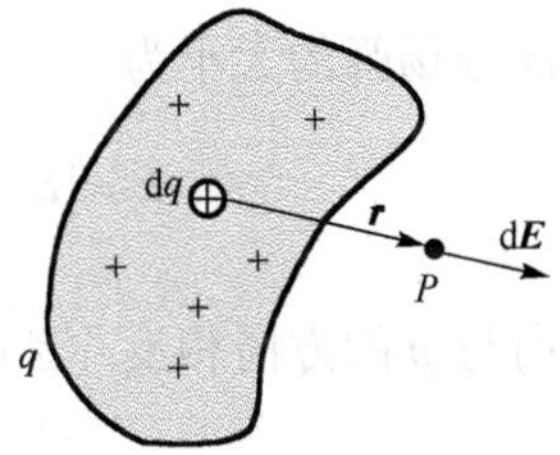

图 7-7　连续带电体的场强

对于连续带电体，可以将连续带电体分割成无限多个电荷元 dq（点电荷），如图 7-7 所示. 任一个电荷元 dq 在场点 P 产生的电场强度为 d$\boldsymbol{E}$，用 $\boldsymbol{r}$ 表示该电荷

元 dq 到场点 P 的矢径，则 d$\boldsymbol{E}$ 的表达式为

$$\mathrm{d}\boldsymbol{E}=\frac{1}{4\pi\varepsilon_0}\frac{\mathrm{d}q}{r^2}\boldsymbol{r}$$

根据电场强度叠加原理，整个带电体在 P 点处的总电场强度为

$$\boldsymbol{E}=\int_Q \mathrm{d}\boldsymbol{E}=\int_Q \frac{1}{4\pi\varepsilon_0}\frac{\mathrm{d}q}{r^2}\boldsymbol{r} \tag{7-6b}$$

这里 Q 表示整个带电体.

静电力是电场作用的一种表现形式，所以电场强度叠加原理比静电力叠加原理更加基本，应用更加广泛.

任何带电体都可以看成是点电荷的集合，由电场强度叠加原理可计算任意带电体所产生的电场强度分布. 如果场源电荷分布情况已知，根据电场强度叠加原理，原则上可以求出电场分布.

在电学领域内，电偶极子是一个非常重要的物理模型，应用十分广泛. 由一对离得很近的等量异号点电荷组成的带电系统，称为电偶极子，如图 7-8 所示. “离得很近”，是指这两个电荷的间距远小于场点与它们的距离.

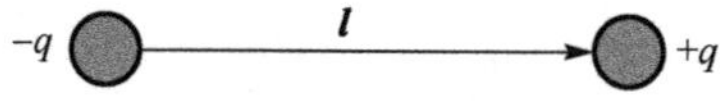

图 7-8　电偶极子

描述电偶极子性质的物理量是电偶极矩，用矢量 $\boldsymbol{p}$ 表示，可表示为

$$\boldsymbol{p}=q\boldsymbol{l} \tag{7-7}$$

其中，q 是电偶极子点电荷电量的绝对值；矢量 $\boldsymbol{l}$ 的大小等于正、负电荷之间的距离，方向由负电荷指向正电荷. 电偶极矩的单位是 $\mathrm{C\cdot m}$.

例题 7-3　电偶极子的电场.

图 7-9 中有一电偶极子，P 点是其中垂线上较远的一点，r_+ 和 r_- 分别为正、负电荷到 P 点的距离，r 为电偶极子中心 O 点到 P 点的距离，θ 为 r_+ 与 l 之间的夹角. 根据电场强度叠加原理，P 点的场强等于正、负电荷单独存在时在 P 点的场强的矢量和.

解　从图中看出，正、负电荷在 P 点场强的 y 轴分量相互抵消，x 轴分量相等，因此合场强的大小为

$$E=|\boldsymbol{E}_+|\cos\theta+|\boldsymbol{E}_-|\sin\left(\frac{\pi}{2}-\theta\right)=\frac{2q\cos\theta}{4\pi\varepsilon_0 r_+^3}=\frac{ql}{4\pi\varepsilon_0 r_+^3}$$

方向与 $\boldsymbol{p}$ 的方向相反. 因 $r\gg l$，$r_+=\sqrt{r^2+l^2/4}\approx r$，则有

$$E=\frac{ql}{4\pi\varepsilon_0 r_+^3}=\frac{p}{4\pi\varepsilon_0 r^3}$$

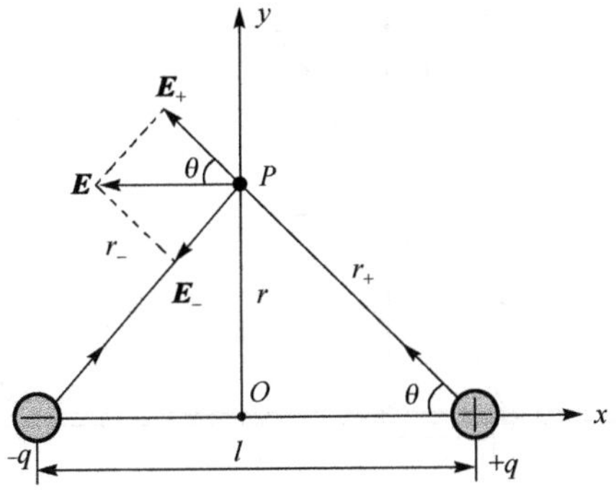

图 7-9 例题 7-3 图

写成矢量形式，电偶极子中垂线上较远点的场强为

$$\boldsymbol{E}=-\frac{\boldsymbol{p}}{4\pi\varepsilon_0 r^3}$$

类似地，可求出在电偶极矩方向上离电偶极子中心 r 处的场强为

$$\boldsymbol{E}=\frac{2\boldsymbol{p}}{4\pi\varepsilon_0 r^3}$$

从上式看出，电偶极子的电场强度由电偶极矩 $\boldsymbol{p}$ 决定，并与距离 r 的三次方成反比，比点电荷的场强随 r 衰减得快.

例题 7-4 有一均匀带电细直棒，长为 L，所带总电量为 q. 直棒外一点 P 到直棒的距离为 a，求点 P 的电场强度.

解 建立直角坐标系，如图 7-10 所示，设直棒两端至点 P 的连线与 x 轴正向间的夹角分别为 θ_1 和 θ_2，考虑棒上 x 处的线段元 $\mathrm{d}x$，其带电量为 $\mathrm{d}q=\lambda\mathrm{d}x=\frac{q}{L}\mathrm{d}x$，它在 P 点产生的电场强度大小为

$$\mathrm{d}E=\frac{\lambda\mathrm{d}x}{4\pi\varepsilon_0 r^2}$$

其中，r 是微元 $\mathrm{d}x$ 到 P 点的距离，$\mathrm{d}\boldsymbol{E}$ 的方向如图所示. 计算其沿 x 轴和 y 轴的分量，分别积分得(根据几何关系，有 $r=a/\sin(\pi-\theta)=a/\sin\theta$，$x=a\cot(\pi-\theta)=-a\cot\theta$，则 $\mathrm{d}x=a\csc^2\theta\mathrm{d}\theta$）

$$E_x=\int\mathrm{d}E_x=\int\frac{\lambda\,\mathrm{d}x}{4\pi\varepsilon_0 r^2}\cos\theta=\int_{\theta_1}^{\theta_2}\frac{\lambda}{4\pi\varepsilon_0 a}\cos\theta\mathrm{d}\theta=\frac{q}{4\pi\varepsilon_0 aL}(\sin\theta_2-\sin\theta_1)$$

$$E_y=\int\mathrm{d}E_y=\int_{\theta_1}^{\theta_2}\frac{\lambda}{4\pi\varepsilon_0 a}\sin\theta\mathrm{d}\theta=\frac{q}{4\pi\varepsilon_0 aL}(\cos\theta_1-\cos\theta_2)$$

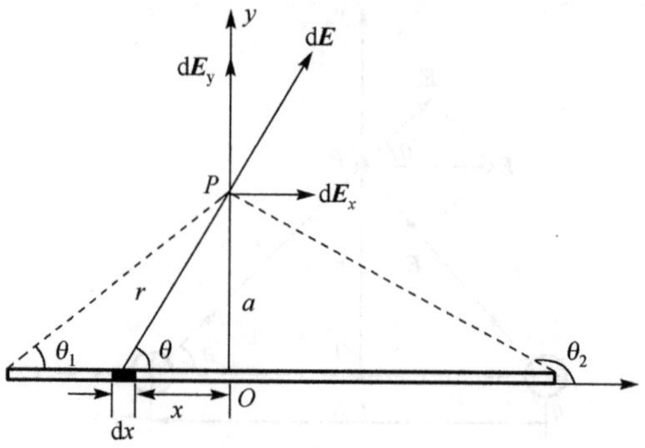

图 7-10　例题 7-4 图

讨论：

(1) 对于半无限长均匀带电细棒（$\theta_1=0$，$\theta_2=\pi/2$ 或 $\theta_1=\pi/2, \theta_2=\pi$）则有

$$E_x=\pm\frac{\lambda}{4\pi\varepsilon_0 a},\qquad E_y=\frac{\lambda}{4\pi\varepsilon_0 a}$$

(2) 对于无限长均匀带电细棒（$\theta_1=0$，$\theta_2=\pi$）则有

$$E_x=0,\quad E_y=\frac{\lambda}{2\pi\varepsilon_0 a}$$

7.3　静电场的高斯定理

一、电场线

为了形象地描述静电场，人为地画出一些假想曲线，称为**电场线**.

规定：曲线上每一点的切线方向表示该点场强的方向；用曲线的疏密程度表示场强的大小. 定量地说：在电场中任一点取一垂直于该点场强的小面元 $dS_\perp$，设穿过它的电场线数为 dN 满足

$$E=\frac{dN}{dS_\perp}$$

文字表述：电场中某点场强的大小等于该点附近垂直于电场方向的单位面积所通过的电场线的条数.

通过上面的规定，我们可以很容易地获得一条推论①：从点电荷 q 发出的电场线的总条数为 $\frac{q}{\varepsilon_0}$.

① 详见本小节的高斯定理.

图 7-11 给出了几种常见的带电系统的电场线图示.

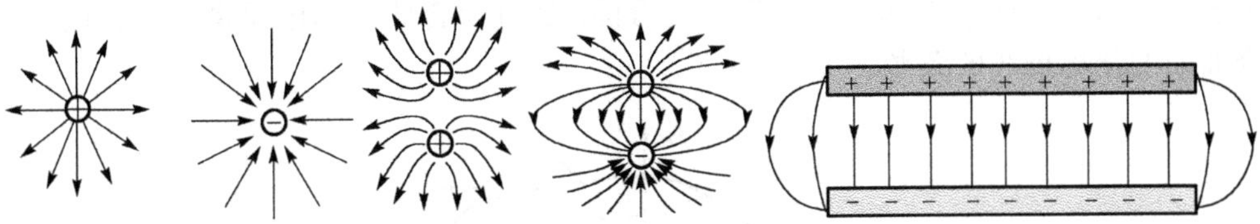

图 7-11　几种电场线分布

静电场的电场线有以下两个性质：

(1)电场线既不闭合也不中断，它起始于正电荷(或无穷远处)、止于负电荷(或无穷远处).

(2)任何两条电场线不相交，即每一点的场强都是唯一的.

电场线的这些性质本质上是由静电场的基本性质所决定的，可以通过静电场的基本性质方程(如高斯定理)加以证明.

二、电场强度通量

为了能够从数学上体现电场线，人们引入了电场强度通量的概念.

定义通过电场中任一给定曲面的电场线的条数为通过该曲面的电场强度通量，简称电通量，用符号 $\varPhi_e$ 表示.

为了说明方向性，引入有向面元 $\mathrm{d}\boldsymbol{S}=\mathrm{d}S\hat{\boldsymbol{n}}$，$\hat{\boldsymbol{n}}$ 为面元法线方向上的单位矢量. 如图 7-12 所示，在电场中作一面元 $\mathrm{d}\boldsymbol{S}$，其与该处场强 $\boldsymbol{E}$ 的方向的夹角为 θ，$\mathrm{d}\boldsymbol{S}$ 在垂直于 $\boldsymbol{E}$ 的面上的投影为 $\boldsymbol{E}\mathrm{d}\boldsymbol{S}_\perp=E\mathrm{d}S\cos\theta$，所以通过面元 $\mathrm{d}\boldsymbol{S}$ 的电通量为

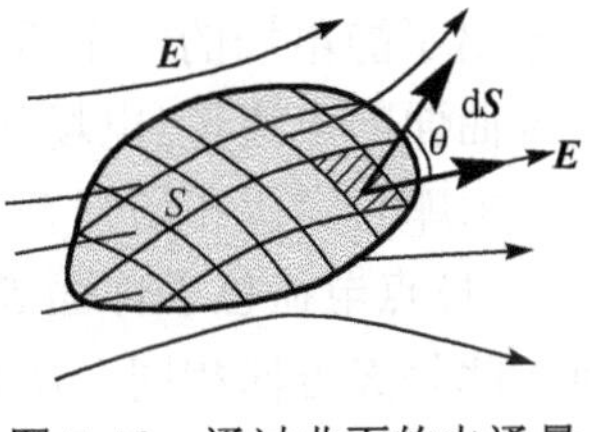

图 7-12　通过曲面的电通量

$$\mathrm{d}\varPhi_e=\boldsymbol{E}\mathrm{d}\boldsymbol{S}_\perp=E\mathrm{d}S\cos\theta=\boldsymbol{E}\cdot\mathrm{d}\boldsymbol{S} \tag{7-8}$$

因此通过整个曲面的电通量可表示为

$$\varPhi_e=\int_S\mathrm{d}\varPhi_e=\int_S\boldsymbol{E}\cdot\mathrm{d}\boldsymbol{S}=\int_S E\cos\theta\mathrm{d}S \tag{7-9}$$

需要说明的是，一个有向面元的法线方向有两种取法，按不同取法计算出的电通量的符号相反. 在一个不闭合的曲面上，各面元的法线应取在曲面的同一侧. 对于曲面法线方向默认的规定是：对于开曲面，凸侧方向的外法线方向为正；对闭曲面，外法线方向为正，内法线方向为负.

如图 7-13 所示，通过电场中闭合面 S 的电通量为

$$\varPhi_e=\oint_S\boldsymbol{E}\cdot\mathrm{d}\boldsymbol{S}=\oint_S E\cos\theta\mathrm{d}S$$

选取指向该闭合面外部的方向为面元 d$\boldsymbol{S}$ 的法线方向. 因此，$\Phi_e > 0$ 和 $\Phi_e < 0$ 分别表示电通量"流出"和"流入"该闭合面. 通过闭合曲面的电通量就是通过该闭合曲面的净电场线的条数.

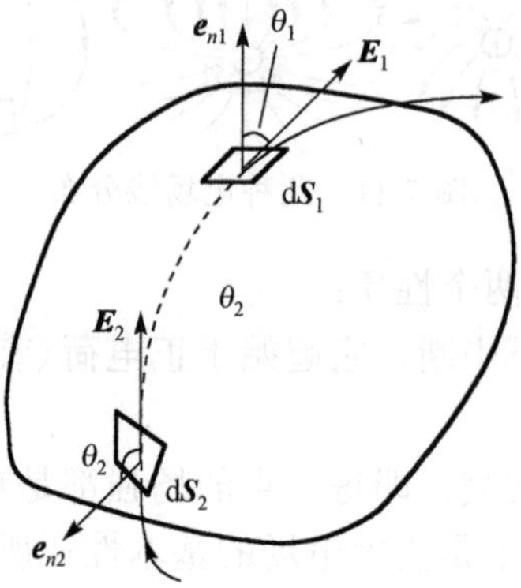

图 7-13　通过闭合面的电通量

三、高斯定理

高斯(C.F.Gauss，1777～1855)是德国著名的数学家和物理学家. 他从数学角度推导出了静电场的一个重要的基本性质——高斯定理. 它给出了静电场中通过一个闭合曲面的电通量(电场线条数)与该曲面所包围的电荷之间的定量关系.

由库仑定律和场强叠加原理，可以导出高斯定理. 其推导过程如下.

(1) 点电荷位于球面 S 中心，如图 7-14(a)所示. 在 S 上任取面元 d$\boldsymbol{S}$，其法线方向与此处 E 方向相同，所以通过该面元的电通量为

$$\mathrm{d}\Phi_e = \boldsymbol{E}\cdot\mathrm{d}\boldsymbol{S} = \frac{1}{4\pi\varepsilon_0}\frac{q}{r^2}\mathrm{d}S$$

通过整个闭合球面 S 的电通量为

$$\Phi_e = \oint_S \boldsymbol{E}\cdot\mathrm{d}\boldsymbol{S} = \frac{q}{\varepsilon_0}$$

(2) 包围点电荷的曲面为任意闭合曲面 S'，如图 7-14(b)所示. 可以在该曲面 S' 外再做一个以 q 为中心的球面 S，由于两个曲面间没有其他电荷，从 q 发出的电场线不会中断，所以穿过 S'的电场线数目与穿过 S 的电场线数目相等，即通过包围 q 的任意闭合曲面的电通量仍为

$$\Phi_e = \oint_{S'} \boldsymbol{E}\cdot\mathrm{d}\boldsymbol{S} = \frac{q}{\varepsilon_0}$$

(3) 点电荷在闭合曲面外的情况，如图 7-14(c)所示. 因为只有与闭合曲面 S 相

切的锥体范围内的电场线才通过该曲面 S，但是每一条电场线从某处穿入必然从另一处穿出，一进一出正负抵消，即

$$\Phi_e = \oint_S \boldsymbol{E} \cdot d\boldsymbol{S} = \frac{q}{\varepsilon_0}$$

仍然成立.

(4)由多个点电荷产生的电场，如图 7-14(d)所示. 根据场强叠加原理，有

$$\boldsymbol{E} = \boldsymbol{E}_1 + \boldsymbol{E}_2 + \cdots$$

$$\Phi_e = \sum_i \oint_S \boldsymbol{E}_i \cdot d\boldsymbol{S} = \frac{1}{\varepsilon_0} \sum_i q_i$$

综上所述，我们可以得到普遍成立的定律——**高斯定理**，其数学表达式为

$$\Phi_e = \oint_S \boldsymbol{E} \cdot d\boldsymbol{S} = \frac{1}{\varepsilon_0} \sum_{(S内)} q_i \tag{7-10}$$

它可表述为：在真空静电场中，通过(严格地说是穿出)任一闭合曲面 S 的电通量，等于该面所包围的所有电荷电量的代数和除以 ε_0.

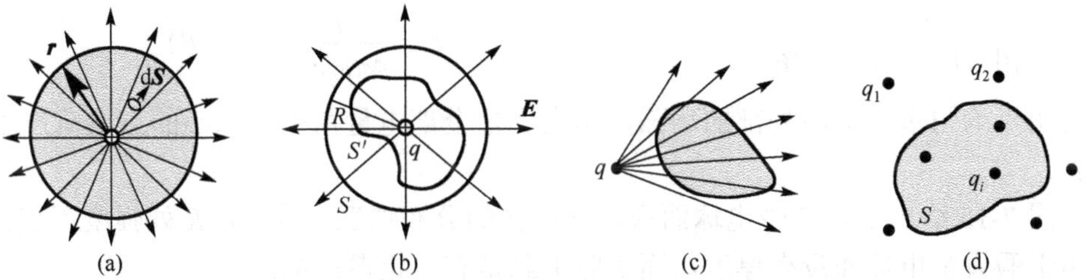

图 7-14　高斯定理证明图

由高斯定理可知，通过电场中任一闭合面的电场线的条数，只与该闭合面内电荷代数和有关.

静电场是有源场，电荷就是静电场的源. 静电场的电场线有头有尾，不闭合，它们发自正电荷或无穷远，止于负电荷或无穷远.

通常把闭合面 S 称为高斯面. 虽然电通量与高斯面外的电荷无关，但面上各点的电场 E 却是面内、外全部电荷共同产生的.

实验证明，高斯定理不仅适用于静电场，还适用于其他任何随时间变化的电场，因此高斯定理是关于电场的普遍规律.

四、高斯定理的应用

给定电荷分布，由库仑定律和电场强度叠加原理可以求空间各点的电场，但计算往往比较复杂. 当电荷分布具有某些对称性时(如球对称性、面对称性、柱对称性等)，恰当地选取高斯面，就可用高斯定理简单地求电场分布.

例题 7-5　求均匀带电球面的电场分布. 球面半径为 R，所带电量 q.

解　由电荷分布的球对称性可知，电场分布是球对称的. 在与带电球面同心的任一球面上，各点场强的大小相等，方向沿半径. 如图 7-15 所示，过场点选取同心球面作为高斯面.

当场点 P 在球面内时，高斯球面表示为 S'，因 S'面内无电荷，则按高斯定理

$$\oint_{S'} \boldsymbol{E} \cdot \mathrm{d}\boldsymbol{S} = 4\pi r^2 E = 0$$

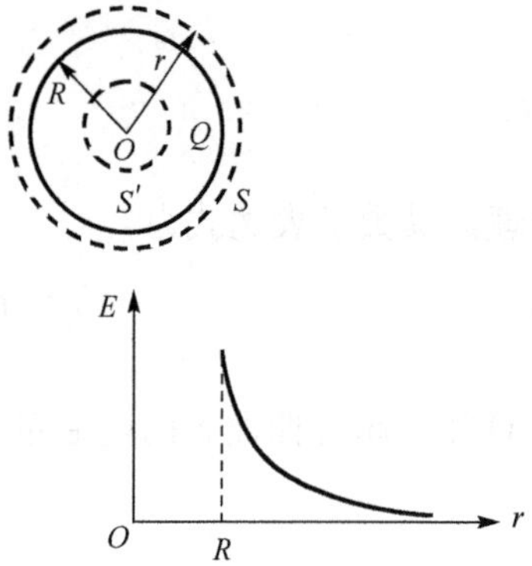

图 7-15　例题 7-5 图

得

$$E = 0 \quad (r < R)$$

即均匀带电球面内的电场为零.

当场点 P 在球面外时，高斯面表示为 S，S 面包围电荷 q，有

$$\oint_{S} \boldsymbol{E} \cdot \mathrm{d}\boldsymbol{S} = 4\pi r^2 E = \frac{q}{\varepsilon_0}$$

由此得

$$E = \frac{q}{4\pi\varepsilon_0 r^2} \quad (r > R)$$

这表明，均匀带电球面外部的场强，相当于把全部电量集中在球心的点电荷产生的场强.

图 7-15 给出了均匀带电球面内、外场强的分布情况. 图中 $r=R$ 处强度不连续，是由于假设带电球面没有厚度，而实际上总是有一定厚度的.

例题 7-6　求均匀带电球体的电场分布. 球体半径为 R，所带电量 q.

解　与例题 7-5 类似，如图 7-16 所示，电场分布是球对称的. 高斯面选取方式为过场点 P 的同心球面. P 在球体内时，同心球面 S'取成高斯面，有

$$\oint_{S'} \boldsymbol{E} \cdot \mathrm{d}\boldsymbol{S} = 4\pi r^2 E = \frac{1}{\varepsilon_0}\left(\frac{q}{\frac{4}{3}\pi R^3}\right)\frac{4}{3}\pi r^3$$

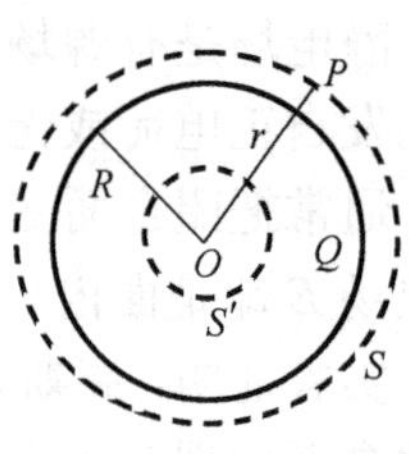

图 7-16　例题 7-6 图

得

$$E = \frac{qr}{4\pi\varepsilon_0 R^3} \quad (r \leqslant R)$$

即均匀带电球体内部的电场与 r 成正比，同理把高斯面 S 选在球体外，得

$$E = \frac{q}{4\pi\varepsilon_0 r^2} \quad (r > R)$$

这表明，均匀带电球体外部的场强，相当于把全部电量集中在球心的点电荷产生的场强.

7.4 静电场的环路定理 电势

一、电场力做功

前文主要讨论的是静电场的力的性质，通过力的性质引入了电场强度这一物理量. 下面我们讨论静电场的另一个性质——“能”的性质，即电场力做功的性质.

将试探电荷 q_0 引入点电荷 q 的电场中，如图 7-17 所示，把 q_0 由 a 点沿任意路径 L 移至 b 点，考察电场力所做的功. 路径上任一点 c 到 q 的距离为 r ，此处的电场强度为

$$E = \frac{q}{4\pi\varepsilon_0 r^2}$$

如果将试探电荷 q_0 在点 c 附近沿 L 移动位移元 $\mathrm{d}\boldsymbol{l}$，那么电场力所做的元功为

$$\mathrm{d}A = q_0 \boldsymbol{E} \cdot \mathrm{d}\boldsymbol{l} = q_0 E \mathrm{d}l \cos\theta = q_0 E \mathrm{d}r = q_0 \frac{q}{4\pi\varepsilon_0 r^2}\mathrm{d}r$$

式中，θ 是电场强度 $\boldsymbol{E}$ 与位移元 $\mathrm{d}\boldsymbol{l}$ 间的夹角，$\mathrm{d}r$ 是位移元 $\mathrm{d}\boldsymbol{l}$ 沿电场强度 $\boldsymbol{E}$ 方向的分量. 试探电荷由 a 点沿 L 移到 b 点电场力所做的功为

$$A = \int_L \mathrm{d}A = \int_{r_a}^{r_b} q_0 \frac{q}{4\pi\varepsilon_0 r^2}\mathrm{d}r = \frac{q_0 q}{4\pi\varepsilon_0}\left(\frac{1}{r_a} - \frac{1}{r_b}\right)$$

其中，r_a 和 r_b 分别表示电荷 q 到点 a 和点 b 的距离. 上式表明，在点电荷的电场中，移动试探电荷时，电场力所做的功除与试探电荷成正比外，还与试探电荷的始、末位置有关，而与路径无关.

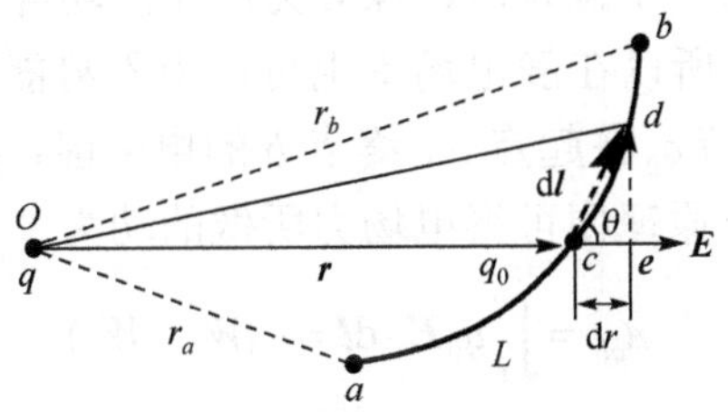

图 7-17 电场力做功

利用场的叠加原理可得，在点电荷系的电场中，试探电荷 q_0 从点 a 沿 L 移到点 b 电场力所做的总功为

$$A = \sum_i A_i$$

上式中的每一项都表示试探电荷 q_0 在各个点电荷单独产生的电场中从点 a 沿 L 移到点 b 电场力所做的功. 由此可见，点电荷系的电场力对试探电荷所做的功也只与试探电荷的电量以及它的始、末位置有关，而与移动的路径无关.

任何一个带电体都可以看成由许多很小的电荷元组成的集合体，每一个电荷元都可以认为是点电荷. 整个带电体在空间产生的电场强度 $\boldsymbol{E}$ 等于各个电荷元产生的电场强度的矢量和.

于是我们得到这样的结论：**在任何静电场中，电荷运动时电场力所做的功只与始、末位置有关，而与电荷运动的路径无关. 即电场力是保守力，静电场是保守力场.**

二、静电场的环路定理

若使试探电荷 q_0 在静电场中沿任一闭合回路 L 绕行一周，则静电场力所做的功为零，即

$$\oint_L q_0 \boldsymbol{E} \cdot \mathrm{d}\boldsymbol{l} = 0$$

因为试探电荷 $q_0 \neq 0$，所以电场强度的环流为零，即

$$\oint_L \boldsymbol{E} \cdot \mathrm{d}\boldsymbol{l} = 0 \tag{7-11}$$

静电场的这一特性称为静电场的环路定理. 这一定理反映了静电场的保守力场的性质，它和高斯定理是描述静电场的两个基本定理.

三、电势能

在力学中已经知道，对于保守力场，总可以引入一个与位置有关的势能函数，当物体从一个位置移到另一个位置时，保守力所做的功等于这个势能函数增量的负值. 静电场是保守力场，所以在静电场中也可以引入势能的概念，称为电势能. 设 W_a、W_b 分别表示试探电荷 q_0 在起点 a、终点 b 的电势能，如图 7-17 所示，当 q_0 由 a 点移至 b 点时，根据功能原理便可得电场力所做的功为

$$A_{ab} = \int_a^b q_0 \boldsymbol{E} \cdot \mathrm{d}\boldsymbol{l} = -(W_b - W_a) \tag{7-12}$$

当电场力做正功时，电荷与静电场间的电势能减小；做负功时，电势能增加. 可见，电场力的功是电势能改变的量度.

电势能与其他势能一样，是空间坐标的函数，其量值具有相对性，但电荷在静电场中两点的电势能差却有确定的值. 为确定电荷在静电场中某点的电势能，应事先选择某一点作为电势能的零点. 电势能的零点选择是任意的，**一般以方便合理为**

前提. 当源电荷局限在有限区域内时，一般选择无穷远处为电势能零点，即 $W_\infty = 0$，则场中任一点 P 的电势能为

$$W_P = q_0 \int_P^{"0"} \boldsymbol{E} \cdot \mathrm{d}\boldsymbol{l} = q_0 \int_P^{\infty} \boldsymbol{E} \cdot \mathrm{d}\boldsymbol{l} \tag{7-13}$$

其文字表述为：电荷 q_0 在电场中 P 点的电势能等于将该电荷从 P 点移动到势能零点处(无穷远处)电场力所做的功.

四、电势

电势能是电荷与电场间的相互作用能，是电荷与电场所组成的系统共有的，与试探电荷的电量有关. 因此，电势能(差)不能用来描述电场的性质. 但比值 W_a / q_0 却与 q_0 无关，仅由电场的性质及 P 点的位置来确定，为此我们定义此比值为电场中 P 点的电势，用 U_P 表示，即

$$U_P = \frac{W_P}{q_0} = \int_P^{"0"} \boldsymbol{E} \cdot \mathrm{d}\boldsymbol{l} = \int_P^{\infty} \boldsymbol{E} \cdot \mathrm{d}\boldsymbol{l} \tag{7-14}$$

这表明，电场中任一点 P 的电势，在数值上等于单位正电荷在该点所具有的电势能，或等于单位正电荷从该点沿任意路径移至电势能零点处的过程中电场力所做的功. 上式就是电势的定义式，它是电势与电场强度的积分关系式.

静电场中任意两点 a、b 的电势之差，称为这两点间的电势差，也称为电压，用 ΔU 或 U_{ab} 表示，则有

$$U_{ab} = U_a - U_b = \int_a^c \boldsymbol{E} \cdot \mathrm{d}\boldsymbol{l} - \int_b^c \boldsymbol{E} \cdot \mathrm{d}\boldsymbol{l} = \int_a^b \boldsymbol{E} \cdot \mathrm{d}\boldsymbol{l} \tag{7-15}$$

该式反映了电势差与场强的关系. 它表明，静电场中任意两点的电势差，其数值等于将单位正电荷由一点移到另一点的过程中静电场力所做的功. 若将电量为 q_0 的试探电荷由 a 点移至 b 点，静电场力做的功用电势差可表示为

$$A_{ab} = W_a - W_b = q_0(U_a - U_b) \tag{7-16}$$

由于电势能是相对的，电势也是相对的，其值与电势的零点选择有关，一般选择无穷远处作为势能零点. 在国际单位制中，电势和电势差的单位都是伏特(V).

五、电势的叠加原理

1. 点电荷的电势

在点电荷 q 的电场中，若选无限远处为电势零点，由电势的定义式可得在与点电荷 q 相距为 r 的任一场点 P 上的电势为

$$U_P = \int_r^{\infty} \boldsymbol{E} \cdot \mathrm{d}\boldsymbol{l} = \frac{q}{4\pi\varepsilon_0 r} \tag{7-17}$$

上式是点电荷电势的计算公式. 它表示，在点电荷的电场中任意一点的电势与点电荷的电量 q 成正比，与该点到点电荷的距离成反比.

2. 多个点电荷的电势

在真空中有 N 个点电荷，由场强叠加原理及电势的定义式得场中任一点 P 的电势为

$$U_P = \int_r^{\infty} \boldsymbol{E} \cdot \mathrm{d}\boldsymbol{l} = \int_r^{\infty} \sum_i \boldsymbol{E}_i \cdot \mathrm{d}\boldsymbol{l} = \sum_i \int_r^{\infty} \boldsymbol{E}_i \cdot \mathrm{d}\boldsymbol{l} = \sum_i U_i \tag{7-18a}$$

上式表示，在多个点电荷产生的电场中，任意一点的电势等于各个点电荷在该点产生的电势的代数和. 电势的这一性质称为**电势的叠加原理**.

设第 i 个点电荷到点 P 的距离为 r_i，P 点的电势可表示为

$$U_P = \sum_i U_i = \frac{1}{4\pi\varepsilon_0} \sum_{i=1}^{N} \frac{q_i}{r_i} \tag{7-18b}$$

3. 任意带电体的电势

对电荷连续分布的带电体，可看成由许多电荷元组成，而每一个电荷元都可按点电荷对待，所以整个带电体在空间某点产生的电势，等于各个电荷元在同一点产生电势的代数和. 因此，将求和用积分代替就得到带电体产生的电势，即

$$U_P = \int \frac{\mathrm{d}q}{4\pi\varepsilon_0 r} = \begin{cases} \iiint_V \dfrac{\rho\,\mathrm{d}V}{4\pi\varepsilon_0 r}, & \text{体分布} \\ \iint_S \dfrac{\sigma\,\mathrm{d}S}{4\pi\varepsilon_0 r}, & \text{面分布} \\ \int_L \dfrac{\lambda\,\mathrm{d}l}{4\pi\varepsilon_0 r}, & \text{线分布} \end{cases} \tag{7-19}$$

六、电势的计算

到目前为止，我们有两种方法计算电势的分布：定义法和电势叠加原理. 一般来说，如果电场强度已知或者较易获得，则电势求解使用定义法比较简单；反之采用电势叠加原理较为合适.

例题 7-7 求均匀带电球面的电势分布. 球面的半径为 R，所带电量为 q.

解 根据高斯定理，可得均匀带电球面的电场强度

$$E=\begin{cases}0 & (r<R)\\ \dfrac{q}{4\pi\varepsilon_0 r^2} & (r\geqslant R)\end{cases}$$

取无穷远为电势零点，则在 $r\leqslant R$ 区域

$$U=\int_r^{\infty}E\mathrm{d}r=\int_r^{R}0\mathrm{d}r+\int_R^{\infty}E\mathrm{d}r=\int_R^{\infty}\frac{q}{4\pi\varepsilon_0 r^2}\mathrm{d}r=\frac{q}{4\pi\varepsilon_0 R}\quad(r\leqslant R)$$

在 $r>R$ 区域

$$U=\int_r^{\infty}E\mathrm{d}r=\int_r^{\infty}\frac{q}{4\pi\varepsilon_0 r^2}\mathrm{d}r=\frac{q}{4\pi\varepsilon_0 r}\quad(r>R)$$

因此，如图 7-18 所示，均匀带电球面内各点的电势相等，等于球面上的电势；球面外各点的电势与电荷集中在球心上的点电荷的电势相同.

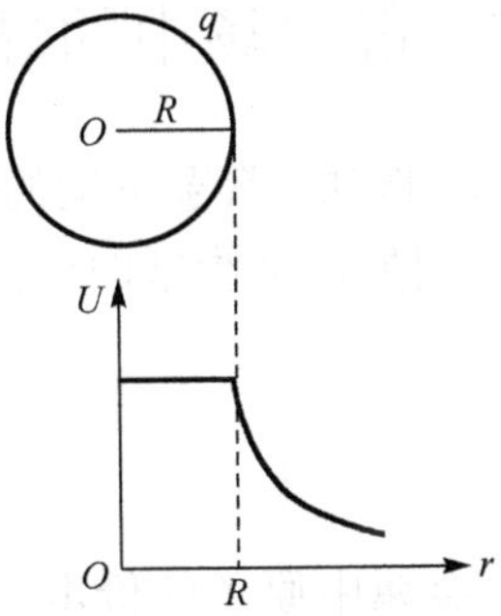

图 7-18　例题 7-7 图

例题 7-8　如图 7-19 所示，两均匀带电球面同心放置，其半径、所带电量分别为 R_1、q_1 和 R_2、q_2，求电势分布.

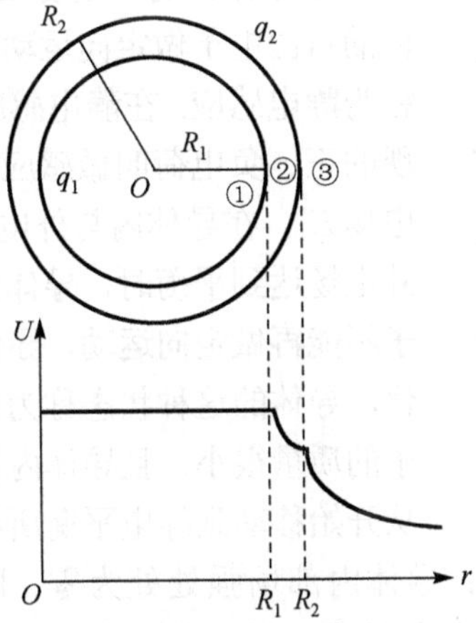

图 7-19　例题 7-8 图

解 根据电势叠加原理，图中①、②、③区各点的电势等于两均匀带电球面单独存在时该点电势的代数和，均匀带电球面的电势已在例题 7-7 中求出. 因此，在①区

$$U_1 = \frac{q_1}{4\pi\varepsilon_0 R_1} + \frac{q_2}{4\pi\varepsilon_0 R_2} \quad (r \leqslant R_1)$$

在②区

$$U_2 = \frac{q_1}{4\pi\varepsilon_0 r} + \frac{q_2}{4\pi\varepsilon_0 R_2} \quad (R_1 < r < R_2)$$

在③区

$$U_3 = \frac{q_1}{4\pi\varepsilon_0 r} + \frac{q_2}{4\pi\varepsilon_0 r} = \frac{q_1 + q_2}{4\pi\varepsilon_0 r} \quad (r \geqslant R_2)$$

7.5 静电场中的导体

导电性能好的物体称为导体，例如，常温下铜的电阻率仅为 $0.017\times10^{-6}\,\Omega\cdot\text{m}$. 导电性能极差的物质称为绝缘体，例如，绝缘纸的电阻率高达 $10^{7}\sim10^{10}\,\Omega\cdot\text{m}$. 绝缘体也叫电介质.

一、静电平衡

我们只限于讨论金属导体. 金属中原子的价电子受原子核的束缚很弱，大量的价电子就像气体一样可以在金属中自由运动. 在没有外电场时，自由电子只做无规则的热运动，而无定向运动. 由于金属表面层对电子的束缚，自由电子一般不能脱离金属表面.

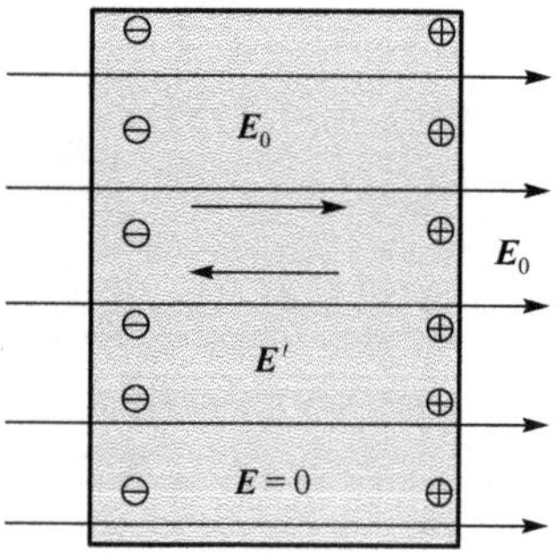

图 7-20 静电平衡

把导体放进外电场 E_0 中，在电场力的作用下导体内的自由电子做定向运动，导体上的电荷重新分布，这称为静电感应. 在静电感应中，导电体表面不同部分出现的正、负电荷叫做感应电荷. 感应电荷所产生的附加电场 E'，在导体内与外电场的方向相反. 当附加电场与外电场达到平衡时，导体内部的场强处处为零，自由电子不能再做定向运动，导体上的电荷分布不再随时间变化，导体的这种状态称为静电平衡，见图 7-20. 由于电子的质量很小，且导体内自由电子数目巨大，所以电子从开始移动到静电平衡所经时间极短，约为 10^{-14}s.

导体的静电平衡条件是：导体内部场强处处为零，即 $\boldsymbol{E}_{内}=0$. 因为只要导体内部某处场强不为零，则该处自由电子受电场力作用做定向运动，就不是静电平衡.

导体内部任意两点 a、b 之间的电势差为 $U_{ab}=\int_a^b \boldsymbol{E}\cdot\mathrm{d}\boldsymbol{r}$，积分路径可任意选取，把积分路径取在导体内部，则有 $U_{ab}=\int_a^b \boldsymbol{E}_{内}\cdot\mathrm{d}\boldsymbol{r}=0$. 这说明静电平衡导体是等势体，其表面是等势面.

二、导体上的电荷分布

静电平衡导体内部不存在电荷，电荷只分布在导体表面上. 这里所说的电荷是指宏观电荷，即宏观足够小体积内的微观电荷的代数和. 如图 7-21 所示，在导体内部任取一点 P，包围 P 点作一很小的闭合面 S. 因 S 面上各点场强为零，则 S 面的电通量为零，由高斯定理可知 S 面内电荷为零.

上述证明不适用于导体表面上的点，因为包围导体表面上的点所作闭合面再小也总有一部分在导体外部，而导体外部的场强可以不为零，因此导体上的电荷 Q 只能分布在导体表面上.

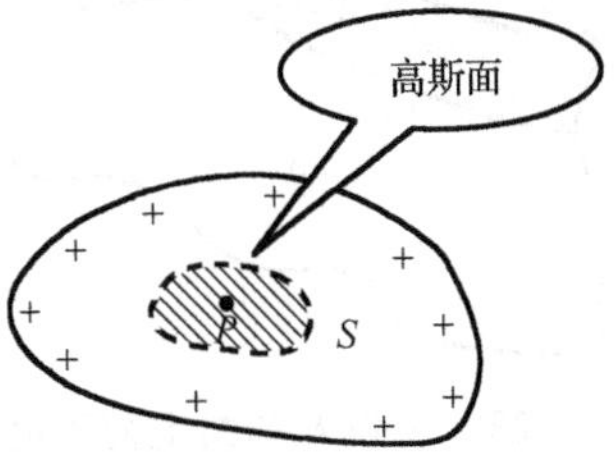

图 7-21　实心导体的电荷分布

对于一个空腔导体，如果腔内没有带电体，则电荷只能分布在空腔的外表面上，如图 7-22(a) 所示；如果腔内有带电体，则电荷可以分布在空腔的内、外表面上. 图 7-22(b) 表示一个包围带电体的空腔导体，带电体的电荷为 q. 在导体内部包围空腔内表面作一闭合曲面 S，因导体内部场强为零，S 面的电通量为零，则面内电荷的代数和为零，空腔内表面上必有 $-q$ 的感应电荷. 如果空腔导体的净电荷为 Q，则外表面上的电荷为 $Q+q$.

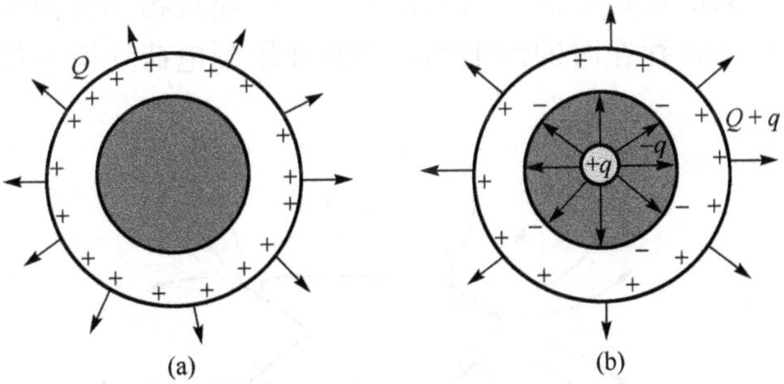

图 7-22　空腔导体的电荷分布

三、导体表面附近的电场

静电平衡导体的表面是等势面，因此导体表面附近的场强 $\boldsymbol{E}$ 的方向与导体表面垂直，其大小与导体表面对应点附近的电荷密度 σ 成正比，即

$$\boldsymbol{E}=\frac{\sigma}{\varepsilon_0}\hat{\boldsymbol{n}} \tag{7-20}$$

其中，$\hat{\boldsymbol{n}}$ 为导体表面外法线方向单位矢量.

证明：如图 7-23 所示，P 点在导体表面外紧靠表面，其附近的面电荷密度为 σ，场强为 $\boldsymbol{E}$. 过 P 点作一个与导体表面平行的小面元 $\Delta\boldsymbol{S}$，以 $\Delta\boldsymbol{S}$ 为底作一个薄柱体，其轴线沿 $\hat{\boldsymbol{n}}$ 方向，另一底在导体内部. 因场强 $\boldsymbol{E}$ 与面元 $\Delta\boldsymbol{S}$ 垂直，则通过 ΔS 的电通量为 $E\Delta S$；导体内部场强为零，导体内的底面的电通量为零；场强方向平行于柱体侧面，柱体侧面的电通量也为零. 按照高斯定理

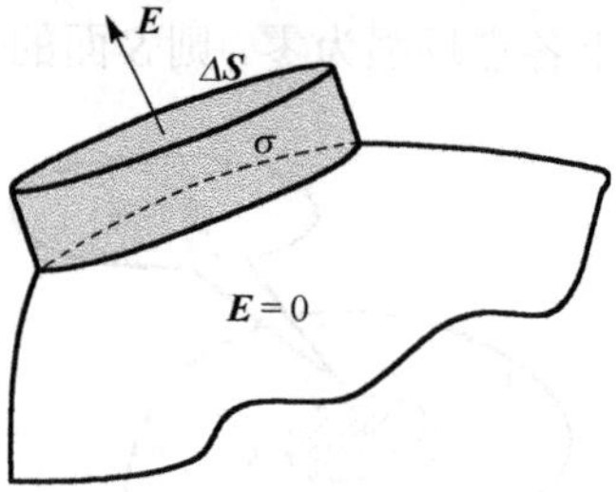

图 7-23　场强 $\boldsymbol{E}$ 和面电荷密度 σ 的关系

$$E\Delta S=\frac{\sigma\Delta S}{\varepsilon_0}$$

得 $E=\sigma/\varepsilon_0$，写成矢量形式就是式(7-20).

应该注意，式(7-20)中的场强 $\boldsymbol{E}$ 并非只由 P 点附近导体表面电荷产生，而是由导体表面全部电荷以及导体之外其余带电体所带电荷共同产生.

实验表明，在一般情况下，孤立带电导体表面曲率大(凸出面尖锐)的地方面电荷密度大，曲率小(平坦)的地方面电荷密度小，曲率为负(凹进去)的地方电荷密度更小. 图 7-24 为一个有尖端的导体表面电荷分布的情况. 尖端分布的电荷密度大，附近的场强很强. 当场强超过空气的击穿场强时，空气被电离而形成正、负离子流，这种现象叫做尖端放电. 为避免尖端放电，高压电器设备上的电极一般都做成球状. 尖端放电也可以被利用，例如，避雷针就是通过与带电的雷云发生尖端放电，把强大的雷击电流引入大地面以保护建筑物不受损坏.

分析和计算有导体存在时的静电场，通常要用到电荷守恒条件、静电平衡条件和高斯定理.

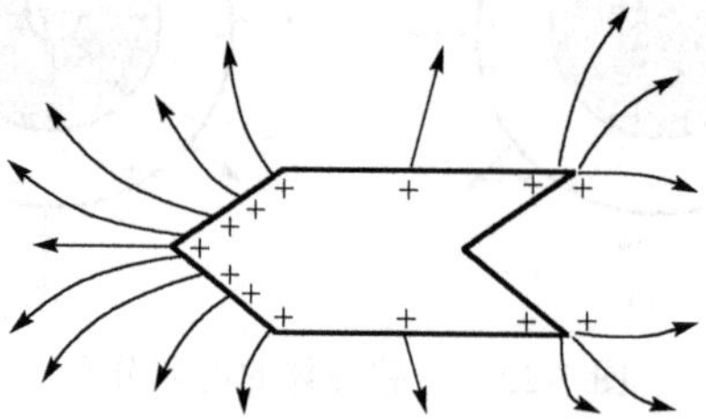

图 7-24　电荷分布与曲率的关系

例题 7-9　如图 7-25 所示，两块面积为 S 的大金属板平行放置，其中左边板的电荷为 q，右边板不带电，求达到静电平衡后两块金属板上的电荷分布和周围的电场分布.

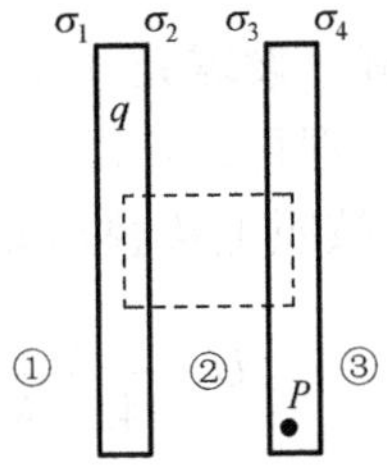

图 7-25 例题 7-9 图

解 忽略边缘效应. 静电平衡时电荷只分布在两块金属板的四个表面上，其面电荷密度设为σ_1、σ_2、σ_3、σ_4. 由电荷守恒可知

$$\sigma_1+\sigma_2=\frac{q}{S}, \qquad \sigma_3+\sigma_4=0$$

作一柱体，其轴线垂直于金属板，底面分别在两板内部. 由于板内场强为零，且板间电场方向与板面垂直，所以通过此柱体两底面和侧面的电通量都为零. 由高斯定理，可得

$$\sigma_2+\sigma_3=0$$

把垂直于板面向右的方向取成正方向. 金属板内任一点 P 的场强为零，这是由四个带电的电场叠加的结果，即

$$\frac{\sigma_1}{2\varepsilon_0}+\frac{\sigma_2}{2\varepsilon_0}+\frac{\sigma_3}{2\varepsilon_0}-\frac{\sigma_4}{2\varepsilon_0}=0$$

$$\sigma_1+\sigma_2+\sigma_3-\sigma_4=0$$

联立求解，得

$$\sigma_1=\frac{q}{2S},\ \sigma_2=\frac{q}{2S},\ \sigma_3=-\frac{q}{2S},\ \sigma_4=\frac{q}{2S}$$

按照场强叠加原理，①、②、③区的电场分别为

$$E_1=\frac{-\sigma_1-\sigma_2-\sigma_3-\sigma_4}{2\varepsilon_0}=-\frac{q}{2\varepsilon_0 S}$$

$$E_2=\frac{\sigma_1+\sigma_2-\sigma_3-\sigma_4}{2\varepsilon_0}=\frac{q}{2\varepsilon_0 S}$$

$$E_3=\frac{\sigma_1+\sigma_2+\sigma_3+\sigma_4}{2\varepsilon_0}=\frac{q}{2\varepsilon_0 S}$$

例题 7-10 如图 7-26 所示，金属薄球壳 A 与另一有厚度的金属球壳 B 同心放置，并达到静电平衡. 球壳 A 的半径为 R_1，球壳 B 的内、外半径为 R_2、R_3. 设球壳 B 的电荷为 Q，而球壳 A 接地，求球壳 A 所带电量.

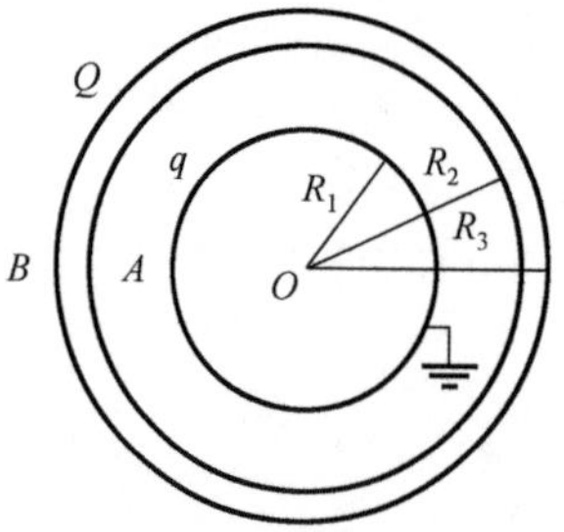

图 7-26　例题 7-10 图

解　设球壳 A 所带电量为 q，则由静电平衡条件和高斯定理可知，球壳 B 的内、外表面上的电量为 $-q$，$Q+q$. 按照电势叠加原理和接地条件，球壳 A 的电势为

$$U=\frac{q}{4\pi\varepsilon_0 R_1}+\frac{-q}{4\pi\varepsilon_0 R_2}+\frac{Q+q}{4\pi\varepsilon_0 R_3}=0$$

得球壳 A 所带电量

$$q=-\frac{Q}{1+R_3\left(\dfrac{1}{R_1}-\dfrac{1}{R_2}\right)}$$

它与球壳 B 的电量 Q 反号，数值小于 Q. 当球壳 B 也很薄，即 $R_2 \to R_3$ 时，$q=-QR_1/R_3$.

四、静电屏蔽

根据空腔导体的性质，在空腔导体内部若不存在其他带电体，则无论导体外部电场如何分布，也不管空腔导体自身带电情况如何，只要处于静电平衡，腔内必定不存在电场. 另外，如果空腔内部存在电量为 $+q$ 的带电体，则在空腔内、外表面必将分别产生 $-q$ 和 $+q$ 的电荷，外表面的电荷 $+q$ 将会在空腔外空间产生电场，如图 7-27(a)所示. 若将导体接地，则由外表面电荷产生的电场随之消失，于是腔外空间将不再受腔内电荷的影响，如图 7-27(b)所示. 这种利用导体静电平衡性质使空腔导体内部空间不受腔外电荷和电场的影响，或者将空腔导体接地，使腔外空间免受腔内电荷和电场影响的现象，称为静电屏蔽.

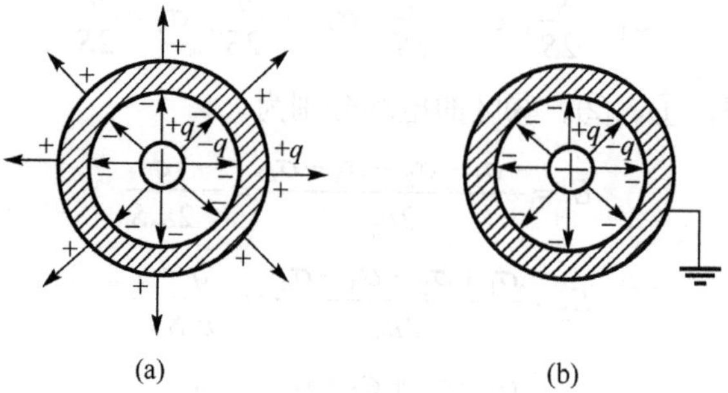

图 7-27　静电屏蔽

静电屏蔽在电磁测量和无线电技术中有广泛的应用. 例如，常用金属壳或金属网把测量仪器或整个实验室罩起来，使测量免受外部的影响.

7.6　电容和电容器

自从发现电荷以来，人们一直在为如何储存电荷而不断地努力，由此提出了电容的概念.

一、电容

理论和实践都证明，任何一种孤立导体，它所带的电量 q 与其电势 V 成正比，则孤立导体所带的电量 q 与其电势 V 的比值为一常数，把这个比值称为孤立导体的电容，用 C 表示，即为

$$C = q / U \tag{7-21}$$

可见，孤立导体的电容 C 只决定于导体自身的几何因素，与导体所带的电量及电势无关，它反映了孤立导体储存电荷和电能的能力.

例如，一半径为 R，带电为 Q 的孤立导体球，其电势为 $U = \dfrac{Q}{4\pi\varepsilon_0 R}$，进而电容为 $C = \dfrac{Q}{U} = 4\pi\varepsilon_0 R$.

在国际单位制中，电容的单位为法拉(F). 但是 F 是一个很大的单位，使用不方便，常用的还有微法(μF，$1\mu F=10^{-6}F$)和皮法(pF，$1pF=10^{-12}F$)等.

二、电容器

当导体附近存在其他带电体或者导体时，电量和电势差之间的关系将受到影响，可以采用静电屏蔽的方法来消除此影响. 这样构建的一组导体称为电容器，见图 7-28.

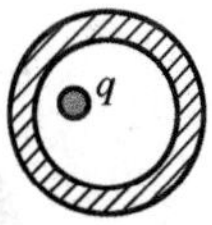

图 7-28　电容器

对于导体组 A、B，若 A 带电 q，则由静电感应，导体 B 在其内表面上有 $-q$ 电量，$U_A - U_B$ 正比于 q，二者之比为恒值，反映了导体组的属性，称之为电容器的电容(量)：

$$C = \frac{q}{U_A - U_B} = \frac{q}{U_{AB}} \tag{7-22}$$

两导体各称一极，C 定义为一极板带电量(正)除以两极板之电势差 U_{AB}. C 是一个正的量.

说明：

(1)电容 C 与电容器带电情况无关，与周围其他导体和带电体无关，完全由电容器几何形状、结构决定；

(2)实际中，电容器对屏蔽的要求并不如上述完全封闭那么严格；

(3)若不封闭，则公式中的 q 指两极等势时需从一极板至另一极板迁移的电量. 以后常写成：$C=\dfrac{q}{U}$.

三、几种常用的电容器

图 7-29 给出了市面上常用的几种电容器，大致可以分为三类:平行板电容器、圆柱形电容器以及球形电容器. 前两者居多，最后一种不太常用.

1. 平行板电容器

平行板电容器是由两块彼此靠得很近的平行金属板构成的(图 7-30). 设金属板的面积为 S，内侧表面间的距离为 d，在极板间距 d 远小于板面线度的情况下，平板可看成无限大平面，因而可忽略边缘效应. 若极板带等量异号电荷，电量大小为 q，面电荷密度为 σ，则两极板间的电势差为

$$U_{AB}=\int_A^B \boldsymbol{E}\cdot \mathrm{d}\boldsymbol{l}=Ed=\frac{\sigma}{\varepsilon_0}d=\frac{q}{\varepsilon_0 S}d$$

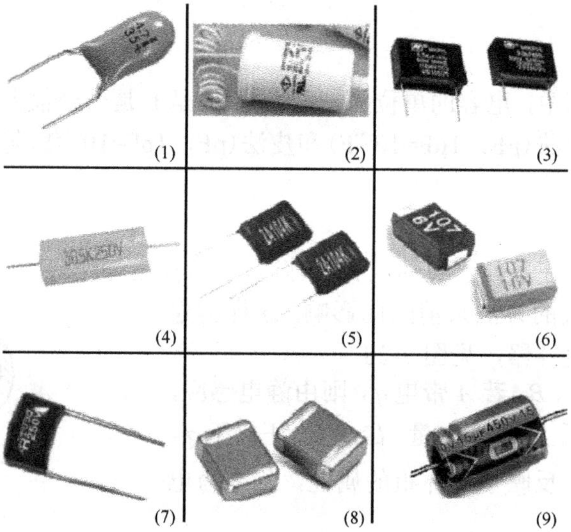

图 7-29　常用的电容器

据此可得平行板电容器的电容为

$$C=\frac{q}{U_{AB}}=\frac{\varepsilon_0 S}{d} \tag{7-23}$$

可见平行板电容器的电容与极板面积 S 成正比，与两极板间的距离 d 成反比.

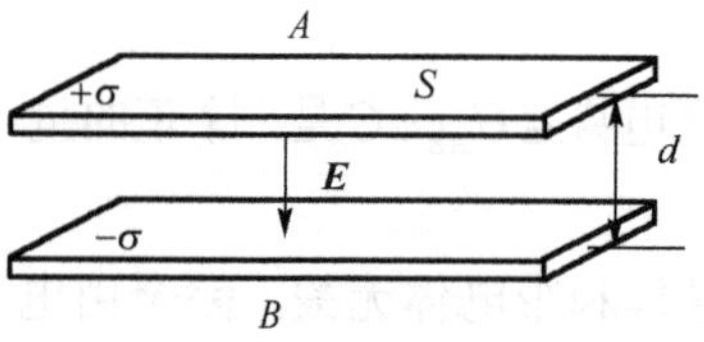

图 7-30　平行板电容器

计算机键盘的每一个字母块就是利用电容器的原理设计的，通过压力改变电容器极板之间的距离以改变电容值来发出指令. 另外，手机的电容式触摸屏(图 7-31)也是利用手指触摸改变电容值，进而引发电流变化来发出信号的.

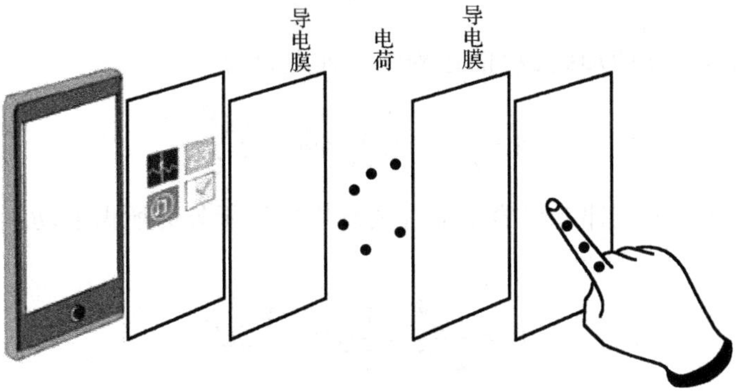

图 7-31　电容式触摸屏的原理示意图

2. 圆柱形电容器

圆柱形电容器是由两块彼此靠得很近的同轴导体圆柱面构成的. 如图 7-32 所示，设内、外柱面的半径分别为 R_A 和 R_B，圆柱的长为 l，且内柱面上带电量$+Q$，外柱面上带电量$-Q$. 当 $l>>R_B-R_A$ 时，可忽略柱面两端的边缘效应，认为圆柱是无限长的. 根据高斯定理可求得两柱面之间的电场强度大小为

$$E=\frac{\lambda}{2\pi\varepsilon_0 r}$$

式中，λ 是内柱面单位长度所带的电量. 两柱面间的电势差为

$$U_{AB}=\int_{R_A}^{R_B}\boldsymbol{E}\cdot \mathrm{d}\boldsymbol{l}=\int_{R_A}^{R_B}\frac{\lambda}{2\pi\varepsilon_0 r}\mathrm{d}r=\frac{\lambda}{2\pi\varepsilon_0}\ln\frac{R_B}{R_A}$$

因为内柱面上的总电量为 $Q=l\lambda$，所以同轴柱形电容器的电容为

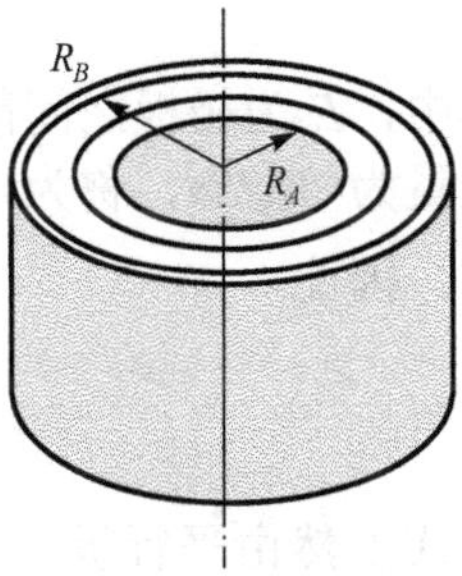

图 7-32　圆柱形电容器

$$C=\frac{Q}{U_{AB}}=\frac{2\pi\varepsilon_0 l}{\ln(R_B/R_A)} \tag{7-24}$$

7.7　静电场的能量*

设一个电容为 C 的平行板电容器正在充电，某时刻两个极板对应表面上的电荷

为$\pm q$，极板间的电压为U. 此时，把电荷$\mathrm{d}q$从负极板移至正极板，外力克服静电力做功为

$$\mathrm{d}A = U\mathrm{d}q = \frac{q\mathrm{d}q}{C}$$

在两极板的电量由0增加到$\pm Q$的过程中，外力做功

$$A = \int \mathrm{d}A = \frac{1}{C}\int_0^Q q\mathrm{d}q = \frac{1}{2}\frac{Q^2}{C}$$

根据能量转化和守恒定律，电容器储存的静电能等于外力所做的功，因此，充电电容器的静电能为

$$W = \frac{1}{2}\frac{Q^2}{C} = \frac{1}{2}QU = \frac{1}{2}CU^2 \tag{7-25}$$

这表明，在相同的电压下，电容器的电容越大，其储存电能的本领就越大.

电容器的静电能储存在哪里？静电场与电荷相伴而生，因此无法判定静电能是与电荷相联系还是与电场相联系，但是电磁波携带的能量可以脱离电荷而在空间传播，所以电磁场的能量应该分布在电磁场中. 按照场的观点，电容器的静电能是储存在电容器两个极板对应表面之间的静电场中.

把式(7-25)改成

$$W_e = \frac{1}{2}CU^2 = \frac{1}{2}\frac{\varepsilon_0 S}{d}(Ed)^2 = \frac{1}{2}\varepsilon_0 E^2 Sd$$

其中，E为极板之间静电场的场强，Sd为极板之间的体积. 单位体积电场所储存的能量为W_e/Sd，称为电场能量密度，用w_e表示. 极板间电场均匀，静电能也均匀分布，因此

$$w_e = \frac{1}{2}\varepsilon_0 E^2 = \frac{1}{2}\boldsymbol{E}\cdot\boldsymbol{D} \tag{7-26}$$

上式虽然由平行板电容器这一特例导出，但可以证明它适用于静电场的一般情况. 空间V内的电场能量，可通过对电场能量密度积分得到，即

$$W_e = \int_V w_e \mathrm{d}V = \int_V \frac{1}{2}\varepsilon_0 E^2 \mathrm{d}V = \int_V \frac{1}{2}\boldsymbol{E}\cdot\boldsymbol{D}\mathrm{d}V \tag{7-27}$$

式中，电位移矢量$\boldsymbol{D} = \varepsilon_0 \boldsymbol{E}$.

思　考　题

7-1　为什么冬天脱衣服时有静电产生？碰东西的时候，甚至和朋友接触的时

候，都会突然被电一下，这是什么原因？夏天情况如何？

7-2　油罐车在运输时为什么后面总是拖着一条铁链？

图 7-33　思考题 7-2 图

7-3　两个点电荷相距一定距离，已知在这两点电荷连线中点处电场强度为零，对这两个点电荷的电荷量和符号可作什么结论？

7-4　一般来说，电场线是否代表点电荷在电场中的运动轨迹？

7-5　有一个球形的橡胶气球，电荷均匀分布在表面上，在此气球被吹大的过程中，下列各处的场强怎么变化？

(1) 始终在气体内部的点；

(2) 始终在气球外部的点；

(3) 被气球略过的点.

7-6　求均匀带电球面或者球体的场强时，高斯面为什么取成同心球面？求均匀带电无限大平面薄板的场强时，高斯面一般取成底面与带电面平行且对称的柱体的形状，为什么？

7-7　假如电场力的功与路径有关，定义电势差是否还有意义？从原则上讲，这时是否还能引入电势的概念？

7-8　为什么电场中各处的电势永远逆着电场线方向升高.

7-9　是否可规定地球的电势不为零？这样规定后，对测量电势、电势差的数值有何影响？

7-10　把一个带电物体移近一个导体壳，带电体单独在空腔导体内产生的电场是否等于零？静电屏蔽效应是如何体现的？

练 习 题

7-1　如图 7-34 所示，一半径为 R 的半圆细环上均匀分布电荷 $Q(>0)$，求环心处的电场强度.

7-2　如图 7-35 所示，两均匀带电薄球壳同心放置，半径分别为 R_1 和 $R_2(R_1<R_2)$. 已知内、外球壳间的电势差为 U_{12}，求两球壳间的电场分布.

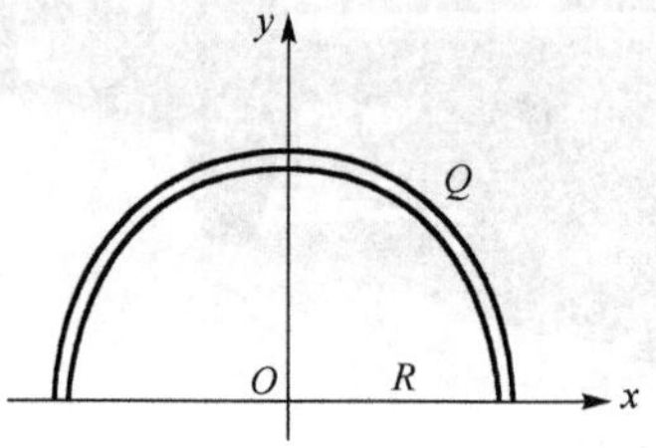

图 7-34　练习题 7-1 图

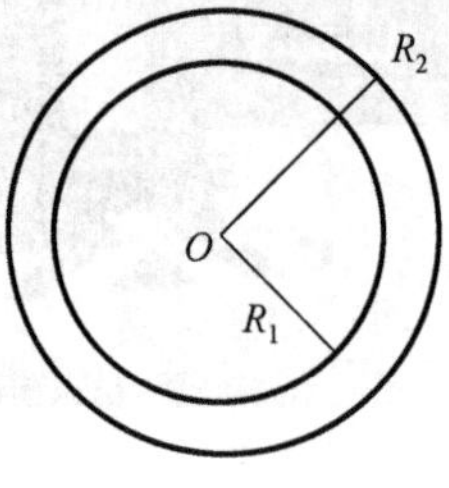

图 7-35　练习题 7-2 图

7-3　如图 7-36 所示，两个带有等量异号电荷的无限长同轴两柱面，半径分别为 R_1 和 $R_2(R_2>R_1)$，单位长度上的电荷分别为 $\pm\lambda$. 求离轴线为 r 处的电场强度：(1) $r<R_1$；(2) $R_1<r<R_2$；(3) $r>R_2$.

7-4　如图 7-37 所示，一个接地的导体球，半径为 R，原来不带电. 今将一点电荷 q 放在球面外距球心距离为 r 的地方，求球上的感生电荷总量.

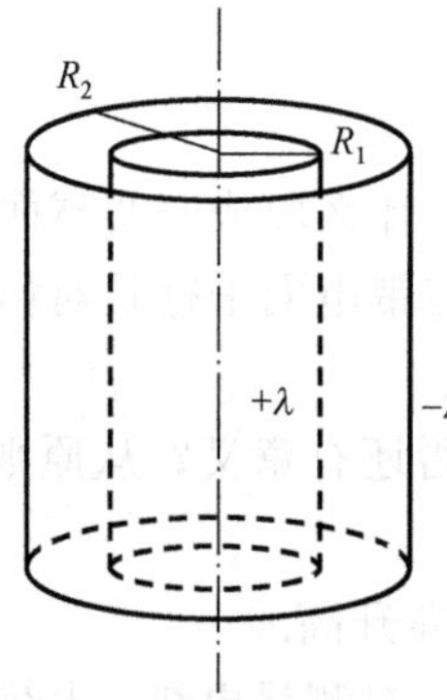

图 7-36　练习题 7-3 图

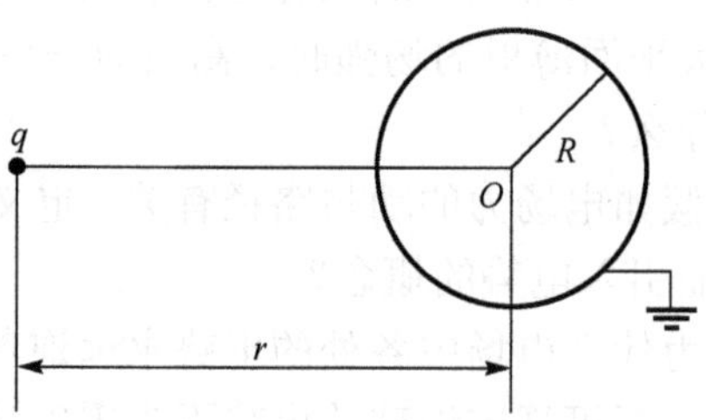

图 7-37　练习题 7-4 图

7-5　如图 7-38 所示，三个平行导体板 A、B、C 的长宽相等且都比板间距离大得多，面积均为 S，其中 A 板带电 Q，B、C 板不带电，A、B 间相距 d_1，A、C 间相距 d_2. (1) 求各导体板上的电荷分布和导体板间的电势差；(2) 将 B、C 两导体板分别接地，再求导体板上的电荷分布和导体板间的电势差.

7-6 如图 7-39 所示，一导体球半径为 R_1，外罩一半径为 R_2 的同心薄导体球壳，外球壳所带总电荷为 Q，内球的电势为 V_0. 求导体球和球壳之间的电势差.

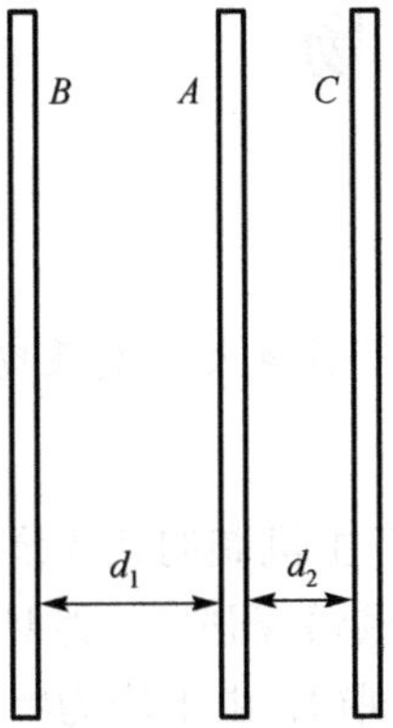

图 7-38 练习题 7-5 图

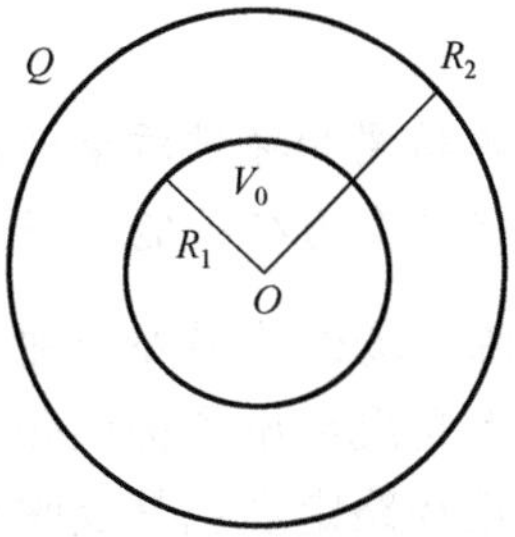

图 7-39 练习题 7-6 图

7-7 如图 7-40 所示，在一半径 R_1=6.0cm 的金属球 A 外面套有一个同心的金属球壳 B. 已知球壳内、外半径分别为 R_2=8.0cm 和 R_3=10.0cm. 设球 A 带有总电量 $Q_A=3\times10^{-8}$C，球壳 B 带有总电量 $Q_B=2\times10^{-8}$C. (1)求球壳 B 内、外表面各带有的电量以及球 A 和球壳 B 的电势；(2)将球壳 B 接地然后断开，再把球 A 接地，求球 A 和球壳 B 内、外表面上各带有的电量以及球 A 和球壳 B 的电势.

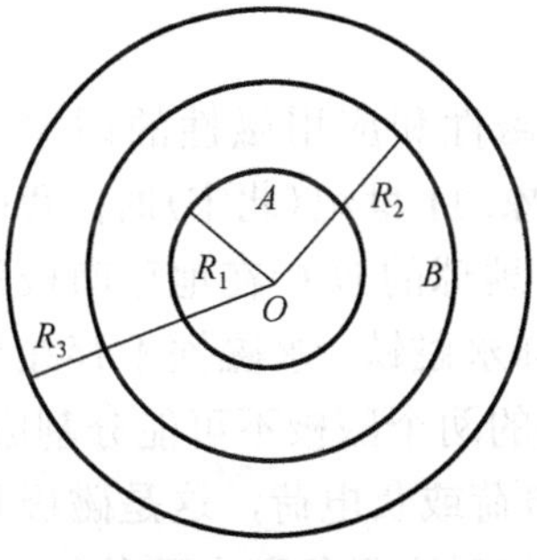

图 7-40 练习题 7-7 图

7-8 一个平行板空气电容器，极板面积为 S，极板间距为 d，充电至带电 Q 后与电源断开，然后用外力缓缓地把两极板间距拉开到 $2d$. 求：(1)电容器能量的改变；(2)在此过程中外力所做的功，并讨论功能转换关系.

第八章 稳 恒 磁 场

小问题

随着能源枯竭和环境污染问题的日益凸显，人们不断地大力发展电动汽车. 那么电能是如何转变为机械能的呢?

磁场是除电场外的另外一种常见的场，人们对磁产生机制的认识还在不断地发展着，从力的角度给出了描述磁场的基本物理量——磁感应强度. 类似静电场，高斯定理和安培环路定理也是反映磁场性质的两个基本规律. 由于磁力特殊的旋转效应，它在许多领域均得到了广泛的应用. 从微观角度看，磁场对运动电荷的作用力叫做洛伦兹力；从宏观角度看，磁场对载电流导线的作用力叫做安培力. 正是由于磁场的参与，人类把对力的运用发挥到了极致.

8.1 磁场 磁感应强度

一、磁现象和磁本质

我国是世界上最早认识磁性和应用磁性的国家，早在战国时期(公元前 300 年)，就已发现磁石吸铁的现象. 11 世纪(北宋)时，我国科学家沈括创制了航海用的指南针，并发现了地磁偏角. 地球的 N 极在地理南极附近，S 极在地理北极附近.

天然磁铁和人造磁铁都称永磁铁. 永磁铁不存在单一的磁极. 磁铁之间具有相互作用，如图 8-1 所示. 磁铁的两个磁极不可能分割成独立存在的 N 极和 S 极，但我们知道，有独立存在的正电荷或负电荷，这是磁极和电荷的基本区别.

历史上很长一段时期，人们对磁现象和电现象的研究都是彼此独立进行的. 1820 年丹麦物理学家奥斯特发现，放在通有电流的导线周围的磁针会受到力的作用而发生偏转，如图 8-2 所示，其转动方向与导线中电流的方向有关. 这就是历史上著名的奥斯特实验，它第一次指出了磁现象与电现象之间的联系.

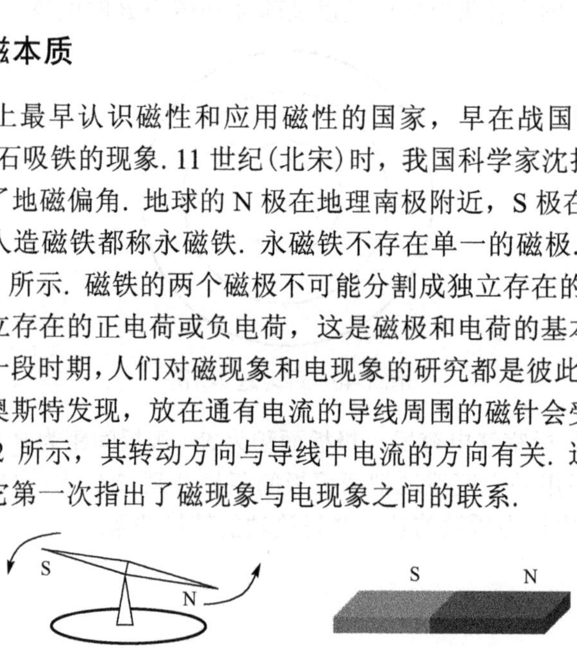

图 8-1 磁铁与磁铁之间的相互作用

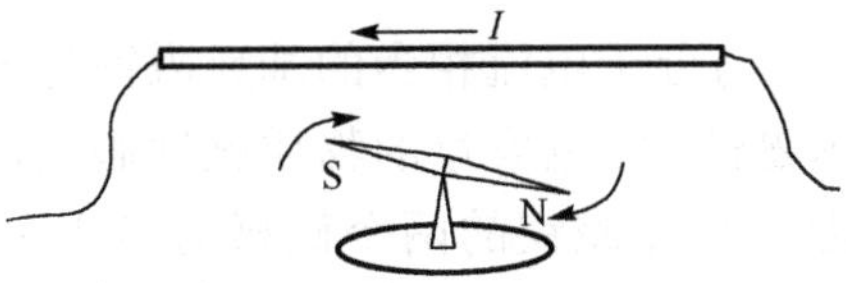

图 8-2 奥斯特实验——电流对磁针的作用

同年法国科学家安培发现，放在磁铁附近的载流导线及载流线圈也会受到力的作用而发生运动，如图 8-3 所示.

实验还发现，载流导线之间或载流线圈之间也有相互作用力. 例如，把两个线圈面对面挂在一起，当两电流的流向相同时，两线圈相互吸引，如图 8-4(a)所示；当两电流的流向相反时，两线圈相互排斥，如图 8-4(b)所示.

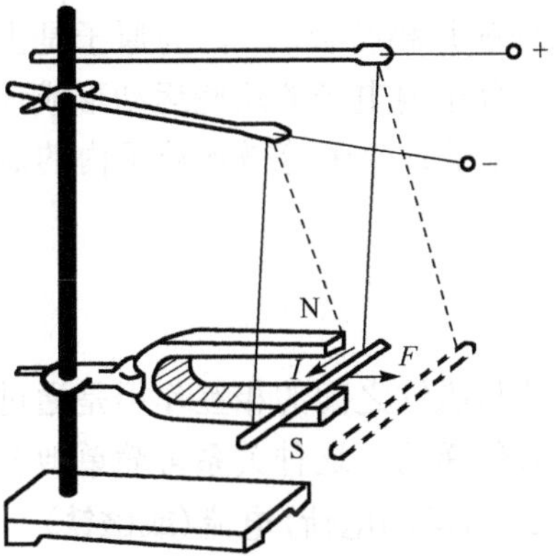

图 8-3 磁铁对电流的作用

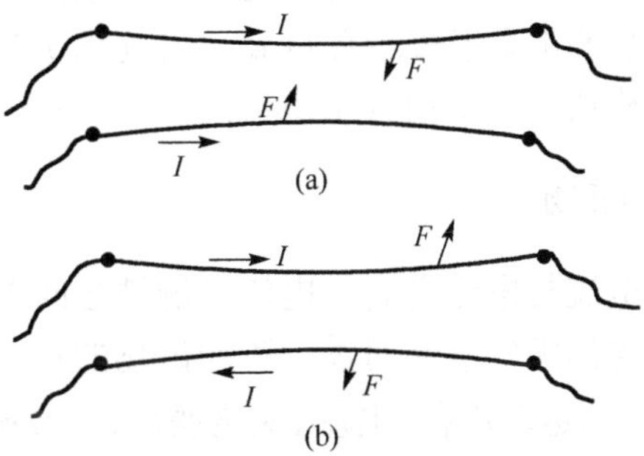

图 8-4 电流之间的相互作用

电子射线束在磁场中路径发生偏转的实验，进一步说明了通过磁场区域时运动电荷要受到力的作用，如图 8-5 所示.

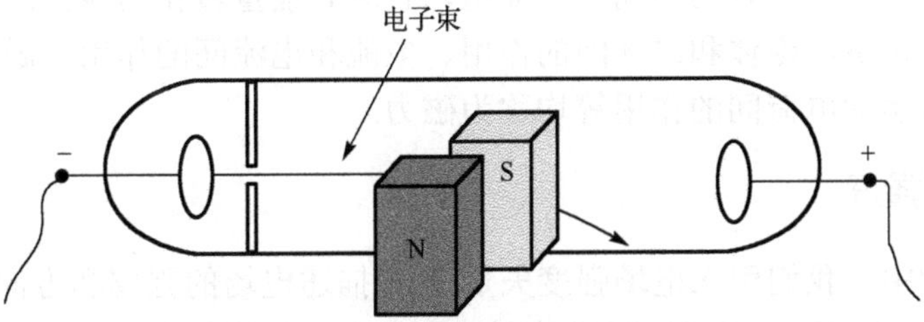

图 8-5 电子束在磁场中的偏转

上述各种实验现象启发人们去探寻磁现象的本质. 1822 年，安培提出了有关物质磁性本质的假说，他认为一切磁现象的根源是电流(运动电荷). 任何物质的分子中都存在圆形电流，称为分子电流，如图 8-6 所示. 分子电流相当于一个基元磁铁，当物体不显磁性时，各分子电流做无规则的排列. 它们对外界所产生的磁效应互相抵消. 在外磁场的作用下，与分子电流相当的基元磁铁趋向于沿外磁场方向取向，从而使整个物体对外显示磁性. 根据安培的物质磁性假说，也很容易说明两种磁极不能单独存在的原因. 因为基元磁铁的两个磁极对应于分子回路电流的正反两个面，这两个面显然是无法单独存在的.

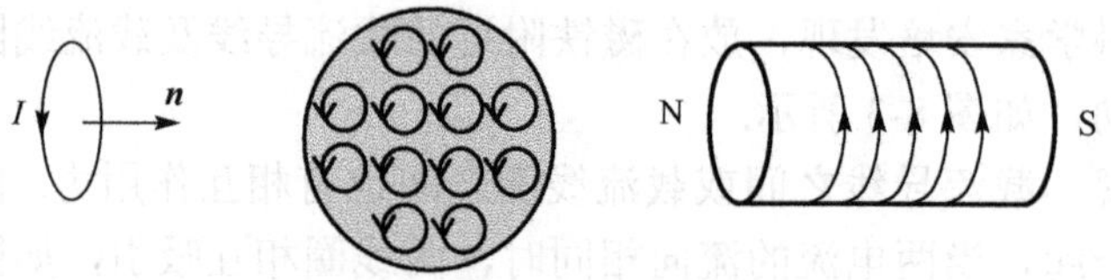

图 8-6　安培的分子电流假说

安培的分子电流假说与现代对物质磁性的理解是相符合的. 因为原子是由带正电的原子核和绕核旋转的电子所组成的，原子、分子内电子的这些运动形成环形电流. 电子和原子核还有自旋，自旋也引起磁性. 原子、分子等微观粒子内的这些运动就构成了等效的分子电流.

二、磁场

电流与电流之间，电流与磁铁之间以及磁铁与磁铁之间的相互作用是通过什么来传递的呢？它是通过一种叫磁场的特殊物质来传递的，这种关系可简单地表示为

(运动电荷)电流(或磁铁) ⇄ 磁场 ⇄ (运动电荷)电流(或磁铁)

磁场和电场一样，是客观存在的特殊形态的物质. 磁场对外界的重要表现是：

(1) 磁场对进入场中的运动电荷、电流或磁铁有磁力的作用；

(2) 载流导体在磁场中移动时，磁场的作用力将对载流导体做功，同时消耗其他形式的能量(如电能)，表明磁场具有能量，且具有能量转化的能力.

从广义上来讲，磁体和磁体间的作用、电流和电流间的作用、磁场与电流间的作用及磁场与运动电荷间的作用等均称为磁力.

三、磁感应强度

在静电学中，我们引入电场强度矢量 $\boldsymbol{E}$ 来描述电场的强弱和方向. 同样，我们引入磁感应强度矢量 $\boldsymbol{B}$ 来描述磁场的强弱和方向. 由于历史原因，该物理量没能够与电场强度对应地称作磁场强度.

因为磁场可以对置于其中的磁针、电流和运动电荷施力，所以目前有三种方式来定义磁感应强度 $\boldsymbol{B}$，且这三种方式是等价的.

这里我们用磁场对**运动电荷**的作用来定量地描述磁场的性质. 在磁场中引入运动电荷 q，其速度为 $\boldsymbol{v}$，实验发现：

(1)运动试探电荷所受的磁力 $\boldsymbol{F}$ (洛伦兹力)与速度 $\boldsymbol{v}$ 垂直;

(2)磁力大小正比于运动电荷的电量 q ;

(3)磁力大小正比于运动电荷的速率;

(4)磁力的大小与运动电荷速度的方向有关. 当速度沿着某一个特殊方向时，受力为零，而当速度垂直于该特殊方向时，受力最大 $F = F_{\max}$.

实验还表明，比值 $\dfrac{F_{\max}}{qv}$ 仅与运动电荷所在位置有关，即只与运动电荷所在处的磁场性质有关. 显然，比值 $\dfrac{F_{\max}}{qv}$ 的大小反映了各点处磁场的强弱. 我们规定磁感应强度矢量 $\boldsymbol{B}$ 的大小为

$$B = \frac{F_{\max}}{qv} \tag{8-1}$$

选定某特殊方向作为 $\boldsymbol{B}$ 的方向，可以通过右手螺旋定则来定，如图 8-7 所示. 由正电荷受力 $\boldsymbol{F}$ 的方向，沿着小于 π 的角度转向正电荷的运动速度的方向，螺旋前进的方向便是该点 $\boldsymbol{B}$ 的方向.

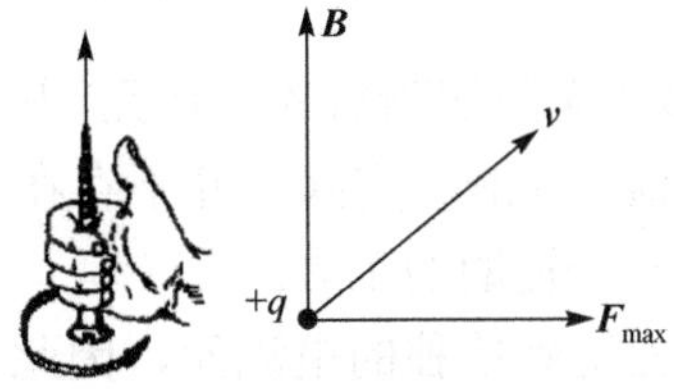

图 8-7 磁感应强度 $\boldsymbol{B}$ 的方向

后面我们可以看到，**洛伦兹力**的关系式为

$$\boldsymbol{F} = q\boldsymbol{v} \times \boldsymbol{B} \tag{8-2}$$

在国际单位制中，磁感应强度 $\boldsymbol{B}$ 的单位为特斯拉，简称特(T). 工程上还常用高斯作为磁感应强度的单位， $1\mathrm{T} = 10^4\mathrm{G}$ (高斯).

磁感应强度 $\boldsymbol{B}$ 是矢量，既有大小，又有方向，而且是空间的点函数. 实验结果表明，磁感应强度 $\boldsymbol{B}$ 也遵循叠加原理，即

$$\boldsymbol{B} = \sum_i \boldsymbol{B}_i \tag{8-3}$$

8.2 毕奥-萨伐尔定律

磁铁总是具有 N、S 两极，由于到目前为止，人们还没有找到单独存在的磁荷(磁

单极子)，因此无法获得类似静电场的库仑定律. 人们只能通过实验测量电流和电流之间的相互作用，并借助数学分析的手段来获得磁场的基本性质. 毕奥-萨伐尔定律是其中一个比较著名的定律，它给出了电流所激发的磁场分布.

一、毕奥-萨伐尔定律

电流分布不随时间变化的电流称为稳恒电流，它所激发的磁场叫做稳恒磁场.

在静电学中，任意形状的带电体所产生的电场强度 $\boldsymbol{E}$ 可以看成是许多电荷元 $\mathrm{d}q$ 所产生的电场强度 $\boldsymbol{E}$ 的叠加. 现在，我们研究任意形状的载流导线在给定点 P 处所产生的磁感应强度 $\boldsymbol{B}$，也可以看成是导线上各个电流元 $I\mathrm{d}\boldsymbol{l}$ 在该点处所产生的磁感应强度 $\mathrm{d}\boldsymbol{B}$ 的叠加，见图 8-8.

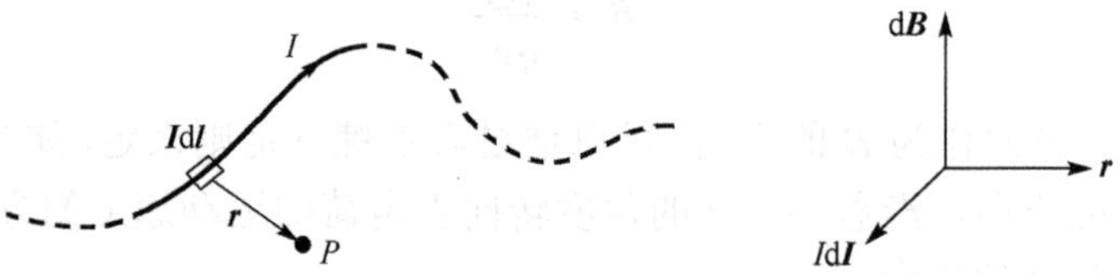

图 8-8　毕奥-萨伐尔定律

电流元 $I\mathrm{d}\boldsymbol{l}$ 是将载流导线 I 无限切割后的矢量元，其大小为导线电流与线段元的乘积，方向为此电流元处电流的流向. 实际上并不存在这样的电流元，所以它只是一个假设的模型，或者说是一个辅助的工具.

不过，由于实际上不可能得到单独的电流元，因此也无法直接从实验中找到单独的电流元与其所产生的磁感应强度之间的关系.

19 世纪 20 年代，法国科学家毕奥、萨伐尔两人研究和分析了很多实验资料，最后概括出一条有关电流产生磁场的基本定律，称为毕奥-萨伐尔定律.

任一电流元 $I\mathrm{d}\boldsymbol{l}$ 在给定点 P 所产生的磁感应强度 $\mathrm{d}\boldsymbol{B}$ 的表达式为

$$\mathrm{d}\boldsymbol{B}=\frac{\mu_0}{4\pi}\frac{I\mathrm{d}\boldsymbol{l}\times\boldsymbol{r}}{r^2} \tag{8-4}$$

式中，μ_0 称为**真空的磁导率**，$\mu_0=4\pi\times10^{-7}\,\mathrm{T\cdot m/A}$（或 H/m）；$\boldsymbol{r}$ 为电流元到场点 P 的位置矢量. **此式是毕奥-萨伐尔定律的微分形式.**

磁感应强度 $\mathrm{d}\boldsymbol{B}$ 的大小为 $\mathrm{d}B=\dfrac{\mu_0}{4\pi}\dfrac{I\mathrm{d}l\sin\theta}{r^2}$；方向：右手螺旋定则.

例题 8-1　确定磁感应强度的方向，如图 8-9 所示.

由叠加原理得知，任意形状的载流导线在给定点 P 产生的磁场，等于各段电流元在该点产生的磁场的矢量和，即

$$\boldsymbol{B}=\int_L \mathrm{d}\boldsymbol{B}=\frac{\mu_0}{4\pi}\int_L \frac{I\mathrm{d}\boldsymbol{l}\times\boldsymbol{r}}{r^2} \tag{8-5}$$

积分号下 L 表示对整个载流导线 L 进行积分. **此式是毕奥-萨伐尔定律的积分形式.**

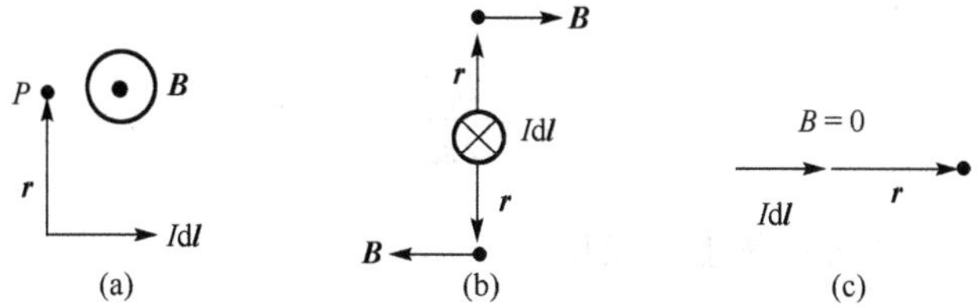

图 8-9 例题 8-1 图

虽然毕奥-萨伐尔定律不可能直接由实验验证，但是，由定律计算出的通电导线在场点产生的磁场和实验测量的结果符合得很好，从而间接地证实了毕奥-萨伐尔定律的正确性.

下面我们举几个应用毕奥-萨伐尔定律和磁场叠加原理计算载流导线所产生磁场的磁感应强度的例子.

1. *载流直导线的磁场*

如图 8-10 所示，设在其空中有一长为 L 的载流直导线，导线中的电流强度为 I，现计算与导线垂直距离为 a 的场点 P 处的磁感应强度.

解 在载流直导线上任取一电流元 $I\mathrm{d}\boldsymbol{l}$，电流元在给定点 P 处所产生的磁感应强度 $\mathrm{d}\boldsymbol{B}$ 的大小为

$$\mathrm{d}B=\frac{\mu_0}{4\pi}\frac{I\mathrm{d}l\sin\theta}{r^2}$$

$\mathrm{d}\boldsymbol{B}$ 的方向垂直于电流元 $I\mathrm{d}\boldsymbol{l}$ 与矢径 $\boldsymbol{r}$ 所决定的平面，如图 8-10 所示. 由于直导线上各电流元在 P 点所产生的磁感应强度的方向一致，故载流直导线在 P 点所产生的总磁感应强度大小为

$$B=\int_L \mathrm{d}B=\int_L \frac{\mu_0}{4\pi}\frac{I\mathrm{d}l\sin\theta}{r^2}$$

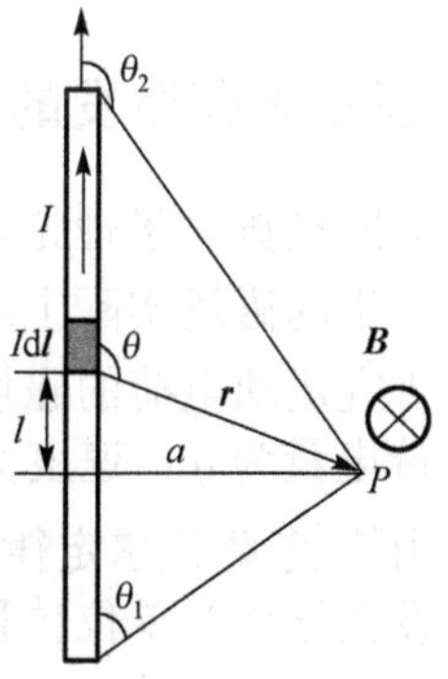

图 8-10 载流直导线的磁场

从图中可以看出

$$r=a\csc\theta,\ l=a\cot(\pi-\theta)=-a\cot\theta$$

对最后一式进行微分，得

$$\mathrm{d}l=a\csc^2\theta\mathrm{d}\theta$$

把以上各式代入积分式内，并按图中所示取积分下限为 θ_1，上限为 θ_2，得

$$B=\frac{\mu_0 I}{4\pi a}\int_{\theta_1}^{\theta_2}\sin\theta \mathrm{d}\theta=\frac{\mu_0 I}{4\pi a}(\cos\theta_1-\cos\theta_2)$$

如果载流直导线为“无限长”，即导线的长度L 比垂距a大得多（$L\gg a$），那么$\theta_1\to 0$，$\theta_2\to\pi$，得

$$B=\frac{\mu_0 I}{2\pi a}$$

2. 圆弧形电流在圆心产生的磁场

如图 8-11 所示，在真空中有一半径为R、圆心角为θ的圆弧形载流导线，通有电流I. 现计算在圆心O点的磁感应强度.

解　电流元$I\mathrm{d}\boldsymbol{l}$在$O$点所产生的磁感应强度$\mathrm{d}\boldsymbol{B}$的大小为

$$\mathrm{d}B=\frac{\mu_0}{4\pi}\frac{I\mathrm{d}l\sin 90^\circ}{r^2}=\frac{\mu_0}{4\pi}\frac{I\mathrm{d}l}{R^2}=\frac{\mu_0 IR\mathrm{d}\theta}{4\pi R^2}=\frac{\mu_0 I\mathrm{d}\theta}{4\pi R}$$

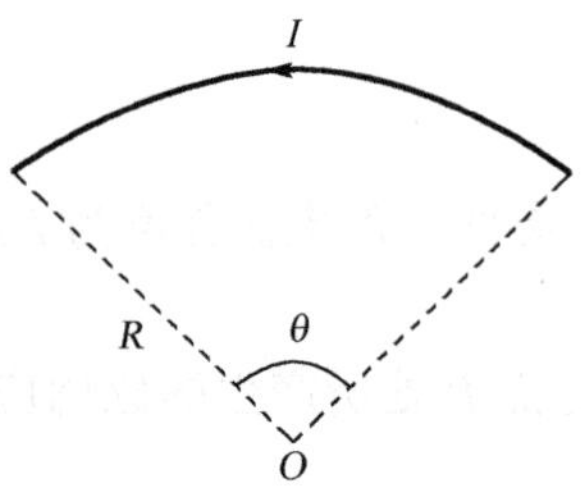

图 8-11　载流圆弧的磁场

各电流元在O点所产生的$\mathrm{d}\boldsymbol{B}$的方向相同，均垂直于纸面向外. 因此，O点总磁场$\boldsymbol{B}$的方向垂直于纸面向外，大小为

$$B=\int_0^{\theta}\mathrm{d}B=\int_0^{\theta}\frac{\mu_0 I\mathrm{d}\theta}{4\pi R}=\frac{\mu_0 I\theta}{4\pi R}$$

如果是载流圆周，则圆心点磁场大小为

$$B=\frac{\mu_0 I}{2R}$$

二、运动电荷激发的磁场

按照经典电子理论，导体中的电流就是大量带电粒子的定向运动. 由此可知，电流产生的磁场实际上就是运动电荷产生磁场的宏观表现.

研究运动电荷的磁场，在理论上就是研究毕奥-萨伐尔定律的微观意义. 那么，一个带电量为q，速度为$\boldsymbol{v}$的带电粒子在其周围空间产生的磁场分布是怎样的呢？可以由毕奥-萨伐尔定律导出.

设在导体的单位体积内有n个带电粒子，每个粒子带有电量q，以速度$\boldsymbol{v}$沿电流元$I\mathrm{d}\boldsymbol{l}$的方向做匀速运动而形成导体中的电流，如图 8-12 所示. 如果电流元的横截面为S，那么单位时间内通过截面S的电量，即电流强度I为

$$I=qnvS$$

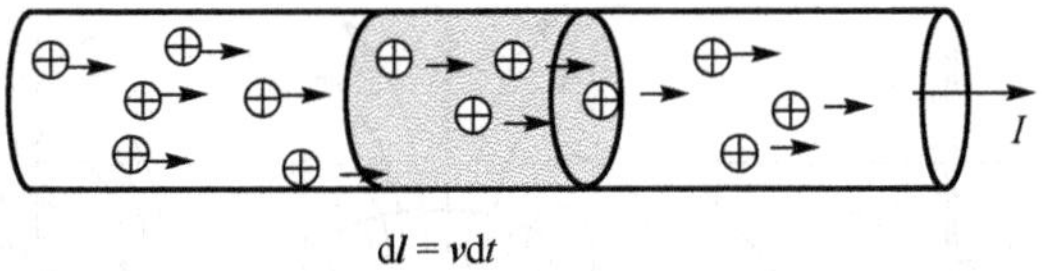

图 8-12 电流元的微观结构

在电流元 $I\mathrm{d}\boldsymbol{l}$ 内，有 $\mathrm{d}N = nS\mathrm{d}l$ 个带电粒子，因此，从微观意义上说，电流元 $I\mathrm{d}\boldsymbol{l}$ 产生的磁感应强度 $\mathrm{d}\boldsymbol{B}$ 就是 $\mathrm{d}N$ 个运动电荷所产生的. 这样，我们就可以得到以速度 $\boldsymbol{v}$ 运动的带电量为 q 的粒子所产生的磁感应强度 $\boldsymbol{B}$ 为

$$\boldsymbol{B} = \frac{\mathrm{d}\boldsymbol{B}}{\mathrm{d}N} = \frac{\mu_0}{4\pi}\frac{q\boldsymbol{v}\times\hat{\boldsymbol{r}}}{r^2} = \frac{\mu_0}{4\pi}\frac{q\boldsymbol{v}\times\boldsymbol{r}}{r^2} \tag{8-6}$$

$\boldsymbol{B}$ 的方向垂直于 $\boldsymbol{v}$ 和电荷 q 到场点的矢径 $\boldsymbol{r}$ 所决定的平面，而且 $\boldsymbol{B}$，$\boldsymbol{v}$ 和 $\boldsymbol{r}$ 三者的指向符合右手螺旋定则.

8.3 磁场中的高斯定理

一、磁感应线

类似于用电场线形象地描述静电场，也可以用磁感应线（$\boldsymbol{B}$ 线、磁力线）来形象地描述磁场. 在磁场中作一系列曲线，使曲线上每一点的切线方向都和该点的磁场方向一致. 同时，为了用磁感应线的疏密来表示所在空间各点磁场的强弱，还规定：通过磁场中某点处垂直于 $\boldsymbol{B}$ 矢量的单位面积的 $\boldsymbol{B}$ 线条数 $\mathrm{d}N$，等于该点 $\boldsymbol{B}$ 矢量的量值，即 $B = \dfrac{\mathrm{d}H}{\mathrm{d}S_\perp}$. 这样，磁场较强的地方，$\boldsymbol{B}$ 线较密；反之，$\boldsymbol{B}$ 线较疏.

几种不同形状的电流所产生的磁场的磁感应线分布如图 8-13 所示. 从磁感应线的图示中可以得出磁感应线的特性，如下所述.

(1) 磁场中每一条 $\boldsymbol{B}$ 线都是环绕电流的闭合曲线，而且每条闭合 $\boldsymbol{B}$ 线都与闭合电路互相套合，因此磁场是涡旋场.

(2) 任何两条 $\boldsymbol{B}$ 线在空间不相交，这是因为磁场中任一点的磁场方向都是唯一确定的.

(3) $\boldsymbol{B}$ 线的环绕方向与电流方向之间可以分别用右手定则表示. 若拇指指向电流方向，则四指方向即为 $\boldsymbol{B}$ 线方向，如图 8-13(a) 所示；若四指方向为电流方向，则拇指方向为 $\boldsymbol{B}$ 线方向，如图 8-12(b) 和 (c) 所示.

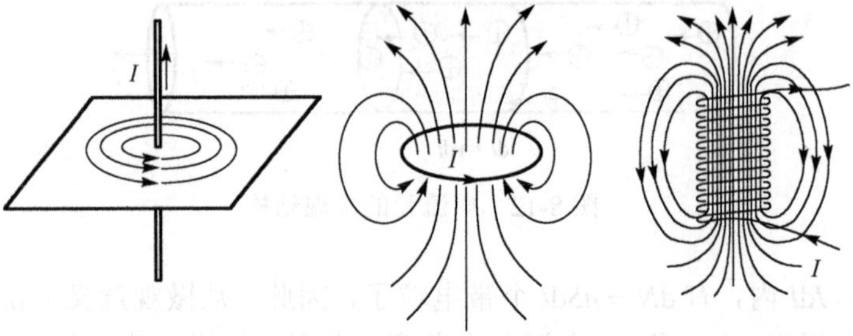

图 8-13　几种磁感应线的分布

二、磁通量

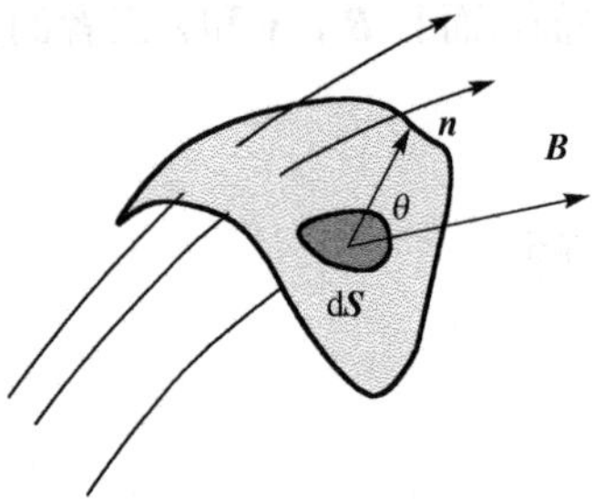

图 8-14　磁通量

穿过磁场中某一曲面的 $\boldsymbol{B}$ 线总数，称为穿过该曲面的磁通量，用符号 Φ_m 表示.

如图 8-14 所示，在非均匀磁场中，要通过积分计算穿过任一曲面 S 的磁通量，可在曲面 S 上取一面积元 $\mathrm{d}\boldsymbol{S}$ ，$\mathrm{d}\boldsymbol{S}$ 上的磁感应强度可视为是均匀的，面积元 $\mathrm{d}\boldsymbol{S}$ 可视为平面，若其法线方向的单位矢量 $\boldsymbol{n}$ 与该处的磁感应强度 $\boldsymbol{B}$ 成 θ 角，则通过 $\mathrm{d}\boldsymbol{S}$ 的磁通量为

$$\mathrm{d}\Phi_m = B\cos\theta \mathrm{d}S = \boldsymbol{B}\cdot\mathrm{d}\boldsymbol{S} \tag{8-7}$$

而通过曲面 $\boldsymbol{S}$ 的磁通量为

$$\Phi_m = \int_S \boldsymbol{B}\cdot\mathrm{d}\boldsymbol{S} \tag{8-8}$$

在国际单位制中，磁通量的单位为韦伯，符号为 Wb，$1\mathrm{Wb} = 1\mathrm{T}\cdot\mathrm{m}^2$.

三、磁场中的高斯定理

对闭合曲面 S 来说，我们通常取向外的指向为该面元法线的正方向. 因此，从闭合面穿出的磁通量为正，穿入闭合面的磁通量为负，由于 $\boldsymbol{B}$ 线是无头无尾的闭合曲线，所以穿过任意闭合曲面的总磁通量必为零，即

$$\oint_S \boldsymbol{B}\cdot\mathrm{d}\boldsymbol{S} = 0 \tag{8-9}$$

式(8-9)称为磁场的高斯定理①. 此式与静电学中的高斯定理 $\oint_S \boldsymbol{D}\cdot\mathrm{d}\boldsymbol{S} = \sum q_i$ 形式上

① 此定理可以通过毕奥-萨伐尔定律严格证明.

相似，但两者所反映的场在性质上却有本质的差别. 由于自然界有单独存在的自由正电荷或自由负电荷，因此通过闭合曲面的电通量可以不等于零；但在自然界中至今尚未发现有单独磁极存在，所以通过任意闭合曲面的磁通量必为零，即磁场是无源场.

8.4 安培环路定理

在静电场中，电场强度 $\boldsymbol{E}$ 的环流等于零，即 $\oint_L \boldsymbol{E}\cdot \mathrm{d}\boldsymbol{l}=0$，说明静电场是保守力场. 现在，我们研究稳恒电流的磁场，磁感应强度 $\boldsymbol{B}$ 的环流 $\oint_L \boldsymbol{B}\cdot \mathrm{d}\boldsymbol{l}$ 等于多少呢？

一、安培环路定理

如图 8-15(a)所示，在无限长直电流产生的磁场中，取与电流垂直的平面上的任一包围载流导线的闭合曲线 L，曲线上任一点 P 的磁感应强度 $\boldsymbol{B}$ 的大小为

$$B=\frac{\mu_0 I}{2\pi r}$$

式中，I 为载流直导线中的电流强度，r 为 P 点离导线的垂直距离. $\boldsymbol{B}$ 的方向在平面上且与矢径 $\boldsymbol{r}$ 垂直. 由图 8-15(b)可知

$$\mathrm{d}l\cos\theta=r\mathrm{d}\varphi$$

故磁感应强度 $\boldsymbol{B}$ 沿闭合曲线 L 的线积分为

$$\oint_L \boldsymbol{B}\cdot\mathrm{d}\boldsymbol{l}=\oint_L B\cos\theta\mathrm{d}l=\oint_L Br\mathrm{d}\varphi=\frac{\mu_0 I}{2\pi}\int_0^{2\pi}\mathrm{d}\varphi=\mu_0 I$$

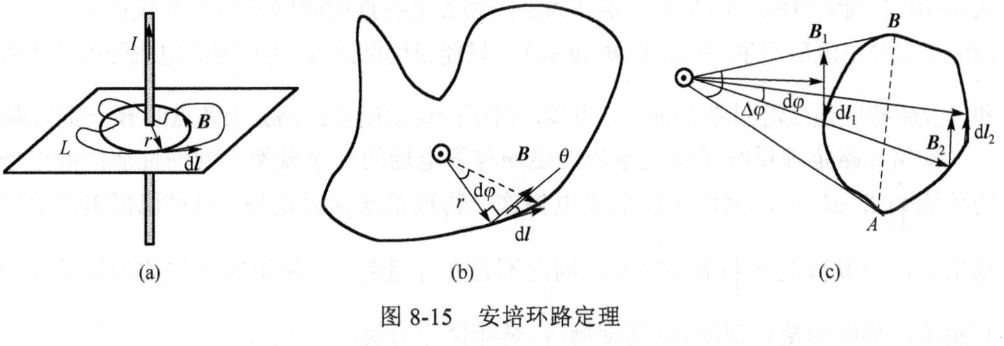

图 8-15 安培环路定理

如果使曲线积分的绕行方向反过来(或在图中，积分绕行方向不变，而电流方向反过来)，则上述积分将变为负值，即

$$\oint_L \boldsymbol{B}\cdot \mathrm{d}\boldsymbol{l} = -\mu_0 I$$

如图 8-15(c), 如果闭合回路不包围载流导线，上述积分将等于零，即

$$\oint_L \boldsymbol{B}\cdot \mathrm{d}\boldsymbol{l} = 0$$

如果闭合曲线 L 不在一个平面内，可以用通过 L 上各点且垂直于导线的各个平面作为参考，分别把每一段积分元 $\mathrm{d}\boldsymbol{l}$ 分解为在该平面内的分矢量 $\mathrm{d}\boldsymbol{l}_{\parallel}$ 及垂直于该平面的分矢量 $\mathrm{d}\boldsymbol{l}_{\perp}$，则

$$\boldsymbol{B}\cdot \mathrm{d}\boldsymbol{l} = \boldsymbol{B}\cdot(\mathrm{d}\boldsymbol{l}_{\perp} + \mathrm{d}\boldsymbol{l}_{\parallel}) = B\cos 90^\circ \mathrm{d}l_{\perp} + B\cos\theta \mathrm{d}l_{\parallel} = 0 \pm \frac{\mu_0 I}{2\pi r} r\,\mathrm{d}\varphi = \pm\frac{\mu_0 I}{2\pi}\mathrm{d}\varphi$$

式中，“±”号取决于子积分回路的绕行方向与电流方向的关系，则积分结果仍为

$$\oint_L \boldsymbol{B}\cdot \mathrm{d}\boldsymbol{l} = \mu_0 I$$

以上讨论虽然是对长直载流导线而言，但其结论具有普遍性. 对于任意的稳恒电流所产生的磁场，闭合回路 L 也不一定是平面曲线，并且穿过闭合回路的电流还可以有许多个，都具有与我们上面的讨论相同的特性. 这一具有普遍规律性的关系式称为**安培环路定理**，可表述如下：

在真空中的恒定电流磁场中，磁感应强度 $\boldsymbol{B}$ 沿任意闭合曲线 L 的线积分(也称 $\boldsymbol{B}$ 矢量的环流)，等于穿过这个闭合曲线的所有电流强度(即穿过以闭合曲线为边界的任意曲面的电流强度)的代数和的 μ_0 倍. 其数学表达式为

$$\oint_L \boldsymbol{B}\cdot \mathrm{d}\boldsymbol{l} = \mu_0 \sum I_i \tag{8-10}$$

式中，对于 L 内的电流的正负，我们作这样的规定：当穿过回路 L 的电流方向与回路 L 的绕行方向符合右手螺旋定则时，I 为正；反之，I 为负. 如果 I 不穿过回路 L，则对式(8-10)右端无贡献，但是不能误认为沿回路 L 上各点的磁感应强度 $\boldsymbol{B}$ 仅由 L 内所包围的那部分电流所产生. 如果 $\oint_L \boldsymbol{B}\cdot \mathrm{d}\boldsymbol{l} = 0$，只能说明回路 L 所包围的电流强度的代数和以及磁感应强度沿回路 L 的环流为零，而不能说明闭合回路 L 上各点的 $\boldsymbol{B}$ 一定为零.

安培环路定理反映了恒定电流的磁场与静电场的一个截然不同的性质：静电场的环流 $\oint_L \boldsymbol{E}\cdot \mathrm{d}\boldsymbol{l} = 0$，因而可以引进电势这一物理量来描述电场. 但对稳恒电流的磁场来说，一般情况下 $\oint_L \boldsymbol{B}\cdot \mathrm{d}\boldsymbol{l} \neq 0$，因此不存在标量势. 环流不等于零的矢量场称为有旋场，故磁场是有旋场(或涡旋场)，是非保守力场.

例题 8-2　写出如图 8-16 所示几种情况下磁感应强度的环流.

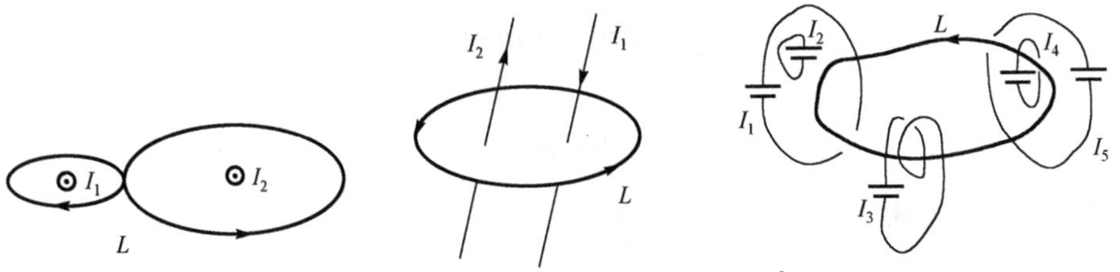

$\oint_L B\cdot dl=\mu_0(I_2-I_1)$　　$\oint_L B\cdot dl=\mu_0(I_2-I_1)$　　$\oint_L B\cdot dl=\mu_0(-I_1-2I_3-I_5)$

(a)　　(b)　　(c)

图 8-16　例题 8-2 图

二、安培环路定理的应用

应用安培环路定理可较为简便地计算某些具有特定对称性的载流导线的磁场分布. 尽管安培环路定理是无条件存在的，但是应用该定理求 B 是有条件的. 要求电流分布高度对称，只有如下三种情况：无限长电流(线、柱)、无限长直螺线管和螺绕环.

1. *长直载流螺线管内的磁场分布*

设有一长直螺线管，每单位长度上密绕 n 匝线圈，通过每匝线圈的电流强度为 I，求管内某点 P 的磁感应强度. 可以证明：由于螺线管相当长，管内中央部分的磁场是均匀的，方向与螺线管轴线平行，管外侧的磁场沿着与轴线垂直的圆周方向且与管内磁场相比很微弱，可忽略不计.

为了计算管内某点 P 的磁感应强度，过 P 点作一矩形回路 $abcda$，如图 8-17 所示，则磁感应强度沿此闭合回路的环流为

$$\oint_L \boldsymbol{B}\cdot d\boldsymbol{l}=\int_a^b \boldsymbol{B}\cdot d\boldsymbol{l}+\int_b^c \boldsymbol{B}\cdot d\boldsymbol{l}+\int_c^d \boldsymbol{B}\cdot d\boldsymbol{l}+\int_d^a \boldsymbol{B}\cdot d\boldsymbol{l}$$

因为管外侧的磁场忽略不计，管内磁场沿着轴线方向，所以

$$\oint_L \boldsymbol{B}\cdot d\boldsymbol{l}=\int_{ab} \boldsymbol{B}\cdot d\boldsymbol{l}=B\overline{ab}$$

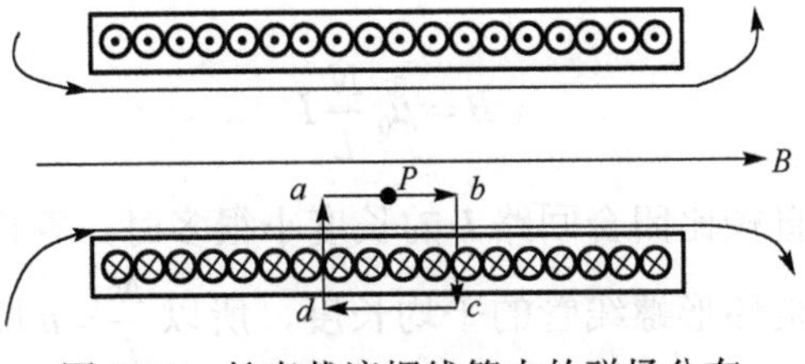

图 8-17　长直载流螺线管内的磁场分布

闭合回路 $abcda$ 所包围的电流强度的代数和为 $\overline{ab}nI$，根据安培环路定理，得

$$B\overline{ab} = \mu_0 \overline{ab} nI$$

故

$$B = \mu_0 nI$$

2. 环形载流螺线管内的磁场分布

均匀密绕在环形管上的线圈形成螺线管，称为螺绕环，如图 8-18(a)所示. 当线圈密绕时，可认为磁场几乎全部集中在管内，管内的磁力线都是同心圆. 在同一条磁力线上，**B** 的大小相等，方向是该圆形磁力线的切线方向.

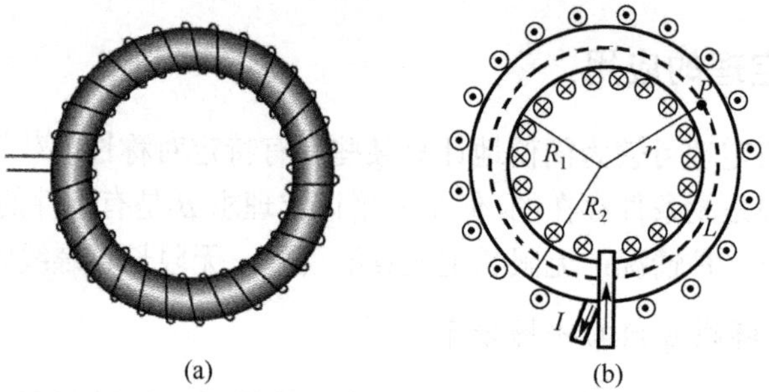

图 8-18 环形载流螺线管内的磁场分布

现在计算管内任一点 P 的磁感应强度. 如图 8-18(b)，在环形螺线管内取过 P 点的磁力线 L 作为闭合回路，则有

$$\oint_L \boldsymbol{B} \cdot \mathrm{d}\boldsymbol{l} = B\oint_L \mathrm{d}l = BL$$

式中，L 是闭合回路的长度.

设环形螺线管共有 N 匝线圈，每匝线圈的电流为 I，则闭合回路 L 所包围的电流强度的代数和为 NI，由安培环路定理，得

$$\oint_L \boldsymbol{B} \cdot \mathrm{d}\boldsymbol{l} = BL = \mu_0 NI$$

即

$$B = \mu_0 \frac{N}{L} I$$

当环形螺线管截面的直径比闭合回路 L 的长度小很多时，管内的磁场可近似地认为是均匀的，L 可认为是环形螺线管的平均长度，所以 $\frac{N}{L} = n$ 即为单位长度上的线圈匝数，因此

$$B = \mu_0 nI$$

3. “无限长”载流圆柱导体内外磁场的分布

设载流导体为一“无限长”直圆柱形导体，半径为 R，电流 I 均匀地分布在导体的横截面上，如图 8-19(a)所示. 显然，场源电流相对中心轴线对称分布，因此，其产生的磁场相对柱体中心轴线也有对称性，磁感应线是一组分布在垂直于轴线的平面上并以轴线为中心的同心圆，与圆柱轴线等距离处的磁感应强度 $\boldsymbol{B}$ 的大小相等，方向与电流构成右手螺旋关系.

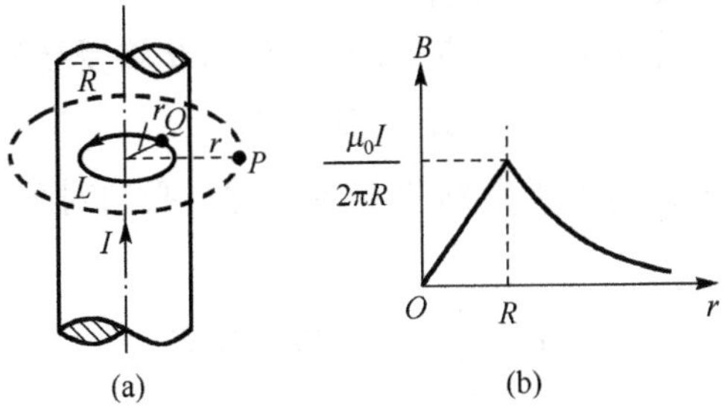

图 8-19 载流圆柱导体内外磁场的分布

现在计算圆柱体外任一点 P 的磁感应强度. 设点 P 与轴线的距离为 r，过 P 点沿 $\boldsymbol{B}$ 线方向作圆形回路，则 $\boldsymbol{B}$ 沿此回路的环流为

$$\oint_L \boldsymbol{B}\cdot \mathrm{d}\boldsymbol{l} = \oint_L B\mathrm{d}l = B\oint_L \mathrm{d}l = 2\pi rB$$

再应用安培环路定理得

$$2\pi rB = \mu_0 I$$

求得

$$B = \frac{\mu_0 I}{2\pi r} \quad (r > R)$$

显然，这也是“无限长”载流直导线产生的磁场.

再计算圆柱体内任一点 Q 的磁场. 取过 Q 点的磁感应线为积分回路，包围在这一回路之内的电流为 $\frac{I}{\pi R^2}\pi r^2$，所以

$$\oint_L \boldsymbol{B}\cdot \mathrm{d}\boldsymbol{l} = 2\pi rB = \mu_0 \frac{I}{\pi R^2}\pi r^2$$

求得

$$B = \frac{\mu_0 Ir}{2\pi R^2} \quad (r < R)$$

可见在圆柱体内，磁感应强度 $\boldsymbol{B}$ 的大小与离轴线的距离 r 成正比；而在圆柱体外，$\boldsymbol{B}$ 的大小与离轴线的距离 r 成反比. 图 8-19(b)给出了 B-r 的上述关系.

8.5　磁场对载流导线的作用

一、安培定律

磁场对载流导线的作用力即磁力，通常称为**安培力**. 其基本规律是安培由大量实验结果总结出来的，故称为**安培定律**.

如图 8-20 所示，位于磁场中某点处的电流元 $I\mathrm{d}\boldsymbol{l}$ 将受到磁场的作用力 $\mathrm{d}\boldsymbol{F}$ 为

$$\mathrm{d}\boldsymbol{F} = I\mathrm{d}\boldsymbol{l} \times \boldsymbol{B} \tag{8-11a}$$

计算一给定载流导线在磁场中所受到的安培力时，必须对各个电流元所受的力 $\mathrm{d}\boldsymbol{F}$ 求矢量和，即

$$\boldsymbol{F} = \oint_L \mathrm{d}\boldsymbol{F} = \oint_L I\mathrm{d}\boldsymbol{l} \times \boldsymbol{B} \tag{8-11b}$$

由于单独的电流元不能获取，因此无法用实验直接证明安培定律. 但是用式(8-11)，我们可以计算各种形状的载流导线在磁场中所受的安培力，结果都与实验相符合.

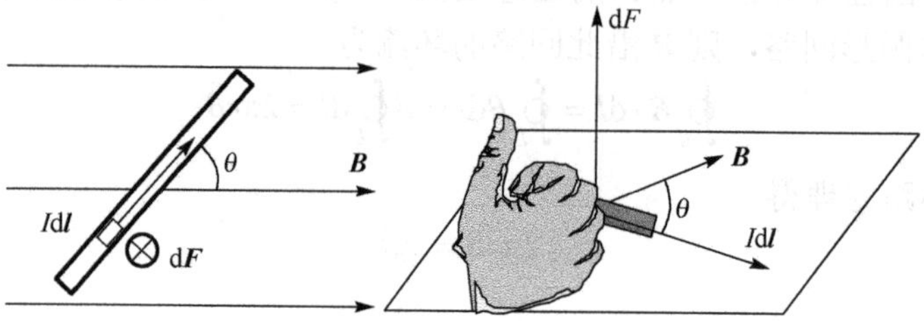

图 8-20　安培力

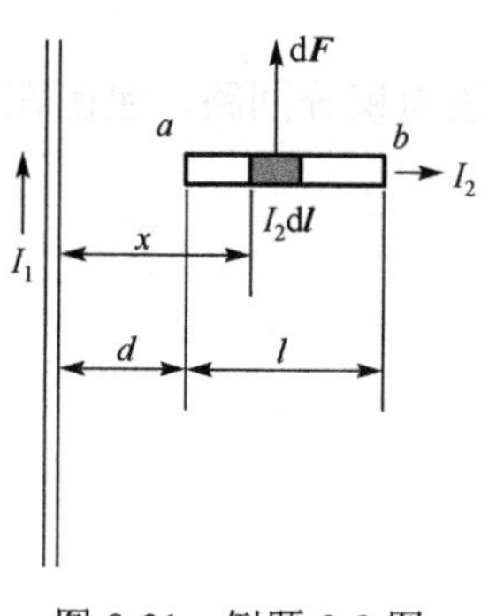

图 8-21　例题 8-3 图

例题 8-3　无限长载有电流 I_1 的直导线旁有一共面的长度为 l、电流为 I_2 的导线，后者与前者垂直且近端与长直导线的距离为 d，如图 8-21 所示. 求后者所受的安培力.

解　在电流为 I_2 的导线上取电流元 $I_2\mathrm{d}\boldsymbol{l}$，距长直导线距离为 x，长直电流在此处产生的磁场方向垂直纸面向内，大小为

$$B = \frac{\mu_0 I_1}{2\pi x}$$

则电流元 $I_2\mathrm{d}\boldsymbol{l}$ 受力 $\mathrm{d}\boldsymbol{F} = I_2\mathrm{d}\boldsymbol{l} \times \boldsymbol{B}$ 的方向垂直导线 l 向上，大小为

$$\mathrm{d}F = I_2\mathrm{d}lB = I_2\mathrm{d}l\frac{\mu_0 I_1}{2\pi x}$$

并且各电流元受力 $\mathrm{d}\boldsymbol{F}$ 的方向相同，所以导线 I_2 上所受的总磁力为

$$F = \int_d^{d+l}\frac{\mu_0 I_1 I_2 \mathrm{d}l}{2\pi x} = \int_d^{d+l}\frac{\mu_0 I_1 I_2 \mathrm{d}x}{2\pi x} = \frac{\mu_0 I_1 I_2}{2\pi}\ln\frac{d+l}{d}$$

$\boldsymbol{F}$ 的方向垂直于导线 l 向上.

二、电流单位“安培”的定义

设有两根相距为 a 的无限长平行直导线，分别通有同方向的电流 I_1 和 I_2，现在计算两根导线每单位长度所受的磁场力.

如图 8-22 所示，在导线 I_2 上取一电流元 $I_2\mathrm{d}\boldsymbol{l}_2$，由毕奥-萨伐尔定律可知，载流导线 I_1 在 $I_2\mathrm{d}\boldsymbol{l}_2$ 处产生的磁感应强度 $\boldsymbol{B}_1$ 的大小为

$$B_1 = \frac{\mu_0 I_1}{2\pi a}$$

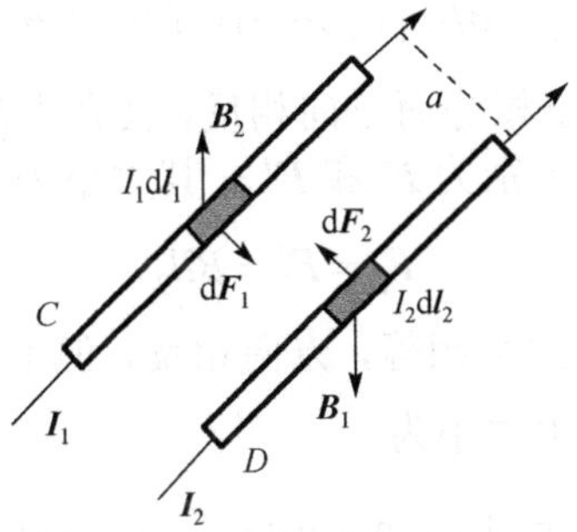

图 8-22 无限长载流直导线的相互作用力

$\boldsymbol{B}_1$ 的方向如图 8-22 所示，垂直于两导线所在的平面. 由安培定律得，电流元 $I_2\mathrm{d}\boldsymbol{l}_2$ 所受安培力大小为

$$\mathrm{d}F_2 = B_1 I_2\mathrm{d}l_2 = \frac{\mu_0 I_1 I_2}{2\pi a}\mathrm{d}l_2$$

$\mathrm{d}\boldsymbol{F}_2$ 的方向在平行两导线所在的平面内，垂直于导线 I_2，并指向导线 I_1. 所以，载流导线 I_2 每单位长度所受安培力大小为

$$\frac{\mathrm{d}F_2}{\mathrm{d}l_2} = \frac{\mu_0 I_1 I_2}{2\pi a} \tag{8-12a}$$

同理，可得载流导线 I_1 每单位长度所受的安培力大小为

$$\frac{\mathrm{d}F_1}{\mathrm{d}l_1} = \frac{\mu_0 I_1 I_2}{2\pi a} \tag{8-12b}$$

方向指向导线I_2. 由此可知，两平行直导线中的电流流向相同时，两导线通过磁场的作用而相互吸引；两导线中的电流流向相反时，两导线通过磁场的作用而相互排斥，斥力与引力大小相等.

在国际单位制中，规定电流强度的基本单位为安培. 由式(8-12)，安培的定义如下：放在真空中的两条无限长平行直导线，各通有相等的稳恒电流，当两导线相距 1m，每一导线每米长度上受力为2×10^{-7} N 时，各导线中的电流强度为 1A.

三、磁场对载流线圈的作用

设在磁感应强度为$\boldsymbol{B}$的均匀磁场中，有一刚性矩形线圈，线圈的边长分别为l_1、l_2，电流强度为I，如图 8-23(a)所示. 当线圈法线的方向$\boldsymbol{n}$(其方向与电流流向满足右手螺旋定则)与磁场$\boldsymbol{B}$的方向成φ角(线圈平面与磁场的方向成θ角，$\theta-\varphi=\dfrac{\pi}{2}$)时，由安培定律，导线$bc$和$da$所受的安培力大小分别为

$$F_1 = BIl_1\sin\theta$$

$$F_1' = BIl_1\sin(\pi-\theta) = BIl_1\sin\theta$$

这两个力在同一直线上，大小相等而方向相反，其合力为零. 而导线ab和cd都与磁场垂直，它们所受的安培力分别为$\boldsymbol{F}_2$和$\boldsymbol{F}_2'$，其大小为

$$F_2 = F_2' = BIl_2$$

如图 8-23(b)所示，$\boldsymbol{F}_2$和$\boldsymbol{F}_2'$大小相等，方向相反，但不在同一直线上，形成一力偶. 因此，载流线圈所受的磁力矩大小为

$$M = F_2\frac{l_1}{2}\cos\theta + F_2'\frac{l_1}{2}\cos\theta = BIl_1l_2\cos\theta = BIS\cos\theta = BIS\sin\varphi$$

式中，$S=l_1l_2$表示线圈平面的面积. 如果线圈有N匝，那么线圈所受磁力矩的大小为

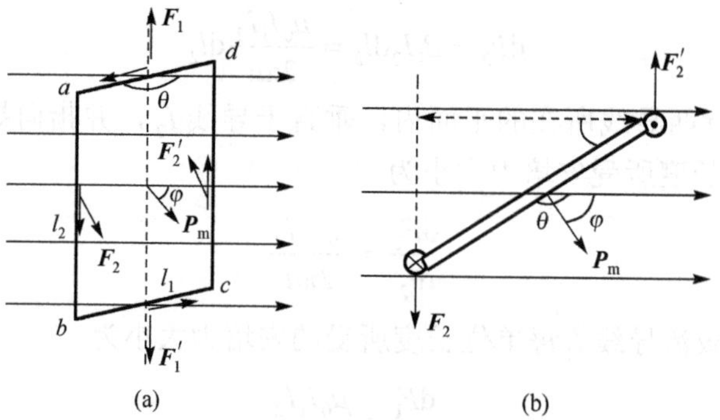

图 8-23　磁场对载流线圈的作用力

$$M = NBIS\sin\varphi = P_{\mathrm{m}}B\sin\varphi \tag{8-13}$$

式中，$P_{\mathrm{m}} = NIS$ 就是线圈磁矩的大小. 磁矩是矢量，方向为线圈法线方向 $\boldsymbol{n}$，用 $\boldsymbol{P}_{\mathrm{m}}$ 表示，所以式(8-13)写成矢量式为

$$\boldsymbol{M} = \boldsymbol{P}_{\mathrm{m}} \times \boldsymbol{B} \tag{8-14}$$

$\boldsymbol{M}$ 的方向与 $\boldsymbol{P}_{\mathrm{m}} \times \boldsymbol{B}$ 的方向一致.

式(8-13)和式(8-14)不仅对矩形线圈成立，对于在均匀磁场中任意形状的载流平面线圈也同样成立. 甚至，由于带电粒子沿闭合回路的运动以及带电粒子的自旋所具有的磁矩，带电粒子在磁场中所受的磁力矩作用均可用式(8-14)来描述.

下面讨论几种特殊情况，见图 8-24.

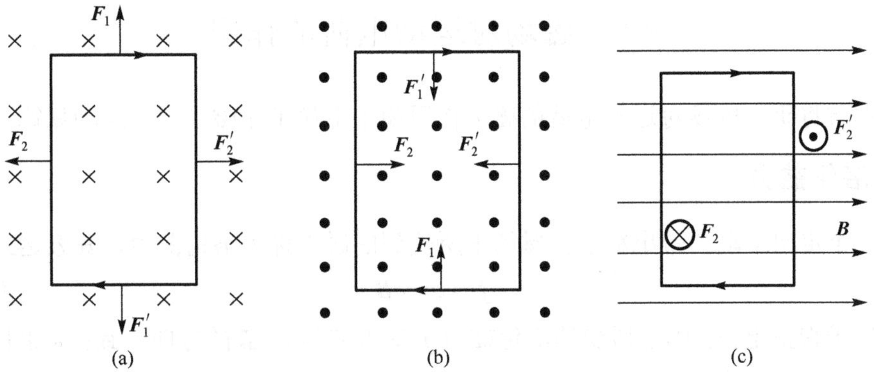

图 8-24 载流线圈所受磁力矩

(1) 当 $\varphi = 0$ 时，线圈平面与 $\boldsymbol{B}$ 垂直，$\boldsymbol{P}_{\mathrm{m}}$ 与 $\boldsymbol{B}$ 同方向，线圈所受磁力矩为零，此时线圈处于稳定平衡状态，如图 8-24(a)所示.

(2) 当 $\varphi = \pi$ 时，线圈平面与 $\boldsymbol{B}$ 垂直，但 $\boldsymbol{P}_{\mathrm{m}}$ 与 $\boldsymbol{B}$ 反向，线圈所受磁力矩也为零，这时线圈处于非稳定平衡位置. 所谓非稳定平衡位置是指，一旦外界扰动使线圈稍稍偏离这一平衡位置，磁场对线圈的磁力矩作用就将使线圈继续偏离，直到 $\boldsymbol{P}_{\mathrm{m}}$ 转向 $\boldsymbol{B}$ 的方向(即线圈达到稳定平衡状态)时为止，如图 8-24(b)所示.

(3) 当 $\varphi = \dfrac{\pi}{2}$ 时，线圈平面与 $\boldsymbol{B}$ 平行，$\boldsymbol{P}_{\mathrm{m}}$ 与 $\boldsymbol{B}$ 垂直，线圈所受的磁力矩最大，其值为 $M = NBIS$，这时磁力矩有使 φ 减小的趋势，如图 8-24(c)所示.

从上面的讨论可知，平面载流刚性线圈在均匀磁场中，由于只受磁力矩作用，因此只发生转动，而不会发生整个线圈的平动.

磁场对载流线圈作用力矩的规律是制成各种电动机和电流计的基本原理. 图 8-25 给出了直流电动机及其原理示意图.

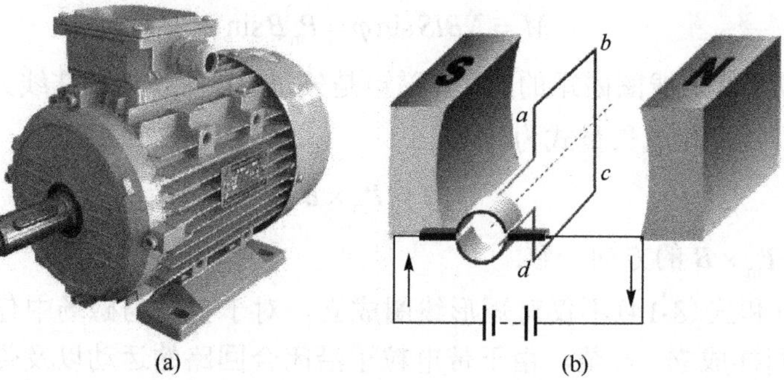

(a) (b)

图 8-25 直流电动机及其原理示意图

8.6 磁场对运动电荷的作用

本节将研究磁场对运动电荷的磁力作用和带电粒子在磁场中的运动规律.

一、洛伦兹力

一个定向运动的带电粒子在磁场中所受到的磁力称为**洛伦兹力**，其表达式为

$$\boldsymbol{f}=q\boldsymbol{v}\times\boldsymbol{B} \tag{8-15}$$

如果粒子带正电荷，则它所受的洛伦兹力 $\boldsymbol{f}$ 的方向与 $\boldsymbol{v}\times\boldsymbol{B}$ 的方向一致；如果粒子带负电荷，洛伦兹力的方向与正电荷的情形相反，如图 8-26 所示.

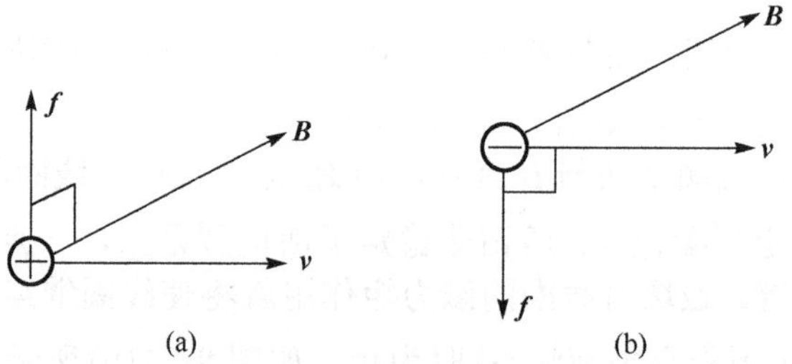

(a) (b)

图 8-26 洛伦兹力

由式(8-15)中可以看出，洛伦兹力 $\boldsymbol{f}$ 总是与带电粒子运动速度 $\boldsymbol{v}$ 的方向垂直，即有 $\boldsymbol{f}\cdot\boldsymbol{v}=0$，因此洛伦兹力不能改变运动电荷速度的大小(即洛伦兹力对运动电荷不做功)，只能改变速度的方向，使带电粒子的运动路径弯曲.

载流导线上所受的安培力本质上是导线内载流子(相对导线运动)所受的洛伦兹力的宏观表现. 导线内载流子(电子和晶格点阵)在外磁场作用下运动会产生新的效应，详见本节的霍尔效应.

带电粒子在同时存在电场和磁场的空间运动时，所受合力为

$$\boldsymbol{F} = q(\boldsymbol{E} + \boldsymbol{v} \times \boldsymbol{B}) \tag{8-16}$$

上式称为**洛伦兹关系式**，它包含电场力 $q\boldsymbol{E}$ 与磁场力(洛伦兹力) $q\boldsymbol{v} \times \boldsymbol{B}$ 两部分.

二、带电粒子在匀强磁场中的运动

设有一匀强磁场，磁感应强度为 $\boldsymbol{B}$，一电量为 q、质量为 m 的粒子以速度 $\boldsymbol{v}$ 进入磁场. 在磁场中粒子受到洛伦兹力，其运动方程为

$$\boldsymbol{f} = q\boldsymbol{v} \times \boldsymbol{B} = m\frac{\mathrm{d}\boldsymbol{v}}{\mathrm{d}t} \tag{8-17}$$

下面分三种情况进行讨论.

1) $\boldsymbol{v}$ 与 $\boldsymbol{B}$ 平行或反平行

当带电粒子的运动速度 $\boldsymbol{v}$ 与 $\boldsymbol{B}$ 同向或反向时，如图 8-27(a) 所示作用于带电粒子的洛伦兹力等于零，故带电粒子仍做匀速直线运动，不受磁场的影响.

2) $\boldsymbol{v}$ 与 $\boldsymbol{B}$ 垂直

若带电粒子以速度 $\boldsymbol{v}$ 沿垂直于磁场的方向进入一匀强磁场 $\boldsymbol{B}$ 中，如图 8-27(b) 所示，此时洛伦兹力 $\boldsymbol{F}$ 的方向始终与速度 $\boldsymbol{v}$ 垂直，故带电粒子将在 $\boldsymbol{F}$ 与 $\boldsymbol{v}$ 所组成的平面内做匀速率圆周运动. 洛伦兹力即为向心力，其运动方程为

$$qvB = m\frac{v^2}{R}$$

可求得轨道半径(又称回旋半径)为

$$R = \frac{mv}{qB} \tag{8-18}$$

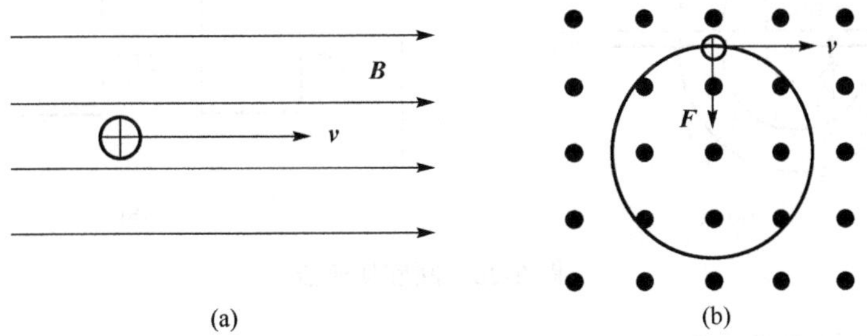

图 8-27　带电粒子在磁场中的运动

由上式可知，对于一定的带电粒子(即 $\frac{q}{m}$ 一定)，当它在均匀磁场中运动时，其轨道半径 R 与带电粒子的速度值成正比. 此外，还可求得粒子在圆周轨道上绕行一周所需的时间(即周期)为

$$T=\frac{2\pi R}{v}=\frac{2\pi m}{qB} \tag{8-19}$$

T 的倒数即粒子在单位时间内绕圆周轨道转过的圈数，称为带电粒子的回旋频率，用 ν 表示为

$$\nu=\frac{1}{T}=\frac{qB}{2\pi m} \tag{8-20}$$

以上两式表明，带电粒子在垂直于磁场方向的平面内做圆周运动时，其周期 T 和回旋频率 ν 只与磁感应强度 $\boldsymbol{B}$ 及粒子本身的质量 m 和所带的电量 q 有关，而与粒子的速度及回旋半径无关. 也就是说，同种粒子在同样的磁场中运动时，快速粒子在半径大的圆周上运动，慢速粒子在半径小的圆周上运动，但它们绕行一周所需的时间都相同. 这是带电粒子在磁场中做圆周运动的一个显著特征.

回旋加速器(图 8-28)就是根据这一特征设计制造的.

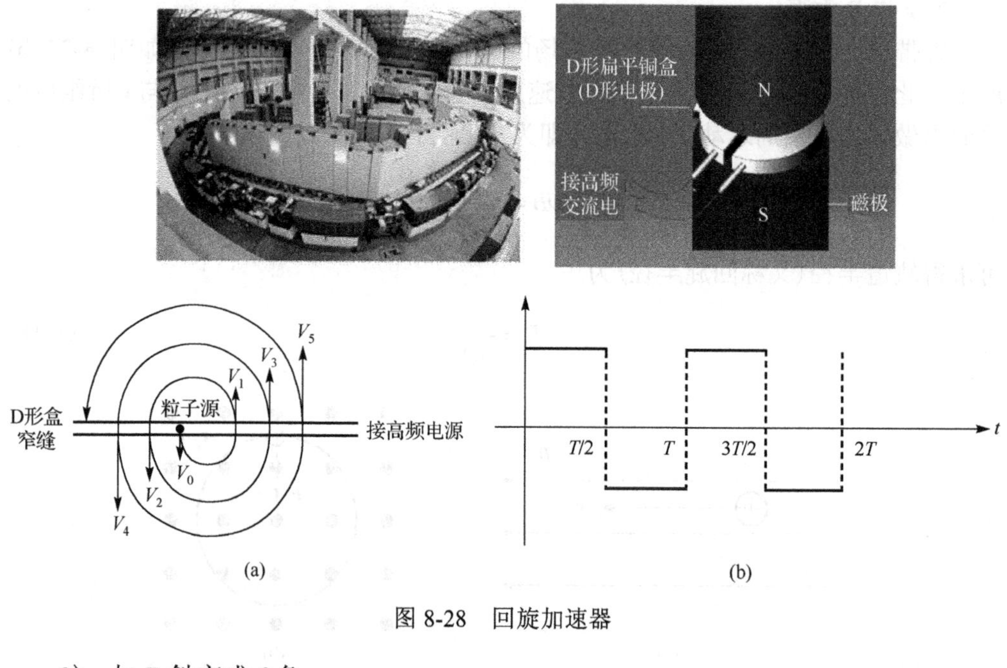

图 8-28　回旋加速器

3) $\boldsymbol{v}$ 与 $\boldsymbol{B}$ 斜交成 θ 角

当带电粒子的运动速度 $\boldsymbol{v}$ 与磁场 $\boldsymbol{B}$ 成 θ 角时，可将 $\boldsymbol{v}$ 分解为与 $\boldsymbol{B}$ 垂直的速度分量 $v_{\perp}=v\sin\theta$ 和与 $\boldsymbol{B}$ 平行的速度分量 $v_{\parallel}=v\cos\theta$. 根据上面的讨论可知，在垂直于磁场的方向，由于具有分速度 $v_{\perp}$，磁场力将使粒子在垂直于 $\boldsymbol{B}$ 的平面内做匀速率圆周运动；在平行于磁场的方向上，磁场对粒子没有作用力，粒子以速度分量 $\boldsymbol{v}_{\parallel}$ 做匀速直线运动. 使带电粒子在均匀磁场中做等螺距的螺旋线运动，如图 8-29 所示，此时

螺旋线的半径为

$$R=\frac{mv_{\perp}}{qB}=\frac{mv\sin\theta}{qB}$$

螺旋周期为

$$T=\frac{2\pi R}{v_{\perp}}=\frac{2\pi m}{qB}$$

螺距为

$$h=v_{\parallel}T=v\cos\theta T=\frac{2\pi mv\cos\theta}{qB} \tag{8-21}$$

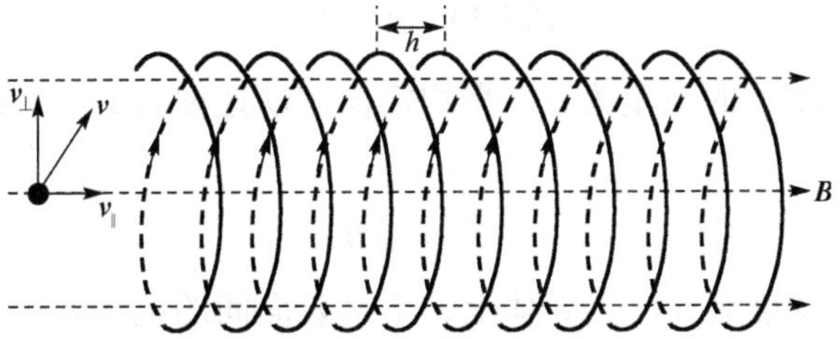

图 8-29　螺旋线运动

带电粒子在磁场中的螺旋线运动，广泛地应用于“磁聚焦”技术. 磁聚焦的作用与光学中的透镜类似，因此也称之为磁透镜. 在显像管、电子显微镜及各种真空器件中，常用磁透镜来聚焦电子束.

三、霍尔效应

将一导体板放在垂直于板面的磁场 $\boldsymbol{B}$ 中，如图 8-30(a)所示. 当有电流 I 沿着垂直于 $\boldsymbol{B}$ 的方向通过导体时，在金属板上下两表面 M 和 N 之间就会出现横向电势差 U_{H}. 这种现象是美国物理学家霍尔在 1879 年首先发现的，称为**霍尔效应**. 电势差 U_{H} 称为霍尔电势差(或叫霍尔电压). 霍尔电势差 U_{H} 与电流强度 I 及磁感应强度 $\boldsymbol{B}$ 的大小成正比，与导体板的厚度 d 成反比，即

$$U_{\mathrm{H}}=R_{\mathrm{H}}\frac{IB}{d} \tag{8-22}$$

式中 R_{H} 是仅与导体材料有关的常数，称为霍尔系数.

霍尔电势差的产生是运动电荷在磁场中受到洛伦兹力作用的结果. 因为导体中的电流是载流子定向运动形成的，如果做定向运动的带电粒子是负电荷，则它所受

的洛伦兹力 $\boldsymbol{f}_{\mathrm{m}}$ 的方向如图 8-30(b)所示，结果使导体的上表面 M 聚集负电荷，下表面 N 聚集正电荷，在 M、N 两表面间产生方向向上的电场. 当这个电场对带电粒子的电场力 $\boldsymbol{f}_{\mathrm{e}}$ 正好与磁场 $\boldsymbol{B}$ 对带电粒子的洛伦兹力 $\boldsymbol{f}_{\mathrm{m}}$ 相平衡时，达到稳定状态，此时上、下两面的电势差 $U_M - U_N$ 就是霍尔电压 U_{H}.

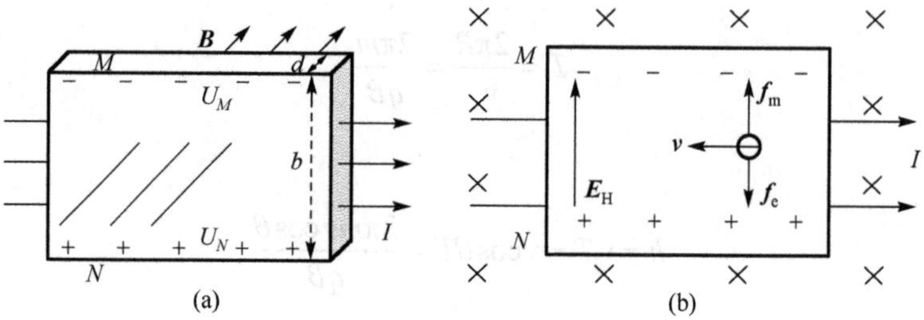

图 8-30　霍尔效应

设在导体内载流子的电量为 q，平均定向运动速度为 $\boldsymbol{v}$，它在磁场中所受的洛伦兹力大小为

$$f_{\mathrm{m}} = qvB$$

如果导体板的宽度为 b，当导体上、下两表面间的电势差为 $U_M - U_N$ 时，带电粒子所受的电场力大小为

$$f_{\mathrm{e}} = qE = q\frac{U_M - U_N}{b}$$

由平衡条件有

$$qvB = q\frac{U_M - U_N}{b}$$

则导体上、下两表面间的电势差为

$$U_{\mathrm{H}} = U_M - U_N = bvB \tag{8-23}$$

设导体内载流子数密度为 n，于是 $I = nqvbd$，将其代入上式可得

$$U_{\mathrm{H}} = \frac{1}{nq}\frac{IB}{d} \tag{8-24}$$

将上式与式(8-23)比较，得霍尔系数

$$R_{\mathrm{H}} = \frac{1}{nq} \tag{8-25}$$

上式表明，霍尔系数的数值决定于每个载流子所带的电量 q 和载流子的浓度 n，其正负取决于载流子所带电荷的正负. 若 q 为正，则 $R_{\mathrm{H}} > 0$，$U_M - U_N > 0$；若 q 为负，则 $R_{\mathrm{H}} < 0$，$U_M - U_N < 0$. 由实验测定霍尔电势差或霍尔系数后，就可判定载流子带

的是正电荷还是负电荷. 也可用此方法来判定半导体是空穴型的(p 型)还是电子型的(n 型). 此外，根据霍尔系数的大小，还可测定载流子的浓度.

一般金属导体中的载流子就是自由电子，其浓度很大，所以金属材料的霍尔系数很小，相应的霍尔电压也很弱. 但在半导体材料中，载流子浓度 n 很小，因而半导体材料的霍尔系数与霍尔电压比金属大得多，故实际中大多采用半导体霍尔效应.

近年来，霍尔效应已在测量技术、电子技术、自动化技术、计算技术等各个领域中得到越来越普遍的应用. 例如，我国已制造出多种半导体材料的霍尔元件(图 8-31)，可以用来测量磁感应强度、电流、压力、转速等，还可以用于放大、振荡、调制、检波等方面，也可以用于电子计算机中的计算元件等.

(a)　　　　(b)

图 8-31　霍尔元件

思　考　题

8-1　在同一磁感应线上，各点 $\boldsymbol{B}$ 的数值是否都相等？为何不把作用于运动电荷的磁力方向定义为磁感应强度 $\boldsymbol{B}$ 的方向？

8-2　在电场中，规定正检验电荷受力的方向为电场强度 E 的方向，而在磁场中，为什么不把磁感应强度 $\boldsymbol{B}$ 的方向规定为运动电荷在磁场中受力的方向？

8-3　用安培环路定理能否求有限长一段载流直导线周围的磁场？

8-4　如何理解磁场是一个无源场？既然无源，磁场是如何产生的？

8-5　电动机是如何工作的？你是否可以设计一款简单的电动机？

练　习　题

8-1　已知磁感应强度为 $B = 2.0\text{Wb/m}^2$ 的均匀磁场，方向沿 x 轴正方向，如

图 8-32 所示. 试求：(1)通过 $abcd$ 面的磁通量；(2)通过 $befc$ 面的磁通量；(3)通过 $aefd$ 面的磁通量.

8-2 如图 8-33 所示，AB、CD 为长直导线，BC 为圆心在 O 点的一段圆弧形导线，其半径为 R. 若通以电流 I，求 O 点的磁感应强度.

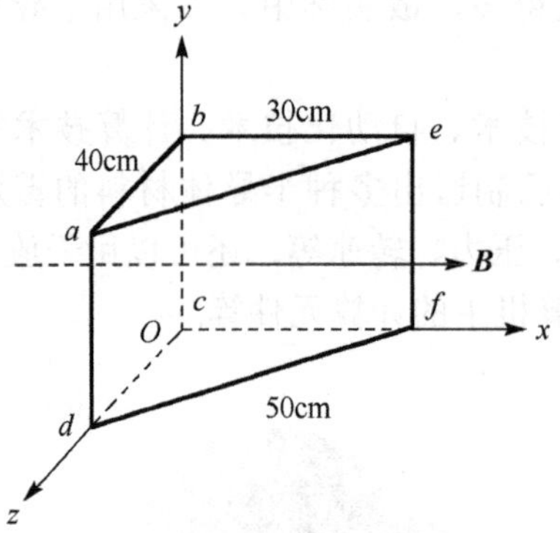

图 8-32 练习题 8-1 图

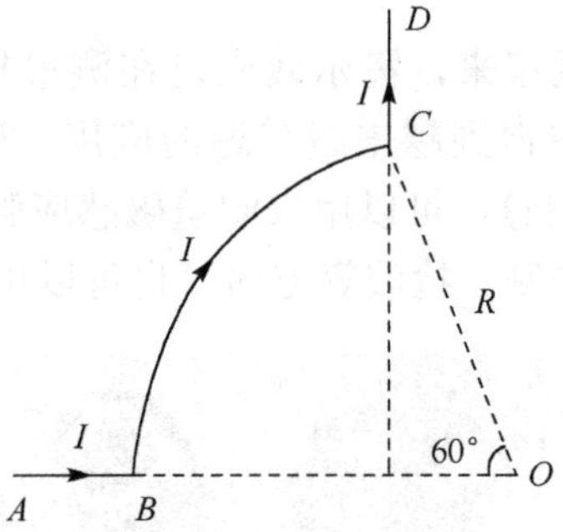

图 8-33 练习题 8-2 图

8-3 设图 8-34 中两导线中的电流均为 8A，对图示的三条闭合曲线 a，b，c，分别写出安培环路定理等式右边电流的代数和. 并讨论：

(1)在各条闭合曲线上，各点的磁感应强度 $\boldsymbol{B}$ 的大小是否相等？

(2)在闭合曲线 c 上各点的 $\boldsymbol{B}$ 是否为零？为什么？

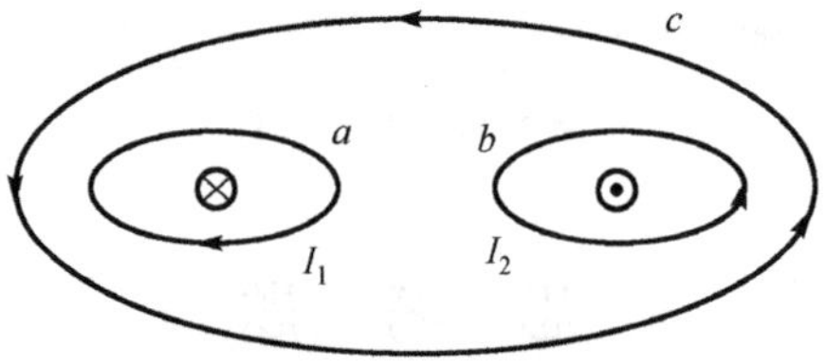

图 8-34 练习题 8-3 图

8-4 一根很长的同轴电缆，由一导体圆柱(半径为 a)和一同轴的导体圆管(内、外半径分别为 b、c)构成，如图 8-35 所示. 使用时，电流 I 从一导体流去，从另一导体流回. 设电流都是均匀地分布在导体的横截面上，求：(1)导体圆柱内($r<a$)；(2)两导体之间($a<r<b$)；(3)导体圆筒内($b<r<c$)；(4)电缆外($r>c$)各点处磁感应强度的大小.

8-5 在磁感应强度为 $\boldsymbol{B}$ 的均匀磁场中，垂直于磁场方向的平面内有一段载流弯曲导线，电流为 I，如图 8-36 所示. 求其所受的安培力.

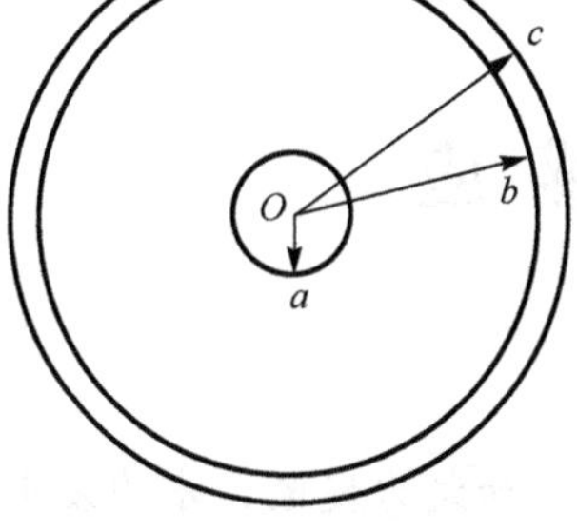

图 8-35　练习题 8-4 图

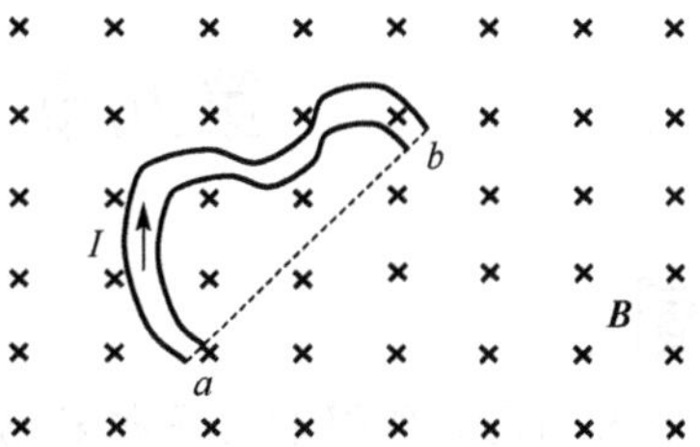

图 8-36　练习题 8-5 图

8-6　如图 8-37 所示，在长直导线 AB 内通有电流 $I_1 = 20\text{A}$，在矩形线圈 $CDEF$ 中通有电流 $I_2 = 10\text{A}$，AB 与线圈共面，且 CD、EF 都与 AB 平行. 已知 $a = 9.0\text{cm}$，$b = 20.0\text{cm}$，$d = 1.0\text{cm}$，求：

(1) 导线 AB 的磁场对矩形线圈每边所作用的力；

(2) 矩形线圈所受合力和合力矩.

8-7　一长直导线通有电流 $I_1 = 20\text{A}$，旁边放一导线 ab，其中通有电流 $I_2 = 10\text{A}$，且两者共面，如图 8-38 所示. 求导线 ab 所受的作用力对 O 点的力矩.

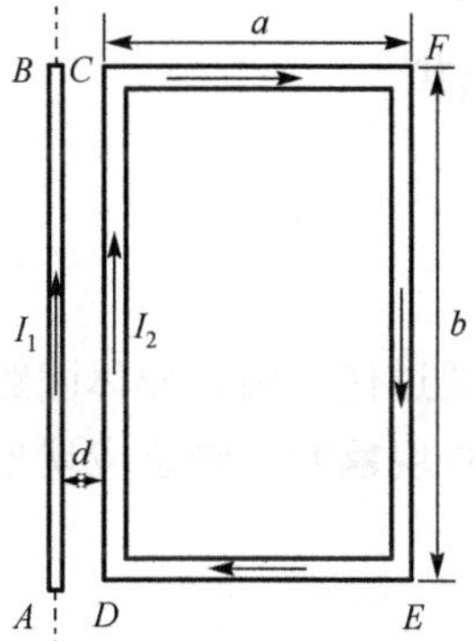

图 8-37　练习题 8-6 图

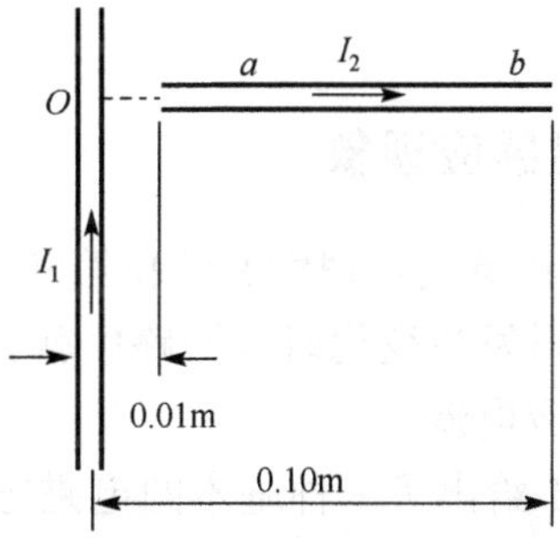

图 8-38　练习题 8-7 图

第九章　电 磁 感 应

小问题

当前人们已经能够利用多种发电方式进行发电，如火力发电、水力发电、风力发电等，市面上还有一些手摇式发电机，这些发电机的工作原理是什么？

电流能够激发磁场，能否用磁场来产生电流呢？许多人在这方面做了大量实验. 1831 年英国物理学家法拉第发现了电磁感应现象. 本章首先对电磁感应现象及其规律进行描述，然后介绍产生机制不同的两类感应电动势——动生电动势和感生电动势，最后根据磁场变化的来源介绍自感应和互感应现象.

电磁感应现象的发现，是电磁学领域中最重大的成就之一. 它揭示了电与磁相互联系和转化的重要一面，为电工学和电子技术奠定了基础，为人类获得巨大而廉价的电能和进入无线电通信的信息时代开辟了道路.

9.1　电磁感应定律

一、电磁感应现象

1831 年英国物理学家法拉第从实验中发现，当通过任一闭合导体回路所包围面积的磁通量发生变化时，回路中就会产生电流，这种现象叫电磁感应现象，产生的电流叫感应电流.

图 9-1 给出了三种基本的电磁感应现象.

(1) 当磁棒移近并插入线圈时，与线圈串联的电流计上有电流通过；磁棒拔出时，电流计上的电流方向相反. 磁棒相对线圈的速度越快，线圈中产生的电流越大.

(2) 把接有电流计的、一边可滑动的导线框放在均匀的恒定磁场中，可滑动的一边运动时线框中有电流.

(3) 把一个闭合线圈放在均匀的恒定磁场中，当线圈绕其中心轴发生转动时，线圈中有电流.

回路中有感应电流的根本原因是电路中有电动势，直接由电磁感应得到的电动势叫感应电动势. 如果回路不闭合，当磁通量发生变化时，回路中也能产生感应电动势，但是不会形成感应电流.

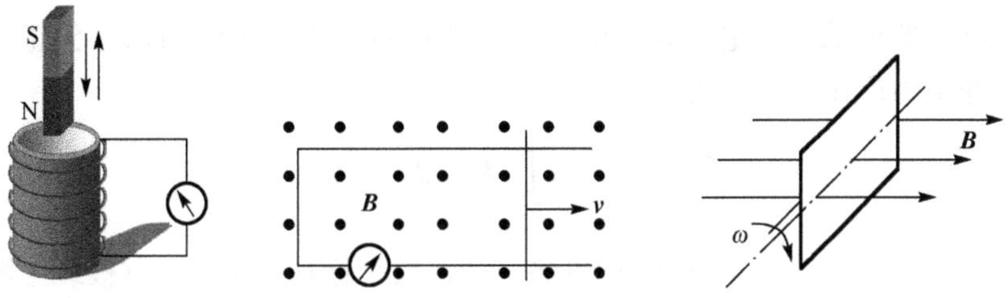

(a)　　(b)　　(c)

图 9-1　基本的电磁感应现象

二、电动势

任何闭合回路中的电流都会消耗电能，给闭合回路中的电流提供电能的装置叫做电源. 电源一般有两极，电势较高的极称为正极，电势较低的极称为负极；电源外的电路称为外电路，电源内的电路称为内电路，内外电路连接成闭合回路.

我们以带电电容器放电时产生的电流为例来讨论. 如图 9-2 所示，当用导线把充电的电容器两极板 A 和 B 连接起来时，就有电流从 A 板通过导线流向 B 板，但这个电流不是稳定的，因为两个极板上的正负电荷逐渐中和而减少，极板间的电势差也逐渐减小直至为零，所以电流就停止了. 因此，单纯依靠静电力的作用，在导体两端不可能维持恒定的电势差，也就不可能获得稳恒电流.

为了获得稳恒电流，必须有一种本质上完全不同于静电性的力，把图 9-2 中的极板 A 经导线流向极板 B 的正电荷再送回极板 A，从而使两极板间保持恒定的电势差来维持由 A 到 B 的稳恒电流，如图 9-3 所示.

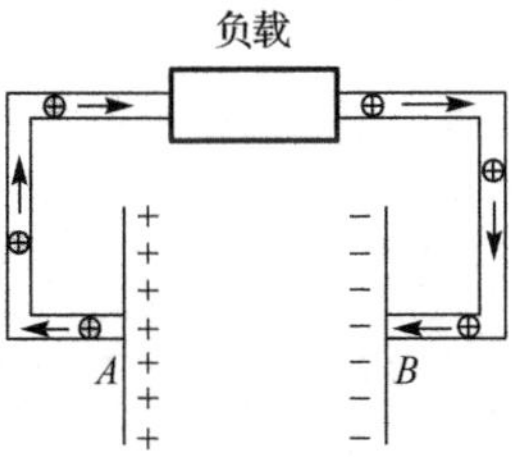

图 9-2　电容器的放电

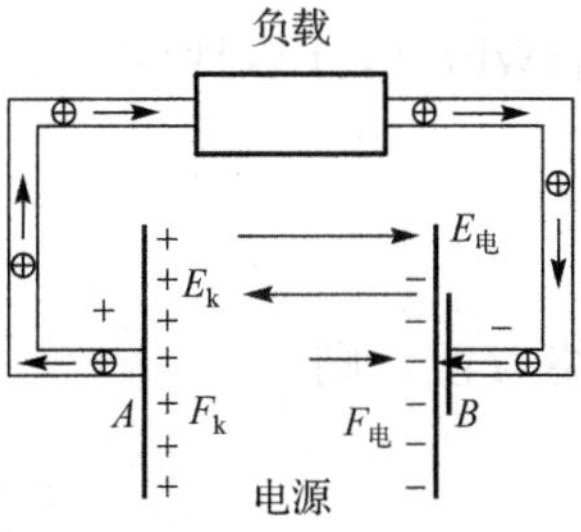

图 9-3　电源

能把正电荷从电势较低的点(如电源负极板)送到电势较高的点(如电源正极板)的作用力称为非静电力，记作 $\boldsymbol{F}_k$. 提供非静电力的装置是电源.

作用在单位正电荷上的非静电力称为非静电场场强，记作

$$\boldsymbol{E}_k = \frac{\boldsymbol{F}_k}{q} \tag{9-1}$$

一个电源的电动势ε定义为把电位正电荷从负极通过电源内部移到正极时，电源中的非静电力所做的功，即

$$\varepsilon=\int_{-}^{+}\boldsymbol{E}_{\mathrm{k}}\cdot\mathrm{d}\boldsymbol{l} \tag{9-2}$$

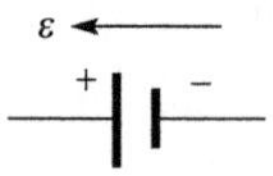

图 9-4　电动势的图例

电动势与电势一样，也是标量. 规定自负极经电源内部到正极的方向为电动势的正方向，如图 9-4 所示.

由于电源外部E_{k}为零，所以电源电动势又可定义为把单位正电荷绕闭合回路一周时，电源中非静电力所做的功，即

$$\varepsilon=\oint_{L}\boldsymbol{E}_{\mathrm{k}}\cdot\mathrm{d}\boldsymbol{l} \tag{9-3}$$

三、法拉第电磁感应定律

电磁感应现象中出现的电动势叫做感应电动势. 因而，当穿过闭合回路的磁通量(磁感应强度$\boldsymbol{B}$的通量)发生变化时，回路中将产生感应电动势. 法拉第提出的电磁感应定律为：不论何原因使通过回路面积的磁通量Φ_{m}发生变化时，回路中产生的感应电动势ε_{i}与磁通量对时间的变化率成正比，即

$$\varepsilon_{\mathrm{i}}=-K\frac{\mathrm{d}\Phi_{\mathrm{m}}}{\mathrm{d}t} \tag{9-4}$$

式中，K为比例系数，其值取决于式中各量采用的单位. 在 SI 制中，ε_{i}以伏特(V)计，Φ_{m}以韦伯(Wb)计，t以秒(s)计，则$K=1$，所以

$$\varepsilon_{\mathrm{i}}=-\frac{\mathrm{d}\Phi_{\mathrm{m}}}{\mathrm{d}t} \tag{9-5}$$

若线圈密绕N匝，则

$$\varepsilon_{\mathrm{i}}=-N\frac{\mathrm{d}\Phi_{\mathrm{m}}}{\mathrm{d}t}=-\frac{\mathrm{d}\Psi_{\mathrm{m}}}{\mathrm{d}t} \tag{9-6}$$

其中，$\Psi_{\mathrm{m}}=N\Phi_{\mathrm{m}}$叫磁通链.

式(9-5)中的负号反映了感应电动势的方向. 使用该式时，先在闭合回路上任意规定一个正绕向，并用右手螺旋定则确定回路所包围的面积的正法线$\boldsymbol{n}$的方向，如图 9-5 所示. 于是磁通量Φ_{m}、磁通量变化率$\frac{\mathrm{d}\Phi_{\mathrm{m}}}{\mathrm{d}t}$和感应电动势$\varepsilon_{\mathrm{i}}$的正负均可确定. 例如，磁场方向与$\boldsymbol{n}$方向相同，即磁通量为正值，此时若磁通量增加，则$\frac{\mathrm{d}\Phi_{\mathrm{m}}}{\mathrm{d}t}>0$，

$\varepsilon_{\rm i}<0$，表示感应电动势$\varepsilon_{\rm i}$的方向与规定的正绕向相反；若此时磁通量减少，则$\dfrac{{\rm d}\Phi_{\rm m}}{{\rm d}t}<0$，$\varepsilon_{\rm i}>0$，表示感应电动势$\varepsilon_{\rm i}$的方向与规定的正绕向相同. 磁通量的其他变化情况可作类似分析.

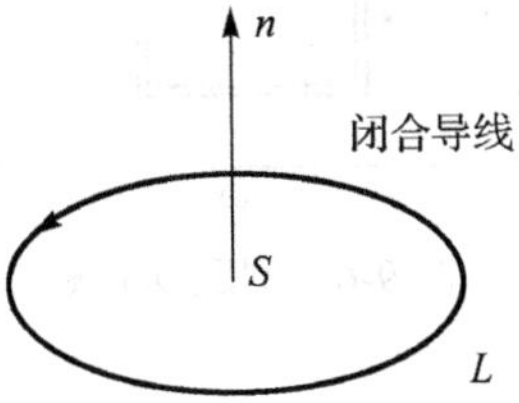

图 9-5 闭合回路与面积法向方向之间的右手螺旋关系

对于只有电阻R的回路，感应电流为

$$i=\frac{\varepsilon_{\rm i}}{R}=-\frac{1}{R}\frac{{\rm d}\Phi_{\rm m}}{{\rm d}t} \tag{9-7}$$

由式(9-7)可确定感应电流的大小.

在t_1到t_2的一段时间内通过回路导线中任一截面的感应电量为

$$q=\int_{t_1}^{t_2}i{\rm d}t=-\frac{1}{R}\int_{\Phi_{\rm m1}}^{\Phi_{\rm m2}}{\rm d}\Phi_{\rm m}=\frac{1}{R}(\Phi_{\rm m1}-\Phi_{\rm m2}) \tag{9-8}$$

式中，$\Phi_{\rm m1}$和$\Phi_{\rm m2}$分别是时刻t_1和t_2通过回路的磁通量. 上式表明，在一段时间内通过导线任一截面的电量与这段时间内导线所包围面积的磁通量的变化量成正比，而与磁通量变化的快慢无关. 常用的测量磁感应强度的磁通计(又称高斯计)就是根据这个原理制成的.

例题 9-1 一根无限长的直导线载有交流电流$i=I_0\sin\omega t$，旁边有一共面矩形线圈$abcd$，如图 9-6 所示. $ab=l_1$，$bc=l_2$，ab与直导线平行且相距为l. 求线圈中的感应电动势.

解 取矩形线圈沿顺时针$abcda$方向为回路正绕向，则回路面积的法向方向垂直纸面向里，所以通过该矩形的磁通量为

$$\Phi_{\rm m}=\int_s \boldsymbol{B}\cdot{\rm d}\boldsymbol{S}=\int_l^{l+l_2}\frac{\mu_0 i}{2\pi x}l_1{\rm d}x=\frac{\mu_0 i l_1}{2\pi}\ln\frac{l+l_2}{l}$$

所以，线圈中的感应电动势为

$$\varepsilon_i=-\frac{{\rm d}\Phi_{\rm m}}{{\rm d}t}=-\frac{\mu_0 l_1\omega}{2\pi}I_0\cos\omega t\ln\frac{l+l_2}{l}$$

可见，ε_i也是随时间作周期性变化的，$\varepsilon_i>0$表示矩形线圈中感应电动势沿顺时针方向，$\varepsilon_i<0$表示沿逆时针方向.

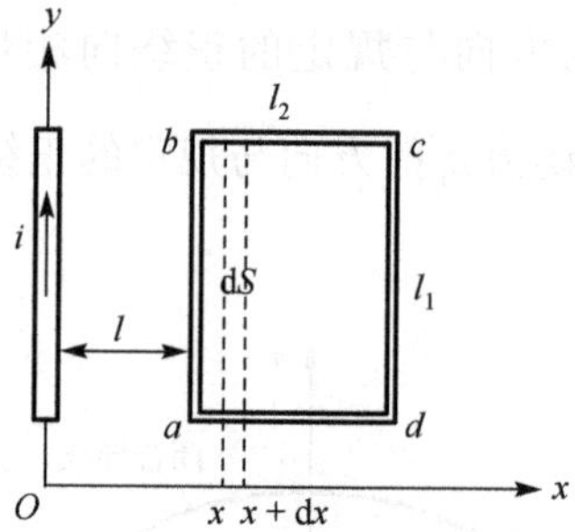

图 9-6　例题 9-1 图

9.2　动生电动势与感生电动势

法拉第电磁感应定律说明，不论什么原因，只要穿过回路面积的磁通量发生了变化，回路中就有感应电动势产生. 事实上，磁通量的变化有两种原因：一种是回路或其中一部分在磁场中有相对磁场的运动，这样产生的感应电动势称为动生电动势；另一种是回路不动，因磁场的变化而产生感应电动势，称为感生电动势.

一、动生电动势

动生电动势的产生，可以用洛伦兹力来解释. 如图 9-7 所示，长为 l 的导体棒与导轨所构成的矩形回路 $abcd$ 平放在纸面内，均匀磁场 $\boldsymbol{B}$ 垂直纸面向里. 当导体 ab 以速度 $\boldsymbol{v}$ 沿导轨向右滑动时，导体棒内的自由电子也以速度 $\boldsymbol{v}$ 随之向右运动. 电子受到的洛伦兹力为

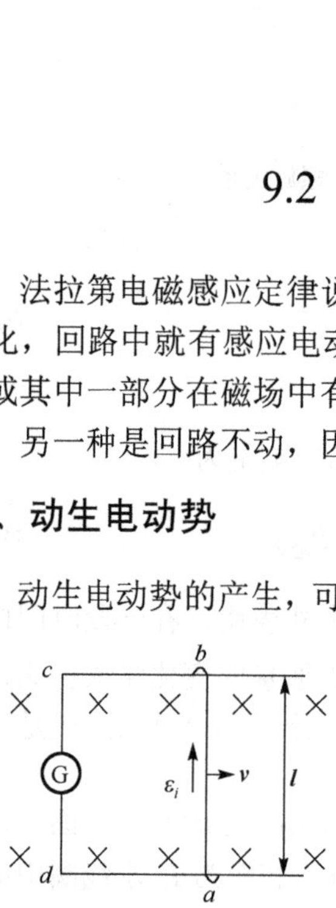

图 9-7　动生电动势

$$\boldsymbol{f}=(-e)\boldsymbol{v}\times\boldsymbol{B}$$

$\boldsymbol{f}$ 的方向从 b 指向 a. 在洛伦兹力作用下，自由电子有向下的定向漂移运动. 如果导轨是导体，在回路中将产生沿 $abcd$ 方向的电流；如果导轨是绝缘体，则洛伦兹力将使自由电子在 a 端积累，使 a 端带负电而 b 端带正电，在 ab 棒上产生自上而下的静电场. 静电场对电子的作用力从 a 指向 b，与电子所受洛伦兹力方向相反. 当静电力与洛伦兹力达到平衡时，ab 间的电势差达到稳定值，b 端电势比 a 端电势高. 由此可见，这段运动导体棒相当于一个电源，它的非静电力由洛伦兹力提供.

我们知道，电动势定义为把单位正电荷从负极通过电源内部移到正极的过程中非静电力做的功. 在动生电动势的情形中，作用在单位正电荷上的非静电力 $\boldsymbol{E}_{\mathrm{k}}$ 是随导线运动而引起的洛伦兹力，即

$$\boldsymbol{E}_{\mathrm{k}}=\frac{\boldsymbol{f}}{-e}=\boldsymbol{v}\times\boldsymbol{B}$$

所以，动生电动势为

$$\varepsilon_{\mathrm{i}}=\int_{-}^{+}\boldsymbol{E}_{\mathrm{k}}\cdot\mathrm{d}\boldsymbol{l}=\int_{a}^{b}(\boldsymbol{v}\times\boldsymbol{B})\cdot\mathrm{d}\boldsymbol{l} \tag{9-9}$$

一般而言，在任意的稳恒磁场中，一个任意形状的导线 L(闭合的或不闭合的)在运动或发生形变时，各个线元 $\mathrm{d}\boldsymbol{l}$ 的速度 $\boldsymbol{v}$ 的大小和方向都可能不同. 这时，在整个线圈 L 中所产生的动生电动势为

$$\varepsilon_{\mathrm{i}}=\int_{L}(\boldsymbol{v}\times\boldsymbol{B})\cdot\mathrm{d}\boldsymbol{l} \tag{9-10}$$

式(9-10)提供了计算动生电动势的方法.

例题 9-2 如图 9-8 所示，一直导线 CD 在一无限长直电流磁场中做切割磁力线运动. 求导线内感应电动势的大小和方向.

解 (1)方法一：用 $\varepsilon_{\mathrm{i}}=\int_{L}(\boldsymbol{v}\times\boldsymbol{B})\cdot\mathrm{d}\boldsymbol{l}$ 求解.

在 CD 上取 $\mathrm{d}\boldsymbol{l}$，距轴为 l，其速度 $\boldsymbol{v}$ 与 $\boldsymbol{B}$ 垂直且 $\boldsymbol{v}\times\boldsymbol{B}$ 与 $\mathrm{d}\boldsymbol{l}$ 方向相反，故

$$\mathrm{d}\varepsilon_{\mathrm{i}}=(\boldsymbol{v}\times\boldsymbol{B})\cdot\mathrm{d}\boldsymbol{l}=v\frac{\mu_0 I}{2\pi l}\sin 90^{\circ}\mathrm{d}l\cos 180^{\circ}=-\frac{\mu_0 vI}{2\pi l}\mathrm{d}l$$

$$\varepsilon_{\mathrm{i}}=\int_{C}^{D}(\boldsymbol{v}\times\boldsymbol{B})\cdot\mathrm{d}\boldsymbol{l}=-\frac{\mu_0 vI}{2\pi}\int_{a}^{a+b}\frac{\mathrm{d}l}{l}=-\frac{\mu_0 vI}{2\pi}\ln\frac{a+b}{a}$$

因为感应电动势 $\varepsilon_{\mathrm{i}}<0$，所以其实际方向从 D 指向 C.

(2)方法二：用法拉第电磁感应定律求解.

作辅助线，形成闭合回路 $CDEF$：

$$\Phi=\int_{S}\boldsymbol{B}\cdot\mathrm{d}\boldsymbol{S}=\int_{a}^{a+b}\frac{\mu_0 I}{2\pi r}x\mathrm{d}r=\frac{\mu_0 Ix}{2\pi}\ln\frac{a+b}{a}$$

$$\varepsilon_{\mathrm{i}}=-\frac{\mathrm{d}\Phi}{\mathrm{d}t}=-\left(\frac{\mu_0 I}{2\pi}\ln\frac{a+b}{a}\right)\frac{\mathrm{d}x}{\mathrm{d}t}=-\frac{\mu_0 Iv}{2\pi}\ln\frac{a+b}{a}$$

所得结果与第一种方法相同.

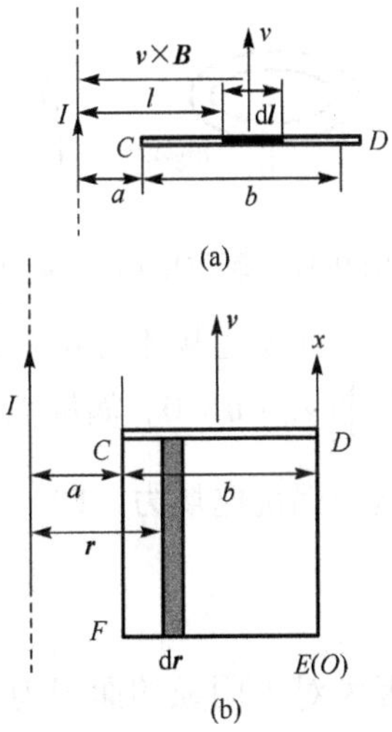

图 9-8 例题 9-2 图

发电机的原理就是基于动生电动势，图 9-9 给出了典型的交流发电机的工作原理. 利用线圈转动的方式切割磁力线，从而达到产生电动势的目的；线圈外接一个闭合回路，就可以形成电流，从而达到发电的目的.

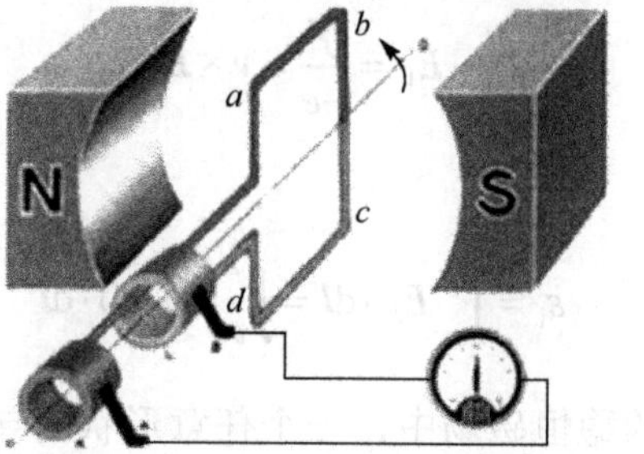

图 9-9　交流发电机的工作原理

二、感生电动势

动生电动势的非静电力是由洛伦兹力提供的，在因磁场变化而产生感生电动势的情况下，导体回路不动，其非静电力不可能是洛伦兹力. 然而人们发现，不论回路的形状及导体的性质和温度如何，只要磁场变化导致穿过回路的磁通量发生了变化，就会有数值等于 $\frac{\mathrm{d}\Phi_\mathrm{m}}{\mathrm{d}t}$ 的感生电动势在回路上产生. 这说明感生电动势的产生只是变化的磁场本身引起的.

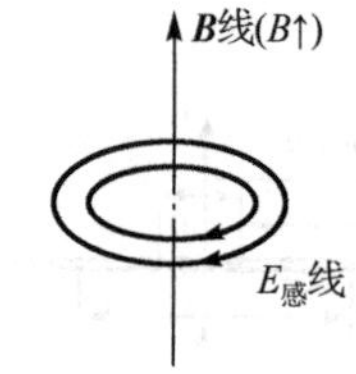

图 9-10　感生电场

在分析电磁感应现象的基础上，麦克斯韦提出：变化的磁场在其周围空间激发一种新的电场，称为感生电场或涡旋电场，如图 9-10 所示，用 $\boldsymbol{E}_\mathrm{r}$ 或 $\boldsymbol{E}_\mathrm{k}$、$\boldsymbol{E}_{涡}$ 或 $\boldsymbol{E}_{感}$ 表示.

涡旋电场与静电场的共同之处在于，它们都是一种客观存在的物质，对电荷都有作用力. 涡旋电场与静电场的不同之处在于，涡旋电场不是电荷激发的，而是由变化的磁场激发的. 它的电场线是闭合的，即 $\oint_L \boldsymbol{E}_\mathrm{r}\cdot\mathrm{d}\boldsymbol{l}\neq 0$. 涡旋电场不是保守场，而在回路中产生感生电动势的非静电力正是这一涡旋电场力，即

$$\varepsilon_i=\oint_L \boldsymbol{E}_\mathrm{r}\cdot\mathrm{d}\boldsymbol{l}=-\frac{\mathrm{d}\Phi_\mathrm{m}}{\mathrm{d}t}$$

因为对 L 围成的面积为 S，磁通量为

$$\Phi_\mathrm{m}=\int_S \boldsymbol{B}\cdot\mathrm{d}\boldsymbol{S}$$

所以感生电动势可表示为

$$\varepsilon_\mathrm{i}=\oint_L \boldsymbol{E}_\mathrm{r}\cdot\mathrm{d}\boldsymbol{l}=-\frac{\mathrm{d}}{\mathrm{d}t}\int_S \boldsymbol{B}\cdot\mathrm{d}\boldsymbol{S}$$

当闭合回路 L 不动时，可以把对时间的微商和对曲面 S 的积分两个运算的顺序交换，得

$$\oint_L \boldsymbol{E}_{\mathrm{r}} \cdot \mathrm{d}\boldsymbol{l} = -\int_S \frac{\partial \boldsymbol{B}}{\partial t} \cdot \mathrm{d}\boldsymbol{S} \tag{9-11}$$

这就是法拉第电磁感应定律的积分形式. 式(9-11)中的负号表示 $\boldsymbol{E}_{\mathrm{r}}$ 与 $\frac{\partial \boldsymbol{B}}{\partial t}$ 构成左手螺旋关系，或者说 $\boldsymbol{E}_{\mathrm{r}}$ 与 $-\frac{\partial \boldsymbol{B}}{\partial t}$ 构成右手螺旋关系，如图 9-11 所示.

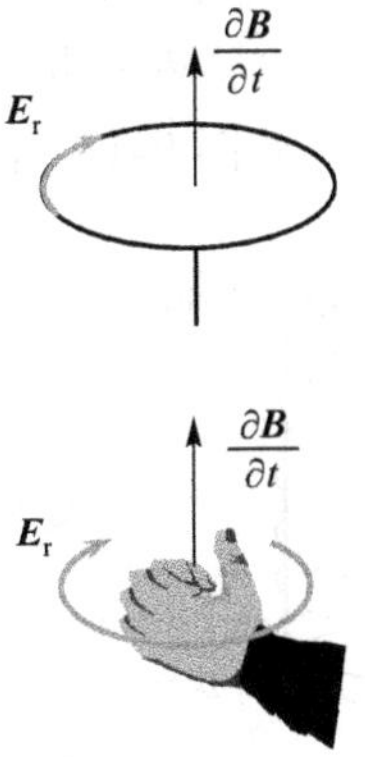

图 9-11　变化磁场与涡旋电场的螺旋关系

三、电子感应加速器

作为感生电动势的一个重要应用，我们讨论电子感应加速器. 它的结构如图 9-12 所示，在电磁铁的两磁极间放置一个环形真空室. 电磁铁线圈中通以交变电流，在两磁极间产生交变磁场. 交变磁场又在真空室内激发涡旋电场. 电子由电子枪注入环形真空室时，在磁场施加的洛伦兹力和涡旋电场的电场力共同作用下，电子做加速圆周运动. 由于磁场与涡旋电场都是周期性变化的，只有当涡旋电场的方向与电子绕行方向相反时，电子才能得到加速，所以每次电子束注入并得到加速后，要在涡旋电场的方向改变之前把电子束引出使用. 容易分析出，电子得到加速的时间最长只是交变电流周期的 $\frac{1}{4}T$. 这个时间虽短，但由于电子束注入真空室时初速度相当大，所以在加速的短时间内，电子束已在环内加速绕行了几十万圈. 小型电子感应加速器可把电子加速到 0.1～1MeV，用来产生 X 射线. 大型的加速器能量可达数百 MeV，用于科学研究.

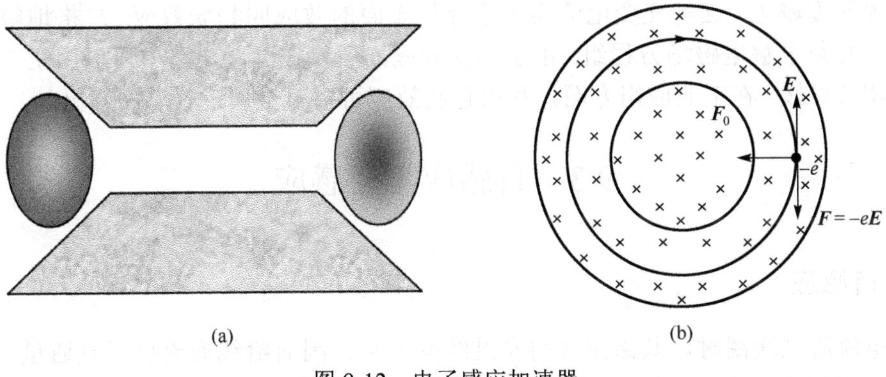

(a)　(b)

图 9-12　电子感应加速器

四、涡电流

在一些电气设备中，常常遇到大块的金属导体在磁场中运动或者处在变化的磁场中. 此时，金属内部也会有感生电流. 这种在金属导体内部自成闭合回路的电流称为涡电流，如图 9-13 所示. 由于在大块金属中电流流经的横截面积很大、电阻很小，所以涡电流可能达到很大的数值.

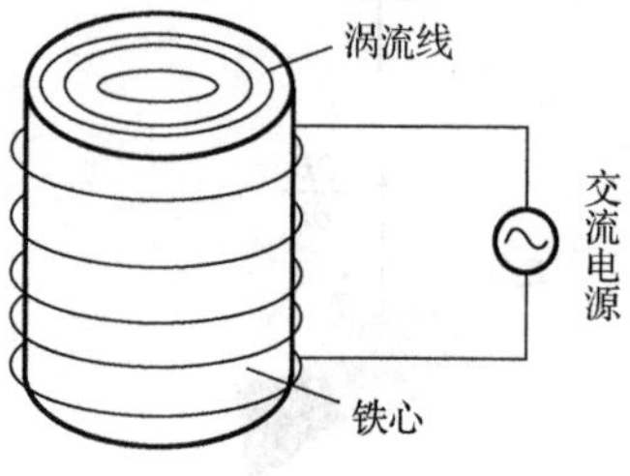

图 9-13　涡电流

利用涡电流的热效应可以使金属导体被加热. 如高频感应冶金炉就是把难熔或者贵重的金属放在陶瓷坩埚里，坩埚外面套上线圈，线圈中通以高频电流. 利用高频电流激发的交变磁场在金属中产生的涡电流的热效应把金属熔化. 在真空技术方面，也广泛利用涡电流给待抽真空仪器内的金属部分加热，以清除附在其表面的气体.

大块金属导体在磁场中运动，导体上产生涡电流；反过来，有涡电流的导体又受到磁场的安培力的作用. 根据楞次定律，安培力阻碍金属导体在磁场中的运动，这就是电磁阻尼原理. 一般的电磁测量仪器中，都设计有电磁阻尼装置.

涡电流的产生，当然要消耗能量，最后变为焦耳热. 在发电机和变压器的铁心中就有这种能量损失，称为涡流损耗. 为了减少这种损失，我们可以把铁心做成层状，层与层之间用绝缘材料隔开，以减少涡电流. 一般变压器铁心均做成叠片式就是这个道理. 另外，为了减少涡电流，应增大铁心电阻，所以常用电阻率较大的硅钢(矽钢)做铁心材料.

一段柱状的均匀导体通过直流电流时，电流在导体的横截面上是均匀分布的. 然而，交流电流通过柱状导体时，由于交变电流激发的交变磁场会在导体中产生涡电流，涡电流使得交变电流在导体的横截面上不再均匀分布，而是越靠近导体表面处电流密度越大. 这种交变电流集中于导体表面的效应叫趋肤效应. 严格地解释趋肤效应必须求解电磁场方程组. 由于趋肤效应，所以在高频电路中可以用空心导线代替实心导线. 在工业应用方面，利用趋肤效应可以对金属进行表面淬火.

9.3　自感应与互感应

一、自感应

电流流过线圈时，其磁感线将穿过线圈本身，因而给线圈提供了磁通量. 如果电流随时间而变化，线圈中就会因磁通量变化而产生感生电动势，这种现象叫自感应现象.

不同线圈产生自感现象的能力不同. 一个密绕的 N 匝线圈，每一匝可近似看成一条闭合曲线，如图 9-14 所示. 线圈中电流激发的穿过每匝的磁通近似相等，叫自感磁通，记作 $\Phi_{m自}$. 因为整个线圈是 N 匝相同线圈的串联，所以整个线圈的自感电动势为

$$\varepsilon_{自}=-N\frac{\mathrm{d}\Phi_{m自}}{\mathrm{d}t}=-\frac{\mathrm{d}(N\Phi_{m自})}{\mathrm{d}t}$$

令 $\Psi_{m自}=N\Phi_{m自}$，称为线圈的自感磁链，则

$$\varepsilon_{自}=-\frac{\mathrm{d}\Psi_{m自}}{\mathrm{d}t}$$

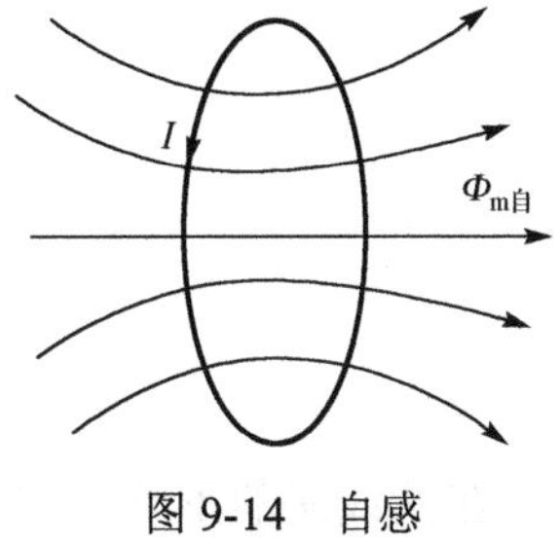

图 9-14 自感

根据毕奥-萨伐尔定律，电流在空间各点激发的磁感应强度 B 都与电流 I 成正比(有铁心的线圈除外)，而对同一个线圈，$\Phi_{m自}$ 又与 B 成正比，故 $\Psi_{m自}$ 与 I 成正比，即

$$\Psi_{m自}\propto I$$

写成等式

$$\Psi_{m自}=LI$$

比例系数 L 称为线圈的自感系数，简称自感. 它只依赖线圈本身的形状、大小及介质的磁导率，而与电流无关(有铁心的线圈除外). 引入自感后自感电动势为

$$\varepsilon_{自}=-L\frac{\mathrm{d}I}{\mathrm{d}t} \tag{9-12}$$

上式中规定 $\varepsilon_{自}$ 与 I 的正向变化率相反，$\varepsilon_{自}$ 与 $\Phi_{m自}$ 成右手螺旋关系. 在 SI 制中，L 的单位是亨利(H)，$1亨利=\dfrac{1韦伯}{1安培}$.

对于真空中长直密绕螺线管，容易计算其自感 $L=\mu_0 n^2 V$，其中 n 是单位长度匝数，V 为螺线管内部空间的体积. 任意形状线圈的自感系数不易计算，多由测量得到.

自感现象在电工、电子技术中有广泛的应用. 日光灯镇流器是自感应用于电工技术中最简单的例子. 在电子电路中也广泛使用自感，如自感与电容组成的谐振电路和滤波器等. 在供电系统中切断载有强大电流的电路时，由于电路中自感元件的作用，开关触头处会出现强烈的电弧，容易危及设备与人身安全. 为避免事故，必须使用带有灭弧罩的特殊开关，如油开关等.

二、互感应

如图 9-15 所示，两个邻近的线圈 1 和线圈 2 分别通有电流 I_1 和 I_2. 当其中一个

线圈的电流发生变化时，在另一个线圈中会产生感生电动势. 这种因两个载流线圈中的电流变化而相互在对方线圈中激起感应电动势的现象叫互感应现象.

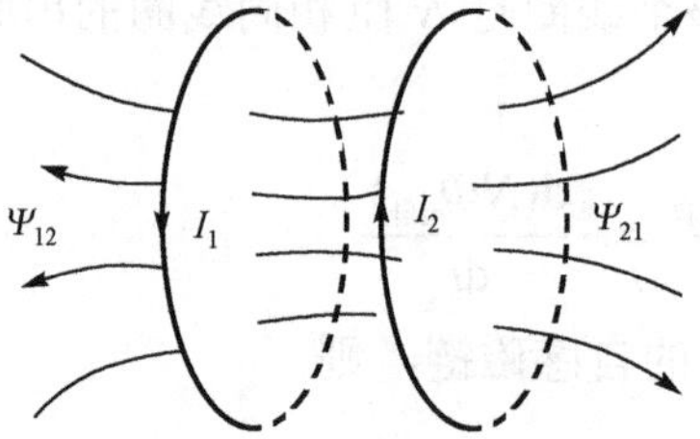

图 9-15 互感应现象

在两线圈的形状、相互位置保持不变时，根据毕奥-萨伐尔定律，由电流 I_1 产生的空间各点磁感应强度 B_1 均与 I_1 成正比，因而 B_1 穿过另一线圈的磁通链 Ψ_{21} 也与电流 I_1 成正比，即

$$\Psi_{21} = M_{21} I_1$$

同理

$$\Psi_{12} = M_{12} I_2$$

式中，M_{21} 和 M_{12} 是两个比例系数. 实验与理论均证明 $M_{21}=M_{12}$，故用 M 表示，称为两线圈的互感系数，简称互感. 根据法拉第电磁感应定律，电流 I_1 的变化在线圈 2 中产生的互感电动势为

$$\varepsilon_{21} = -M\frac{\mathrm{d}I_1}{\mathrm{d}t} \tag{9-13a}$$

同理，电流 I_2 的变化在线圈 1 中产生的互感电动势为

$$\varepsilon_{12} = -M\frac{\mathrm{d}I_2}{\mathrm{d}t} \tag{9-13b}$$

互感系数的单位与自感系数相同. 互感系数也不易计算，一般也常用实验测定.

例题 9-3 一矩形线圈长为 a，宽为 b，由 N 匝表面绝缘的导线组成，放在一根很长的导线旁边并与之共面. 求图 9-16 中(a)、(b)两种情况下线圈与长直导线之间的互感.

解 如图 9-16(a)所示，已知长导线在矩形线圈 x 处磁感应强度为

$$B = \frac{\mu_0 I}{2\pi x}$$

通过线圈的磁通链数为

$$\Psi_{\mathrm{m}} = \int_b^{2b} \frac{N\mu_0 I}{2\pi x} a\mathrm{d}x = \frac{N\mu_0 Ia}{2\pi}\ln\frac{2b}{b}$$

所以，线圈与长导线的互感为

$$M = \frac{\Psi}{I} = \frac{N\mu_0 a}{2\pi}\ln 2$$

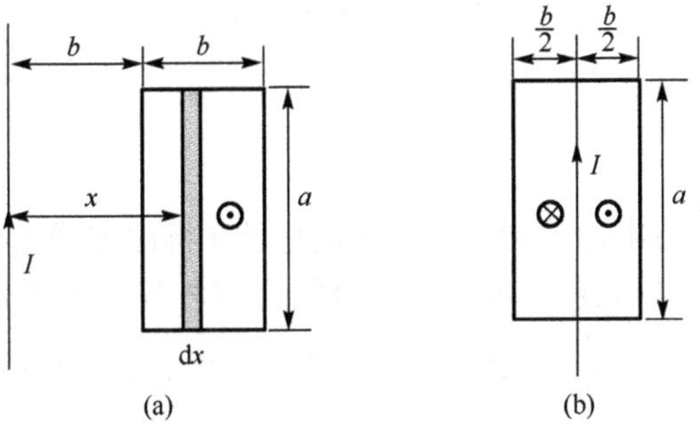

图 9-16 例题 9-3 图

图 9-16(b)中，导线两边的磁感应强度方向相反且以导线为轴呈对称分布，通过矩形线圈的磁通链为零，所以 $M=0$. 这是消除互感的方法之一.

两个有互感耦合的线圈串联后等效于一个自感线圈，但其等效自感系数不等于原来两线圈的自感系数之和. 如图 9-17 所示，其中图 9-17(a)的连接方式叫顺接，等效自感 L 为

$$L = L_1 + L_2 + 2M \tag{9-14a}$$

图 9-17(b)的连接方式叫逆接，等效自感 L 为

$$L = L_1 + L_2 - 2M \tag{9-14b}$$

上两式中，M 是两线圈的互感. 顺便指出，由上述关系可知，一个自感线圈截成相等的两部分后，每一部分的自感均小于原线圈自感的 1/2. 在无磁漏的情况下可以证明 $M=\sqrt{L_1L_2}$. 以上结果请读者自行推导. 在考虑磁漏的情况下，$M=K\sqrt{L_1L_2}$，$K\leqslant 1$为耦合系数.

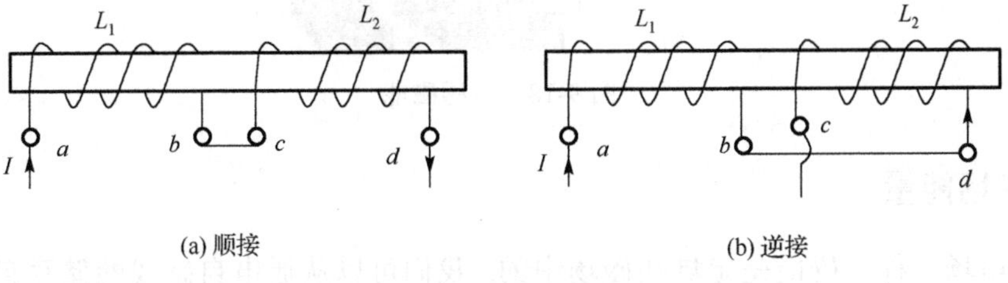

图 9-17 自感线圈的串联

互感现象被广泛应用于无线电技术和电磁测量中. 通过互感线圈能够使能量或信号由一个线圈传递到另一个线圈. 电源变压器、中周变压器、输入输出变压器、

电压互感器、电流互感器等都是利用互感原理制成的. 但是，电路之间的互感也会引起互相干扰，必须采用磁屏蔽方法来减小这种干扰.

9.4 磁场的能量*

一、自感磁能

自感为 L 的线圈与电源接通，线圈中的电流 i 将由零增大至恒定值 I. 这一电流变化在线圈中所产生的自感电动势与电流的方向相反，起着阻碍电流增大的作用. 因此，自感电动势 $\varepsilon_{\mathrm{i}}=-L\dfrac{\mathrm{d}i}{\mathrm{d}t}$，做负功. 在建立电流 I 的整个过程中，外电源不仅要供给电路中产生焦耳热的能量，而且还要反抗自感电动势做功 W，即

$$W=\int \mathrm{d}W=\int_0^{\infty}(-\varepsilon_{\mathrm{i}})\,i\mathrm{d}t=\int_0^{\infty}L\frac{\mathrm{d}i}{\mathrm{d}t}\,i\mathrm{d}t=\int_0^{I}Li\mathrm{d}i=\frac{1}{2}LI^2$$

电源反抗自感电动势所做的功 W 转化为储存在线圈中的能量，称为自感磁能，即

$$W_{\mathrm{m}}=\frac{1}{2}LI^2 \tag{9-15}$$

当切断开关后，灯泡 A 不立即熄灭而是猛然一亮，然后逐渐熄灭，就是线圈中所储存的磁能通过自感电动势做功全部释放出来，变成灯泡 A 在短时间内所产生的光能和热能，见图 9-18.

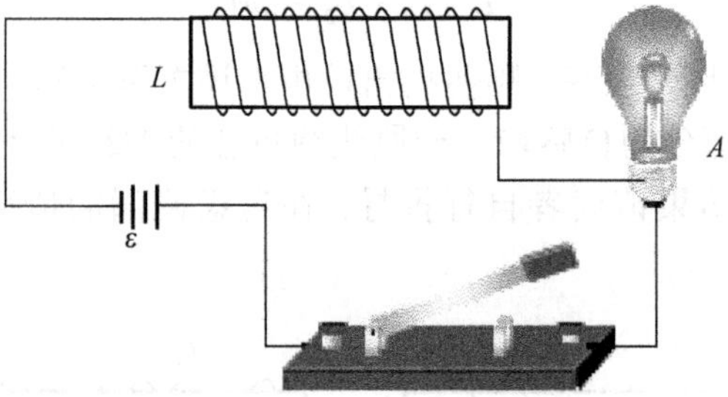

图 9-18 自感磁能

二、磁场能量

与电场一样，磁能是定域在磁场中的. 我们可以从通电自感线圈储存自感磁能的公式导出磁场的能量密度公式. 长直密绕螺线管的自感为 $L=\mu_0 n^2 V$，如果管内充满均匀磁介质(非铁磁质)，则 $L=\mu n^2 V$，μ 为磁介质的磁导率. 当螺线管通以电流 I 时，它所储存的磁能为

$$W_m = \frac{1}{2}LI^2 = \frac{1}{2}\mu n^2 VI^2$$

因为长直螺线管内磁场强度 $H = nI$ ， $B = \mu nI$ ，所以

$$W_m = \frac{1}{2}\mu nInIV = \frac{1}{2}BHV$$

V 是螺线管内部空间体积，也就是磁场存在的空间体积，并且螺线管内部是均匀磁场，所以

$$w_m = \frac{W_m}{V} = \frac{1}{2}BH \tag{9-16}$$

w_m 表示磁场中单位体积空间的能量，叫磁场能量密度. 可以证明，在普遍情况下，如果 B 和 H 的方向不同，则

$$w_m = \frac{1}{2}\boldsymbol{B}\cdot\boldsymbol{H}$$

而总磁场能量等于磁能密度对磁场所占有的全部空间的积分，即

$$W_m = \int_V \frac{1}{2}\boldsymbol{B}\cdot\boldsymbol{H}\mathrm{d}V \tag{9-17}$$

对于一个载流线圈有

$$\frac{1}{2}LI^2 = \int_V \frac{1}{2}\boldsymbol{B}\cdot\boldsymbol{H}\mathrm{d}V = W_m$$

上式不仅为自感 L 提供了另一种计算方法，而且对于有限横截面积的导体来说(即导线的横截面积不能忽略时)，它还为自感提供了基本的定义，即磁能法定义自感为 $L = \dfrac{2W_m}{I^2}$.

9.5　麦克斯韦电磁场理论*

一、麦克斯韦方程组

电磁感应现象告诉我们变化的磁场可以产生电场，那么变化的电场是否可以激发磁场？

麦克斯韦认为这是肯定的，并富有创造性地引入了位移电流(即变化的电场)的概念. 这样总电流(又叫全电流)即为传导电流和位移电流之和. 麦克斯韦在他提出的感生电场和位移电流假说的基础上，通过总结和推广静电场的高斯定理和环路定理及稳恒磁场的高斯定理和环路定理得到了麦克斯韦方程组.

麦克斯韦认为，空间任一点的电场是由电荷产生的库仑场 $\boldsymbol{E}_\mathrm{c}$ 与变化磁场产生的感生电场 $\boldsymbol{E}_\mathrm{i}$ 的矢量叠加，总场强对任一闭合曲线的环量为

$$\oint_l \boldsymbol{E}\cdot \mathrm{d}\boldsymbol{l}=\oint_l \boldsymbol{E}_\mathrm{c}\cdot \mathrm{d}\boldsymbol{l}+\oint_l \boldsymbol{E}_\mathrm{i}\cdot \mathrm{d}\boldsymbol{l}=-\iint_S \frac{\partial \boldsymbol{B}}{\partial t}\cdot \mathrm{d}\boldsymbol{S}$$

总电场 E 对任一闭合曲面的电通量可由高斯定理得

$$\oiint_S \boldsymbol{E}\cdot \mathrm{d}\boldsymbol{S}=\oiint_S \boldsymbol{E}_\mathrm{c}\cdot \mathrm{d}\boldsymbol{S}+\oiint_S \boldsymbol{E}_\mathrm{i}\cdot \mathrm{d}\boldsymbol{S}=\oiint_S \boldsymbol{E}_\mathrm{c}\cdot \mathrm{d}\boldsymbol{S}=\sum q/\varepsilon_0$$

当有介质存在时，上式应为

$$\oiint_S \boldsymbol{D}\cdot \mathrm{d}\boldsymbol{S}=\sum q$$

关于磁场，传导电流和位移电流产生的磁场都是涡旋场，不论是哪种方式产生的磁场，其磁感应线都是闭合的，所以总磁场的高斯定理仍为

$$\oiint_S \boldsymbol{B}\cdot \mathrm{d}\boldsymbol{S}=0$$

引入位移电流 I_d 后，磁场的环路定理即为

$$\oint_L \boldsymbol{H}\cdot \mathrm{d}\boldsymbol{l}=I_0+I_\mathrm{d}=I_0+\iint_S \frac{\partial \boldsymbol{D}}{\partial t}\cdot \mathrm{d}\boldsymbol{S}$$

综上所述，上面公式概括了电磁场所满足的所有规律. 由此而得到的方程组即为麦克斯韦方程组，即

$$\begin{cases}\oint_l \boldsymbol{E}\cdot \mathrm{d}\boldsymbol{l}=-\iint_S \dfrac{\partial \boldsymbol{B}}{\partial t}\cdot \mathrm{d}\boldsymbol{S} & (1)\\ \oiint_S \boldsymbol{D}\cdot \mathrm{d}\boldsymbol{S}=q & (2)\\ \oiint_S \boldsymbol{B}\cdot \mathrm{d}\boldsymbol{S}=0 & (3)\\ \oint_L \boldsymbol{H}\cdot \mathrm{d}\boldsymbol{l}=I_0+\iint_S \dfrac{\partial \boldsymbol{D}}{\partial t}\cdot \mathrm{d}\boldsymbol{S} & (4)\end{cases}$$

说明：方程(1)说明了电场不仅可以由电荷激发，而且也可由变化的磁场激发. 方程(4)说明了磁场不仅可以由带电粒子的运动(电流)激发，而且也可由变化的电场所激发. 由此可见，一个变化的电场总伴随着一个磁场，一个变化的磁场总伴随着一个电场. 从而说明在电现象和磁现象之间存在着紧密的联系，而这种联系就确定了统一的电磁场.

方程(2)和方程(3)说明电场是有源场(即电场线有头有尾)，而磁场是无源场(磁感应线是无头无尾的闭合曲线).

另外，在处理具体问题时，经常会遇到电磁场与物质的相互作用，所以还必须

补充描述物质电磁性质的方程，对于各向同性介质，有

$$\boldsymbol{D}=\varepsilon_0\varepsilon_{\rm r}\boldsymbol{E}$$

$$\boldsymbol{B}=\mu_0\mu_{\rm r}\boldsymbol{H}$$

$$\boldsymbol{j}_0=\sigma\boldsymbol{E}$$

麦克斯韦方程组和描述介质性质的方程，全面地总结了电磁场的规律，是经典电动力学的基本方程组. 利用它们，原则上可以解决各种宏观电磁场问题.

二、电磁波

假设电磁场只在一个方向上变化，则麦克斯韦方程组可以退化成一个简单的波动方程，其传播速度为$1/\sqrt{\varepsilon_0\mu_0}=3\times10^8\,\text{m/s}$，恰好为光速. 从物理规律上看，电磁波的形成原理如下：电场发生变化导致产生变化的磁场，进而产生新的变化电场，两者交替变化，由近及远传播出去，就形成了一种波. 麦克斯韦由此预言了电磁波的存在，并且认为光就是一种电磁波.

对于电磁波的证实，是由德国物理学家赫兹于1888年通过振荡偶极子实验验证的. 如图9-19所示，A和B是两段黄铜杆，它们是振荡偶极子的两段；A和B之间留有一个火花间隙，间隙的两端焊上一对磨光的黄铜球；振子的两端连接到感应线圈的两极. 当充电到一定程度，间隙被火花击穿时，两端金属杆连成一条导电通路，这时它相当于一个振荡偶极子，激励起高频振荡，向外发射同频的电磁波. 为了探测发出的电磁波，赫兹采用一种圆形铜环的谐振器，其中也留有端点为球状的火花间隙. 赫兹把谐振器放在与发射振子相隔一定距离之外，发现当发射振子间隙中有火花溅过时，谐振器间隙也有火花出现. 这样，赫兹通过实验实现了电磁波的发射和接收，首次证实了电磁波的存在.

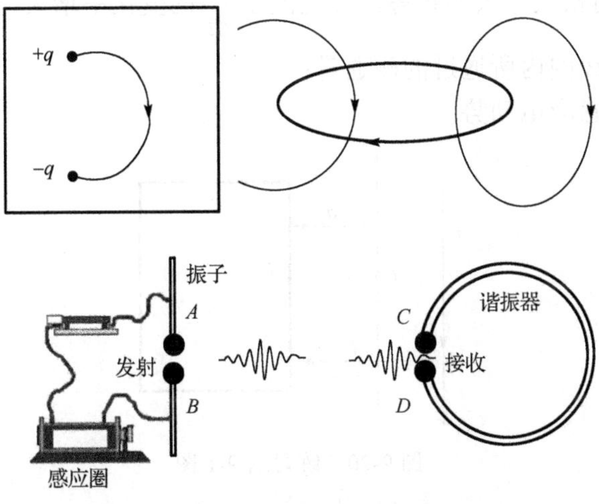

图9-19　验证电磁波存在的赫兹实验

麦克斯韦电磁理论体系的建立是19世纪人类文明史上的重大事件，它标志着人类文明迈进了无线通信的时代. 赫兹实验后不到6年，意大利的马可尼和俄国的波波夫分别实现了无线电远距离传播，并很快投入实际应用. 其后，无线电报(1894年)、无线电广播(1906年)、无线电导航(1911年)、无线电话(1916年)、短波通信(1921年)、无线电传真(1923年)、电视(1929年)、微波通信(1933年)、雷达(1935年)及近代的无线电遥测、遥控、卫星通信、光纤通信等如雨后春笋般涌现出来. 一个多世纪以来，由电磁学发展起来的现代电子技术已应用在电力工程、电子工程、通信工程、计算机技术等多学科领域. 电磁理论已广泛应用于国防、工业、农业、医疗、卫生等领域，并深入到人们的日常生活中. 今天，电磁场问题的研究及其成果的广泛运用，已成为人类社会现代化的标志之一.

思 考 题

9-1 感应电流与感应电动势的关系是什么？

9-2 试从能量的角度分析为什么会产生感应电动势？

9-3 动生电动势中，非静电力的来源是什么？

9-4 感生电动势中，非静电力的来源是什么？

9-5 感生电场与静电场有哪些异同？

练 习 题

9-1 如图9-20所示，在两平行载流的无限长直导线的平面内有一矩形线圈. 两导线中的电流方向相反、大小相等，且电流以$\frac{\mathrm{d}I}{\mathrm{d}t}$的变化率增大，求：

(1)任一时刻线圈内所通过的磁通量；

(2)线圈中的感应电动势.

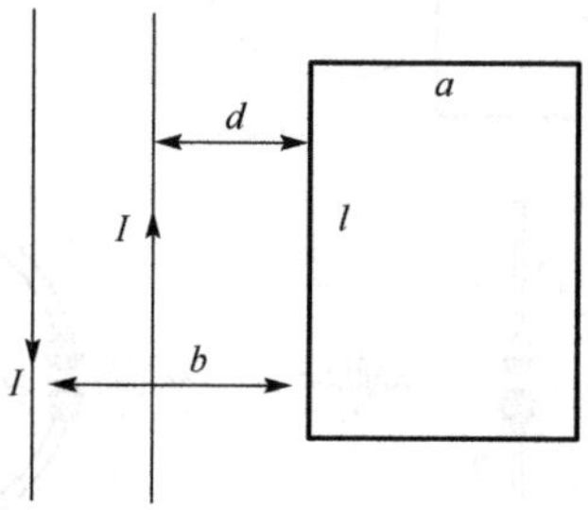

图9-20 练习题9-1图

9-2　如图 9-21 所示，长直导线通以电流 I=5A，在其右方放一长方形线圈，两者共面. 线圈长 b=0.06m，宽 a=0.04m，线圈以速度 v=0.03m/s 垂直于直线平移距离 d. 求：d=0.05m 时线圈中感应电动势的大小和方向.

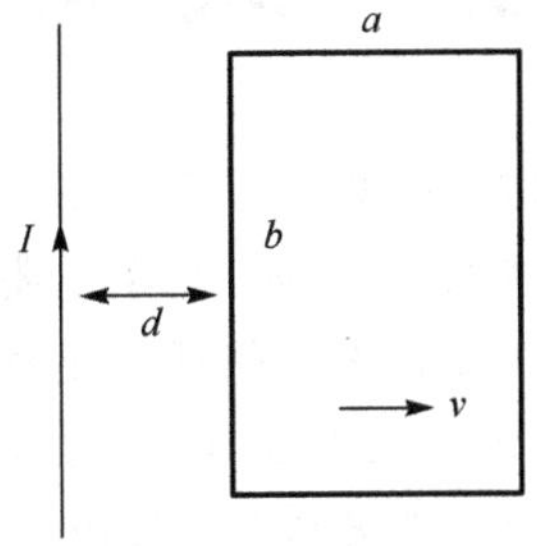

图 9-21　练习题 9-2 图

9-3　导线 ab 长为 l，绕过 O 点的垂直轴以匀角速 ω 转动. $aO=\dfrac{l}{3}$，磁感应强度 B 平行于转轴，如图 9-22 所示. 试：

(1) 求 ab 两端的电势差；

(2) 问 a、b 两端哪一点电势高？

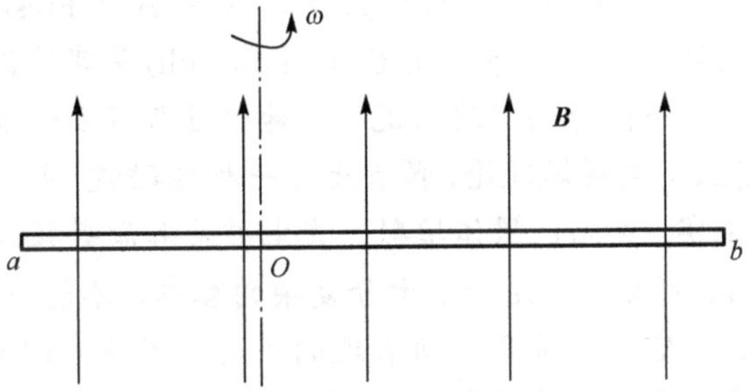

图 9-22　练习题 9-3 图

9-4　一矩形截面的螺绕环如图 9-23 所示，共有 N 匝. 试求此螺绕环的自感系数.

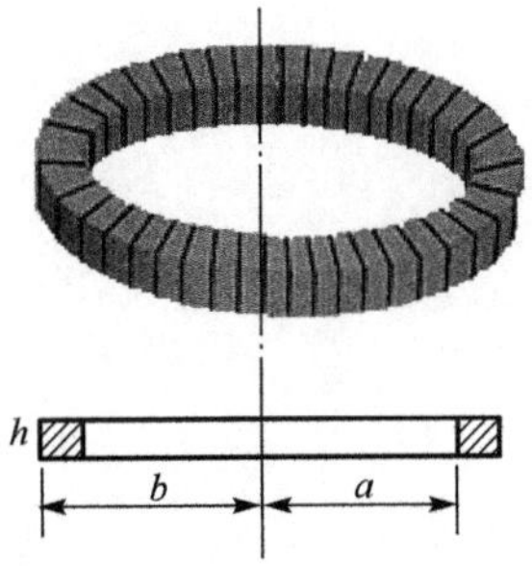

图 9-23　练习题 9-4 图

第四部分 波动光学

托马斯·杨(1773～1829)

光，是光明的使者，也是信息的载体，无论在人们的日常生活还是现代科技中都占有重要的地位．光学主要研究光的本性、光的传播及光与物质相互作用等规律，是物理学的重要分支．关于光的本性的认识，历史上曾出现以牛顿(I. Newton)为代表的“微粒说”和以惠更斯(C. Huygens)为代表的“波动说”两种说法．牛顿的“微粒说”认为光是按照惯性定律沿直线飞行的微粒流，而惠更斯的“波动说”则认为光是在一种特殊弹性介质(以太)中传播的机械波．这两种关于光的本性的学说都能解释当时人们所熟知的一些光学现象，但是在解释折射定律时，“波动说”要求光在水中的传播速度比在空气中小，这与“微粒说”的要求恰好相反．孰是孰非，在当时的实验条件下无法判定．鉴于牛顿在力学研究方面的卓越成就，“微粒说”得到人们的普遍认可，差不多统治了17、18两个世纪．到19世纪初，托马斯·杨(T. Young)和菲涅耳(A. J. Fresnel)先后用干涉和衍射实验证明了光的波动性，之后傅科(J. B. L. Foucault)用实验证实光在水中速度小于光在空气中速度，从而使光的“波动说”的地位逐步确立起来．1860年，麦克斯韦(J. C. Maxwell)建立了电磁场理论，预言光是一种电磁波，并在1888年由赫兹(H. R. Hertz)从实验上证实．然而，黑体辐射、光电效应和康普顿效应等实验现象又证实光具有粒子的特性．可见，光是一个十分复杂的客体，不能用经典物理的“粒子”和“波动”概念来描述它，只能用它所表现的性质和规律来回答它的本性问题．光的某些方面的行为像经典的“波动”，另一些方面的行为却像经典的“粒子”，即光具有“波粒二象性”．任何经典的概念都不能完全概括光的本性．本部分主要讨论光的波动性，即光的干涉、衍射和偏振．

第十章　光的干涉

小常识

当雨过天晴，我们走在马路上，有时会发现路面积水表面有彩色的花纹，仔细一看，原来是在水的表面有一层薄薄的油膜. 为什么在油膜表面会出现彩色条纹呢?

10.1　光源和光的相干性

一、光源

1. 光源的发光机制

凡能发光的物体称为**光源**. 光源的最基本发光单元是分子或原子，当分子或原子中处于低能级的电子吸收能量后，跃迁到高能级，由于高能级不稳定，电子将自发地跃迁到低能级，并辐射出光子，这便是**自发辐射**. 如果处于激发态的电子在外来辐射场的作用下，向低能态或基态跃迁辐射出光子，这种过程称为**受激辐射**. 普通光源发光以自发辐射为主. 这种光源的发光有两个显著特点：其一是间歇性，一个分子或原子经一次发光后，只有在重新获得足够能量后才会再次发光. 每一次发光的持续时间都很短，小于等于 10^{-8}s，所发出的是一段频率一定、振动方向一定、有限长的光波，通常称为光波列. 可见，一般光波列的长度小于米的数量级. 其二是随机性，分子或原子每一次发光都是独立进行的，所发出的各光波列彼此无关，振动方向、频率和初相位毫无联系，即使是同一分子、原子，先后发出的各光波列间也彼此无关. 可见，普通光源发光，可谓是此起彼伏、瞬息万变. 激光光源以受激辐射为主，与普通光源相比，具有单色性好、亮度高、方向性强和相干性强等特点.

2. 光谱

广义的光包括整个电磁波谱，它的范围很广. 在真空中，任何电磁波都以光速 c(3×10^8 m/s)传播，而频率(f)和波长(λ)不同，它们成反比($c=\lambda f$). 整个电磁波谱范围内能为人眼所接受的只是400~760nm ($7.5\sim3.9\times10^{14}$ Hz)的狭小范围，即**可见光**范围，其在整个电磁波谱上的位置如图 10-1 所示. 由于光波长的数量级比较小，所以通常用纳米(nm)或微米(μm)表示，过去还常用埃(Å)表示. 1nm=10^{-9}m，

$1\mu m = 10^{-6} m$，$1Å=0.1nm$.

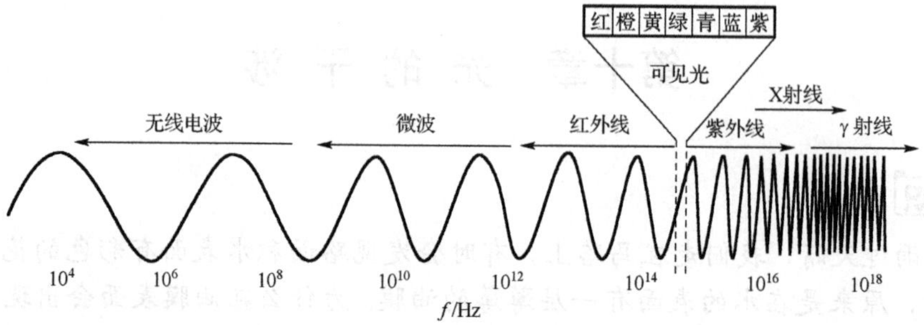

图 10-1　电磁波谱

人眼所看见的不同颜色对应于不同波长(频率)的可见光，波长(频率)和颜色之间的关系如表 10-1 所示. 只含单一波长的光，称为**单色光**. 然而，严格的单色光在实际中是不存在的，一般光源的发光是由大量分子或原子在同一时刻发出的，它包含了各种不同的波长成分，称为**复色光**. 利用特殊光源或滤波器，可以使波长控制在一个很窄的范围内(如 1～10nm)，这种光称为准单色光，也就是通常所说的单色光. 激光光源就是一种很好的准单色光源.

表 10-1　可见光颜色与波长和频率对照表

光的颜色	波长/nm	频率/Hz
红	760～622	3.9×10^{14}～4.8×10^{14}
橙	622～597	4.8×10^{14}～5.0×10^{14}
黄	597～577	5.0×10^{14}～5.4×10^{14}
绿	577～492	5.4×10^{14}～6.1×10^{14}
青	492～470	6.1×10^{14}～6.4×10^{14}
蓝	470～455	6.4×10^{14}～6.6×10^{14}
紫	455～400	6.6×10^{14}～7.5×10^{14}

3. 光强

单位时间内通过垂直于光的传播方向的、单位面积的平均能量称为**光强**，用 I 表示. 光波中对人眼或光学仪器等起主要作用的是电场强度矢量，所以通常用电场强度($\boldsymbol{E}$)来代表光振动，称 $\boldsymbol{E}$ 矢量为光矢量. 与机械波类似，可以证明光强与光矢量振幅 E_0 的平方成正比，即

$$I \propto E_0^2 \tag{10-1}$$

在同一种介质中，只关心光强的相对分布时，光强通常记为

$$I = E_0^2 \tag{10-2}$$

二、光程

1. 光程

在讨论各种干涉装置及原理时会用到一个重要的概念，即光程. 若光在折射率为 n 的均匀介质内传播，速率为 v，走过距离为 $\overline{QP}$，所用时间为 t，则**光程**定义为

$$(QP)=n\overline{QP} \tag{10-3}$$

其中，$\overline{QP}=vt$. 显然，由光折射率 $n=\dfrac{c}{v}$，可知

$$(QP)=\frac{c}{v}\overline{QP}=ct \tag{10-4}$$

即光程等于光在介质中走过距离 $\overline{QP}$ 的相同时间内在真空中所走的距离. 这样，如果光程相等，那么尽管光在不同介质中所经历的路程不等，但它们各自所用的时间必定相等. 所以比较光程，实际上是比较传播时间，较为方便. 也可以理解为：借助光程这个概念，可以将光在介质中所走的路程折算为在真空中所走的路程，这样便于比较光在不同介质中的传播路程.

2. 光程差

两列光波的光程之差即为**光程差**. 下面通过一个简单的例子，进一步了解引入光程及光程差的意义.

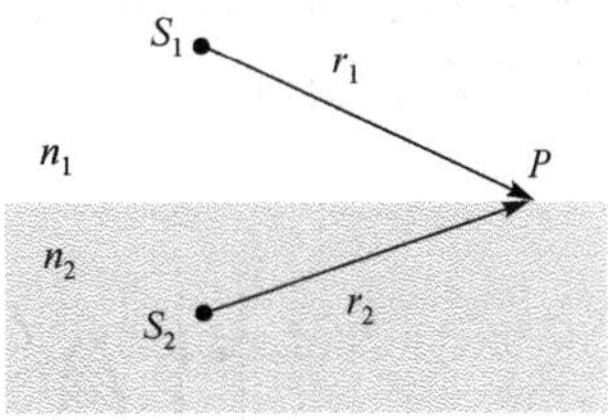

图 10-2 两列相干波的叠加

如图 10-2 所示，假设 S_1 和 S_2 为两点光源，频率均为 ω，初始相位相同，并设为零，所发出的光波分别经路径 r_1 和 r_2 到达空间某点 P 相遇. 若 S_1P 和 S_2P 分别在折射率为 n_1 和 n_2 的两种不同介质中传播，则这两列波在 P 点引起的振动为

$$E_1=E_{10}\cos\left(\omega t-2\pi\frac{r_1}{\lambda_1}\right) \tag{10-5}$$

$$E_2=E_{20}\cos\left(\omega t-2\pi\frac{r_2}{\lambda_2}\right) \tag{10-6}$$

两者在 P 点的相位差为

$$\Delta\phi=\frac{2\pi r_2}{\lambda_2}-\frac{2\pi r_1}{\lambda_1} \tag{10-7}$$

由于光在不同介质中的频率与真空中相同，而波长 $\lambda=\frac{v}{f}=\frac{c}{nf}=\frac{\lambda_0}{n}$，$\lambda_0$ 为光在真空中的波长，所以

$$\Delta\phi=\frac{2\pi}{\lambda_0}(n_2r_2-n_1r_1)=\frac{2\pi}{\lambda_0}\delta \tag{10-8}$$

其中，$\delta=n_2r_2-n_1r_1$ 为两列光波的光程差. 由此可见，两光波在相遇点的相位差不是决定于它们的几何路程之差 r_2-r_1，而是决定于它们的光程差.

3. 等光程性

在干涉和衍射装置中常常用到薄透镜，使用透镜后会不会使得光波之间的光程差发生改变，进而影响相位差，使最终的强度发生改变呢？下面分析一下这个问题.

如图 10-3 所示，平行光束通过透镜后，会聚于焦平面上，相互加强成一亮点 F 或 F'. 这一事实说明在焦面上会聚点处各光线是同相的. 由于在垂直于平行光的某一波阵面上的 A、B、C……各点的相位相同，所以从 A、B、C……各点到会聚点 F 或 F' 的各光线间的相位差为零，因此光程差为零，即各光线的光程都相等. 由图 10-3 可见，经过透镜中心与边缘的光线的几何路程显然是不同的，经过透镜中心的光线的几何路程较短，但它在透镜内的那部分却较长，而透镜材料的折射率大于 1，从而保证了等光程性.

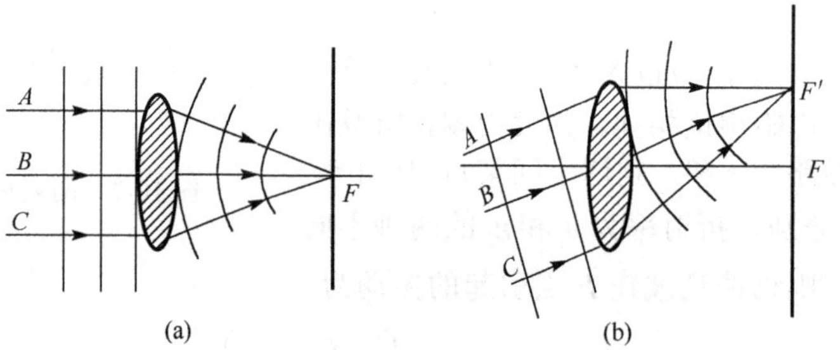

图 10-3　透镜的等光程性(平行光)

对于非平行光入射情况，如图 10-4 所示，根据几何光学，在傍轴条件下从实物 S 发出的不同光线，经不同路径通过凸透镜，可以会聚成一个明亮的实像 S'，物点和像点之间各光线也是等光程的，这就是薄透镜主轴上物点和像点之间的等光程性. 此结论同样适用于其他薄透镜及虚物与虚像等情况. 综合上述情况可知，使用透镜只能改变光波的传播情况，不会在物、像各光线间引入附加的光程差.

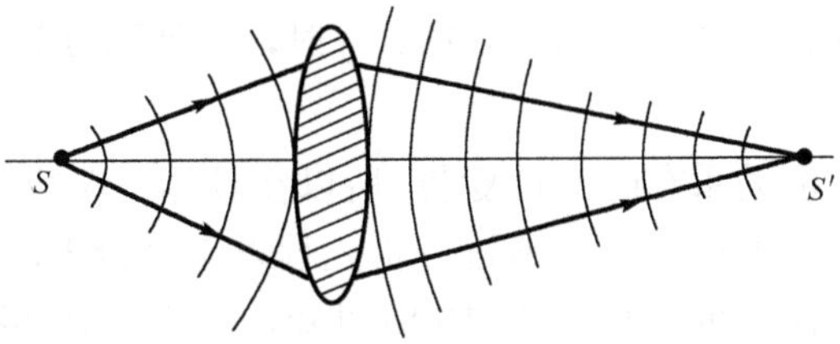

图 10-4 透镜的等光程性(非平行光)

三、光的相干性

1. 相干光和非相干光

下面以两列光波为例讨论光波之间的相干性.

设两个同频率单色光在空间某一点的光矢量 $\boldsymbol{E}_1$ 和 $\boldsymbol{E}_2$ 的大小分别为

$$E_1 = E_{10}\cos(\omega t + \phi_{10}) \tag{10-9}$$

$$E_2 = E_{20}\cos(\omega t + \phi_{20}) \tag{10-10}$$

两列波叠加后合成的光矢量 $\boldsymbol{E}$ 为

$$\boldsymbol{E} = \boldsymbol{E}_1 + \boldsymbol{E}_2 \tag{10-11}$$

如果两列光波是同方向的，则根据式(4-51)和式(4-52)可得此时合成的光矢量的大小为

$$E = E_0\cos(\omega t + \phi_0) \tag{10-12}$$

其中振幅 E_0 为

$$E_0 = \sqrt{E_{10}^2 + E_{20}^2 + 2E_{10}E_{20}\cos\Delta\phi} \tag{10-13}$$

$\Delta\phi = \phi_{20} - \phi_{10}$ 为两束光的光程差.

根据式(10-2)，可得合成后的总光强为

$$I = I_1 + I_2 + 2\sqrt{I_1 I_2}\cos\Delta\phi \tag{10-14}$$

其中，I_1 和 I_2 分别为两束光单独传播时的光强.

当相位差 $\Delta\phi$ 不随时间变化，即恒定时，$\cos\Delta\phi$ 恒定，所以两束光叠加之后总光强不仅取决于两束光单独传播时的光强，还与两束光之间的相位差有关，这种情况称为光的相干叠加，即发生了干涉，两束光称为**相干光**. 当两束光在空间的不同位置相遇时，其相位差也将有不同的数值. 由式(10-14)可见，当两束光间的相位差 $\Delta\phi = \pm 2k\pi(k = 0,1,2,\cdots)$ 时，干涉强度为最大，此时称为相干加强，或干涉相长；当

两束光间的相位差 $\Delta\phi = \pm(2k+1)\pi(k=0,1,2,\cdots)$ 时，干涉强度为最小，此时称为相干减弱，或干涉相消.

由于直接分析相位关系有时比较复杂，所以在具体干涉装置中经常基于式(10-8)所示的相位差和光程差间的关系，通过分析光程差来分析干涉特征. 由两列波相干加强和减弱时相位差满足的条件和式(10-8)可知，相干加强和减弱时光程差满足的条件为

$$\begin{cases} \delta = \pm k\lambda\,,\ k=0,1,2,\cdots, & \text{相干加强} \\ \delta = \pm(2k+1)\dfrac{\lambda}{2}\,,\ k=0,1,2,\cdots, & \text{相干减弱} \end{cases} \tag{10-15}$$

若叠加的这两束同频率的单色光分别是由两个独立的普通光源发出的，则鉴于普通光源发光的间歇性和随机性特征，两个普通光源或同一光源的两个不同部分发出的光波，由于相位差 $\Delta\phi$ 在 $0\sim2\pi$ 之间随机变化，$\cos\Delta\phi$ 的数值在 ±1 之间迅速地改变着. 所以在所观测的时间内，$\overline{\cos\Delta\phi}=0$，从而有

$$I = I_1 + I_2 \tag{10-16}$$

此时，两束光叠加后的光强等于两束光单独传播时光强之和，这种情况称为光的非相干叠加，两束光称为**非相干光**. 当叠加的两列光波的光矢量相互垂直或频率不相等时，可以证明其合成结果也是非相干叠加. 两束光相干和非相干叠加时的光强分布，如图 10-5 所示.

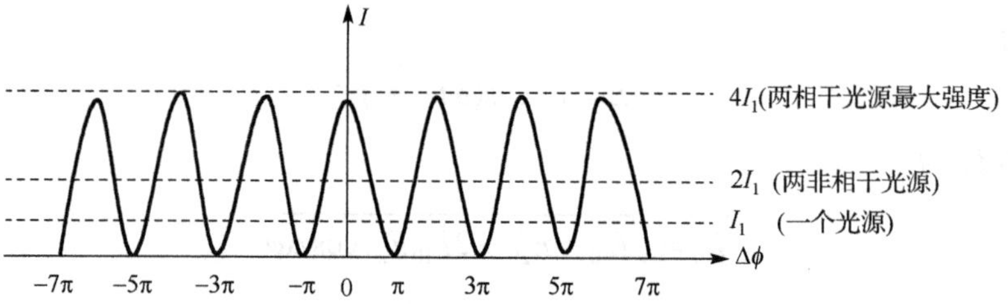

图 10-5　两束光叠加时的光强分布

综上所述，两束光若发生干涉，必须满足相干条件，即频率相同、振动方向相同、相位差恒定. 其中关于振动方向的条件可以放宽，因为只要光矢量振动方向不垂直，有相互平行的振动分量，就可以产生干涉，不过两光矢量的方向愈接近，干涉现象愈明显. 鉴于普通光源的非相干性，对于光波来说相位差恒定是获得两列相干光的关键.

2. 普通光源获得相干光的方法

普通光源是非相干的，若要实现相干叠加，必须设法使普通光源发射的光波之间满足相干条件. 利用普通光源获得相干光的基本思想是：设法使光源上同一点发

出的一列波“一分为二”，成为两列波. 由于这两列波来自光源中同一发光分子或原子的同一次发光，因此它们具有相同频率、相互平行的振动分量和恒定相位差. 通常实现上述“一分为二”的方法有以下两种.

一种是分波前法，即在光源发出的同一波阵面上，取出两部分面元作为相干光源. 由于同一波阵面上各点的振动具有相同相位，所以从同一波阵面上取出的两部分具有恒定的相位差. 例如，10.2 节中的杨氏双缝干涉实验就采用了这种方法.

另一种是分振幅法，即利用反射、折射把入射光的振幅分成两部分或若干份，再使它们相遇从而产生干涉现象的方法. 例如，10.3 节中的薄膜干涉就是一个典型的例子.

10.2 分波前干涉

一、杨氏双缝干涉

1. 实验装置及现象

最早从实验上证实光具有干涉效应的是英国科学家托马斯·杨，其在 1801 年进行的干涉实验为光的波动学说提供了有力的支持.

杨氏双缝干涉实验是典型的基于分波前方法获得相干光的实验，装置如图 10-6 所示. 在普通单色光源后面放一狭缝 S，在 S 后再放置与 S 平行且距离相等的两平行狭缝 S_1 和 S_2，两缝距离很近，此时 S_1 和 S_2 相当于光源 S 发出的同一波阵面上取出的两光源，相位相同，满足相干条件，从而构成一对相干光源. 因此从 S_1 和 S_2 发出的光波在空间叠加，产生干涉现象. 如果在双缝后面放置一接收屏 H，屏上将出现一系列稳定的与狭缝平行的明暗相间的条纹，称为干涉条纹.

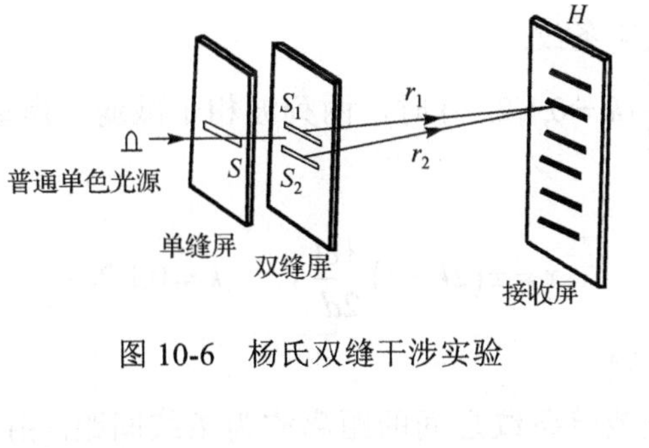

图 10-6 杨氏双缝干涉实验

2. 干涉条纹特征

下面通过分析相干光波列间的光程差进一步分析杨氏实验中干涉条纹的特征. 如图 10-7 所示，设杨氏实验中两相干光源 S_1 和 S_2 之间的距离为 d，双缝屏到接收屏的距离为 D，现考察接收屏上任意一点 P 处相干光波列间的光程差 δ. 以接收屏

中心为坐标原点 O，向上为 x 方向建立一维坐标系，设 P 点与 S_1 和 S_2 之间的距离分别为 r_1 和 r_2，则从 S_1 和 S_2 发出的光，到达 P 点处的光程差(装置周围为空气)为

$$\delta = r_2 - r_1 \tag{10-17}$$

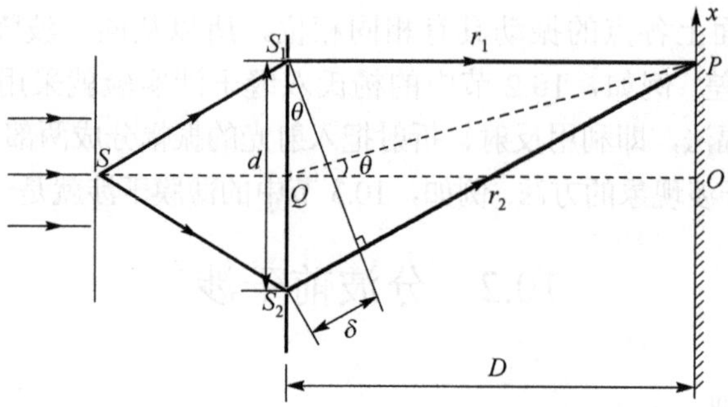

图 10-7　杨氏双缝干涉光路原理图

双缝屏中点用 Q 表示，设 QP 与 QO 间的夹角为 θ，P 点到接收屏中心 O 点的距离为 x，通常情况下杨氏实验中 θ 角很小（$D \gg d$，$D \gg x$），因此有

$$\delta = r_2 - r_1 \approx d\sin\theta \approx d\tan\theta = d\frac{x}{D} \tag{10-18}$$

根据式(10-15)可知，当 $\delta = \pm k\lambda (k = 0,1,2,\cdots)$ 时，两列波相干加强，所以强度极大值出现的位置为

$$x = \pm k\frac{\lambda D}{d}, \quad k = 0,1,2,\cdots \tag{10-19}$$

此即明条纹中心的位置，相应的明条纹分别称为零级、一级、二级……明条纹，零级明条纹也称为中央明条纹.

当 $\delta = \pm(2k+1)\dfrac{\lambda}{2} (k = 0,1,2,\cdots)$ 时，两列波相干减弱，所以强度极小值出现的位置为

$$x = \pm(2k+1)\frac{\lambda D}{2d}, \quad k = 0,1,2,\cdots \tag{10-20}$$

此即暗条纹中心的位置.

两条相邻明条纹或暗条纹之间的距离称为条纹间距. 由式(10-19)或式(10-20)可得条纹间距为

$$\Delta x = x_{k+1} - x_k = \frac{\lambda D}{d} \tag{10-21}$$

上述分析说明，杨氏干涉条纹是以中央明条纹为对称中心的一系列等间距、等宽

度、平行于缝的明暗相间的直线条纹，且条纹间距与波长有关. 若双缝间距 d，双缝到屏距离 D 一定，根据实验测得的 Δx，即可算出单色光的波长 λ. 历史上，托马斯•杨利用这种方法首次测量了光波的波长. 如果光源是非单色光，例如包括 λ_1 和 λ_2 两种波长，则屏幕上有两套间距不同的条纹存在，它们非相干地叠加在一起. 如果光源发出白光，幕上呈现的是许多套不同颜色条纹的非相干叠加. 除零级外，任何级的明条纹和暗条纹都彼此错开，则在中央零级的白色明条纹两侧排列着若干条彩色条纹.

例题 10-1　如图 10-8 所示，对于杨氏实验，设入射光波长为 λ，作如下分析.

(1) 若双缝间隔 d 减小，条纹间距如何变化？若把实验装置放入折射率为 n 的水中，条纹间距又如何变化？

(2) 若在 S_1 缝上覆盖一折射率为 n，厚度为 e 的云母片，则条纹有何变化？接收屏中央 O 处的光程差为多大？

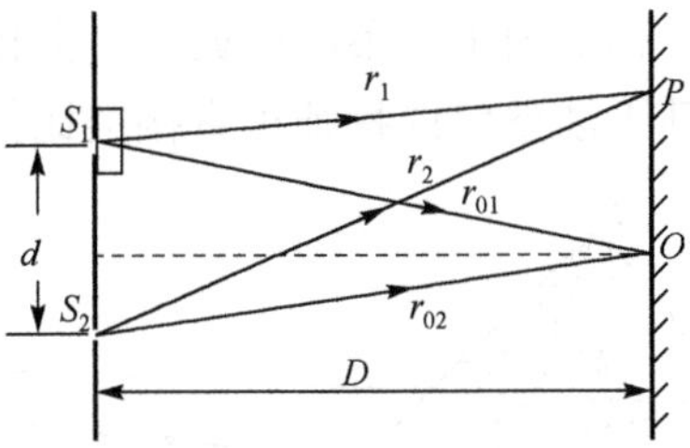

图 10-8　例题 10-1 图

解　(1) 由杨氏实验的条纹间距公式 $\Delta x=\dfrac{\lambda D}{d}$，可知：

若双缝间隔 d 减小，条纹间距将变大；

若将装置放入水中，由于波长变为 $\lambda'=\dfrac{\lambda}{n}$，所以条纹间距将变小.

(2) 设 $S_1P=r_1$，$S_2P=r_2$，加云母片后，从 S_1 和 S_2 到观测点 P 的光程差为

$$\delta_P=(r_1-e+ne)-r_2=(r_1-r_2)+(n-1)e$$

零级明条纹的光程差应该为零，所以为了保证

$$\delta_P=0$$

则

$$r_1-r_2<0$$

即零级明条纹向上移动，所以条纹整体亦向上移动.

加云母片前，从 S_1 和 S_2 到接收屏中央 O 处的光程差为

$$r_{01}-r_{02}=0$$

因此加云母片后，O 处的光程差为

$$\delta_O=(r_{01}-e+ne)-r_{02}=(n-1)e$$

二、其他分波前干涉装置*

在杨氏双缝实验中，仅当缝光源 S 和双缝 S_1 和 S_2 都比较狭窄时，才能在接收屏上观测到清晰的干涉条纹，而狭缝很窄使得通过的光太弱，所以干涉条纹比较模糊. 为了使干涉条纹比较清晰，科学家们对杨氏实验装置进行了改进，比较典型的有 1818 年菲涅耳设计的双面镜和双棱镜实验，以及 1834 年劳埃德(H. Lloyd)提出的劳埃德镜实验.

图 10-9 为菲涅耳双面镜实验简图，其中两平面反射镜 M_1、M_2 紧靠在一起，夹角 α 很小，狭缝光源 S 平行于交棱 M(垂直纸面). 由 S 发出的光波列经 M_1、M_2 反射后被分割成两束光，在它们的交叠区域里幕上出现等距的平行干涉条纹. 设 S_1、S_2 为 S 对双面镜所成虚像，幕上的干涉条纹就如同是由相干的虚像光源 S_1、S_2 发出的光束产生的一样，因而其干涉条纹的特征可直接类比杨氏实验的结论.

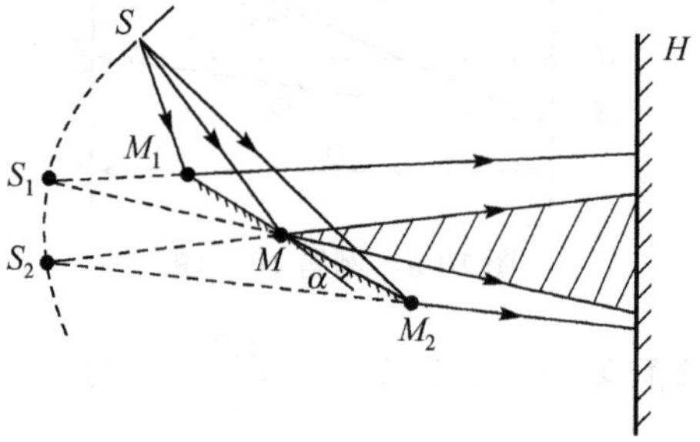

图 10-9　菲涅耳双面镜

图 10-10 为菲涅耳双棱镜实验简图，其由上下两个棱镜组成，截面为等腰三角形，两棱镜顶角 α 很小(1° 左右). 类似于菲涅耳双面镜，由狭缝光源 S 发出的波列经上下两棱镜折射后被分割成两束光，在它们的交叠区域里屏幕上出现等距的平行干涉条纹. 同样设 S_1、S_2 为 S 对双棱镜所成虚像，屏幕上的干涉条纹就如同是由相干的虚像光源 S_1、S_2 发出的光束产生的一样，因而条纹的特征分析可直接类比杨氏实验的结论.

由图 10-11 可见，劳埃德镜的实验装置更为简单. 从狭缝光源 S_1 发出的光波列一部分直接投射到幕上；另一部分掠入射到平面反射镜 MN 后，反射到屏幕上. 在屏幕的交叠区域里出现干涉条纹. 设 S_2 为 S_1 对平面镜所成的虚像，屏幕上的干涉条纹就如同是实际光源 S_1 和虚光源 S_2 发出的光束产生的一样. 因此，条纹特征的分析可直接类比杨氏实验的结论.

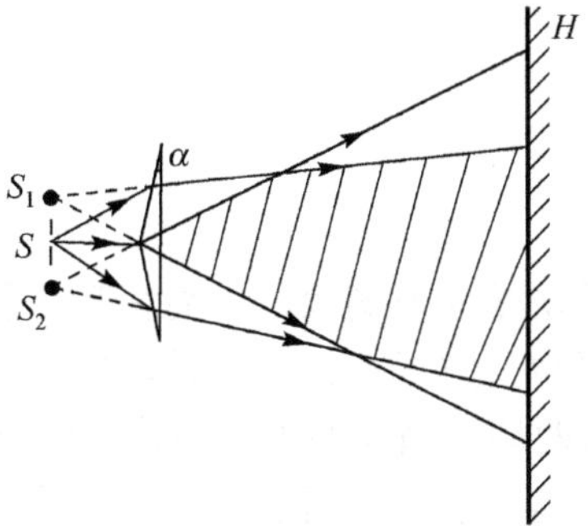

图 10-10 菲涅耳双棱镜

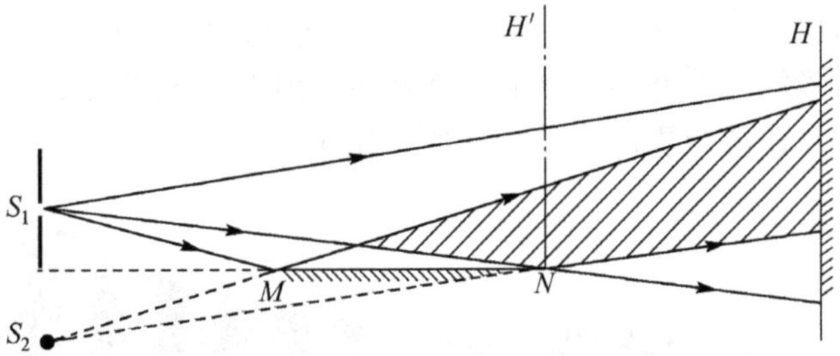

图 10-11 劳埃德镜

若将接收屏放在镜端 N 处并与镜接触，则此时由光源 S_1 直接射到接收屏上的光和经镜面反射后的光相遇时具有相同的光程（$S_1N = S_2N$），按照式(10-15)判断此时满足相干加强条件，应观测到明条纹，然而实验中观测到的是暗条纹. 这说明相遇的两束光相位相反，即当光从空气(光疏介质)掠入射到玻璃(光密介质)而发生反射时，反射光有相位 π 的突变，相应的光程差有 $\lambda/2$ 的改变，这种现象称为**“半波损”**或**“半波损失”**. 因此，在劳埃德镜中计算反射光的光程时必须加(或减) $\lambda/2$. 在一般情况下，光线入射到两介质的界面时，反射光的相位变化是复杂的，它与界面两边介质的折射率及入射角有关，很难说是否有“半波损”.

10.3 分振幅干涉

薄膜干涉是一种典型的分振幅干涉，在日常生活和生产技术中经常见到，如阳光下肥皂泡表面、雨后路面上油膜表面和昆虫翅膀上的彩色条纹，以及照相机镜头上呈现的蓝紫色等. 通常将入射光在厚度不均匀薄膜表面产生的干涉称为**等厚干涉**，在厚度均匀薄膜无穷远处产生的干涉称为**等倾干涉**. 下面主要讨论这两种情形.

一、等厚干涉

1. 劈形薄膜

如图 10-12(a)所示，两块平面玻璃板，一端相互交叠，另一端夹一细丝或薄纸片(为了分析方便，图中细丝尺寸被放大)，此时，在两平面玻璃板之间形成劈形空气膜，空气膜的两个表面即两块玻璃板的内表面，两玻璃板叠合端的交线称为棱边. 一般使平行单色光近乎垂直地入射到劈面上，当入射光线到达薄膜上表面时，入射光线被分割成反射和折射两束光，它所携带的能量一部分反射回来，一部分透射过去. 折射光在薄膜下表面反射后，又经上表面折射，最后回到原来的介质中，在介质中与上表面的反射光束交叠. 实际中，由于劈形膜的夹角 α 很小，所以入射光线、透射光线与反射光线几乎重合. 由于上下表面反射的两束光均来自同一入射光，所以满足相干条件，在薄膜表面附近相遇而产生干涉.

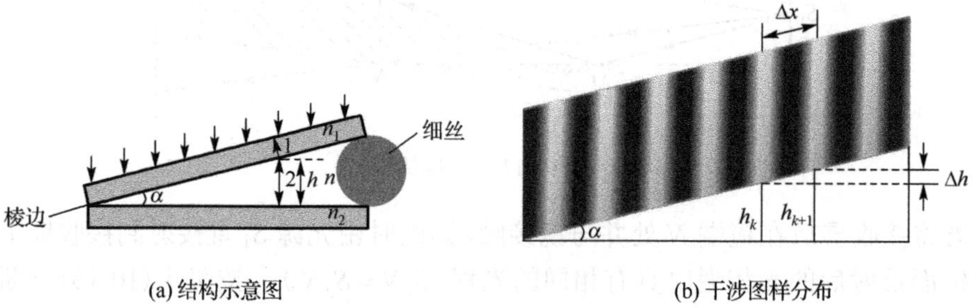

图 10-12　劈形薄膜干涉

为了讨论厚度不均匀的劈形薄膜表面干涉时产生的干涉条纹特征，下面首先分析薄膜表面上相交叠的两束光之间的光程差. 如图 10-12(a)所示，设薄膜介质折射率为 n(空气膜 n=1)，上下介质折射率分别为 n_1 和 n_2. 如 10.2 节中劳埃德镜部分所述，根据电磁理论，当光从光疏介质射到光密介质界面反射时，反射光会有相位突变，相应的光程会有突变，且反射光的相位变化与入射角间存在复杂的关系. 对于薄膜干涉情况，理论和实验表明，若两束光都是从光疏到光密界面反射(即 $n_1 < n < n_2$)或都是从光密到光疏界面反射(即 $n_1 > n > n_2$)，则两束反射光之间无附加的相位差. 若一束光从光疏到光密界面反射，而另一束光从光密到光疏界面反射(即 $n_1 < n > n_2$ 或 $n_1 > n < n_2$)，则两束反射光之间有附加的相位差 π，相应地有附加光程差 $\dfrac{\lambda}{2}$，即半波损. 对于折射光，则任何情况下都不会有相位突变或半波损.

通常称不考虑半波损时的光程差为**表观光程差**，如图 10-12(a)所示，两束相干的反射光在相遇时的表观光程差是由于光线 2 在介质膜中多经过了 $2h$(h 表示两束光

相遇发生干涉时所对应的薄膜厚度)的几何路径，所以它们之间的表观光程差为

$$\delta' = 2nh \tag{10-22}$$

考虑到对于劈形薄膜，一般情况下 $n_1 = n_2$，存在半波损，所以总光程差为

$$\delta = 2nh + \lambda/2 \tag{10-23}$$

可见，对于一定的入射光和薄膜介质，光程差只与膜的厚度有关. 薄膜厚度相同的地方，光程差相同，从而强度相同，对应同一级干涉条纹. 因此，干涉条纹沿等厚线分布，故此类干涉条纹称为**等厚干涉条纹**. 如果膜上下表面是光学平整的，则在平行于棱边的直线上，劈形薄膜的厚度是相同的，则干涉条纹是平行于棱边的干涉直条纹，如图 10-12(b)所示. 由于半波损的存在，在劈形空气膜的棱边处形成的是暗条纹.

此时，根据式(10-15)可知干涉极大(明条纹中心)和干涉极小(暗条纹中心)出现的条件为

$$\delta = 2nh + \frac{\lambda}{2} = \begin{cases} k\lambda,\ k = 1,2,3,\cdots, & \text{极大(明条纹中心)} \\ (2k+1)\dfrac{\lambda}{2},\ k = 0,1,2,\cdots, & \text{极小(暗条纹中心)} \end{cases} \tag{10-24}$$

其中，k 表示干涉条纹的级次.

由式(10-24)易得相邻明条纹或暗条纹对应的厚度差为

$$\Delta h = \frac{\lambda}{2n} \tag{10-25}$$

根据式(10-25)，基于相邻薄膜之间一定的厚度差，可以利用劈形薄膜测细丝直径或薄片厚度. 把细丝或薄片夹在两块平面玻璃板之间，形成劈形空气膜，用波长已知的单色光垂直入射，形成等厚干涉条纹. 数一下从棱线到细丝间的干涉条纹间距的数目 N，即可求出细丝直径或薄片厚度（$N\dfrac{\lambda}{2}$）.

可见，由于等厚干涉条纹可以将薄膜厚度的分布情况直观地表现出来，且干涉条纹可将波长为 λ 量级以下的微小长度差别反映出来，所以它是研究薄膜性质的一种重要手段，也为检验精密机械或光学零件提供了重要方法. 另外，由于干涉条纹形状与薄膜厚度分布有关，若劈形空气膜的上下两个表面是理想的光学平面，则等厚条纹是一系列平行的、等间距的明暗条纹. 若上下表面至少有一方存在缺陷，则干涉条纹形状会发生变化(图 10-13)，基于此可以检测工件的平整度. 由于相邻两条纹之间的空气层厚度相差 $\dfrac{\lambda}{2}$，所以从条纹的几何形状，就可以测得表面上凹凸缺陷或沟纹的情况. 这种方法的精密度可达 0.1μm 左右.

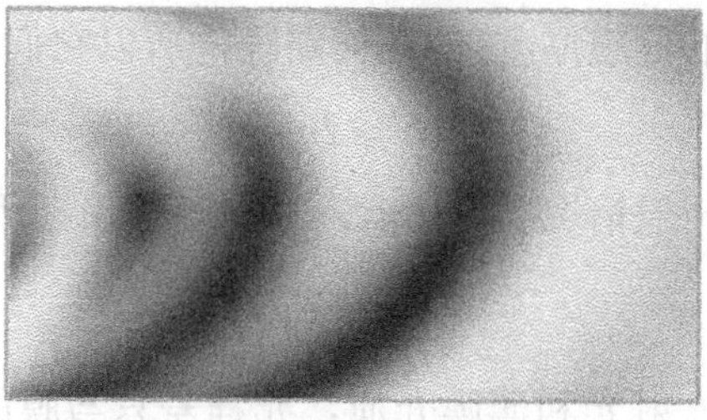

图 10-13　检验平面质量的干涉条纹

如图 10-12(b)所示，相邻条纹对应的厚度差 Δh 和条纹间隔 Δx，以及劈形薄膜夹角 α (很小)间的关系为

$$\sin\alpha \approx \alpha = \frac{\Delta h}{\Delta x}$$

因此

$$\Delta x = \frac{\lambda}{2n\alpha} \quad 或 \quad \alpha = \frac{\lambda}{2n\Delta x} \tag{10-26}$$

可见，条纹间距 Δx 与入射光波长 λ 有关，如果用白光入射，则会产生彩色条纹. 在波长 λ 一定的情况下，条纹间距与角度 α 成反比. 如果波长 λ 和薄膜折射率 n 已知，测得 Δx，便可根据式(10-26)求得夹角 α. 利用这种方法测量玻璃板的不平行度，可达 1″的数量级. 同时，根据式(10-26)可以看到，由于可见光的波长数量级都较小，若要人眼能分辨出两条纹的间隔 Δx，则只能在劈尖角度 α 很小时才能实现.

例题 10-2　在半导体元件生产中，为了测定硅(Si)表面二氧化硅(SiO_2)薄膜的厚度，可将氧化后的硅片用很细的金刚砂磨成如图 10-14(a)所示的劈形，并做清洁处理后进行测试，已知 SiO_2 和 Si 的折射率分别为 n=1.46 和 $n'=3.42$，用波长为 589.3nm 钠光垂直照射，观测到 SiO_2 劈形膜上出现 7 条明条纹. 如图 10-14(b)所示，图中实线表示明条纹，第 7 条明条纹在斜坡的起点 M 处. 问 SiO_2 薄膜的厚度是多少？

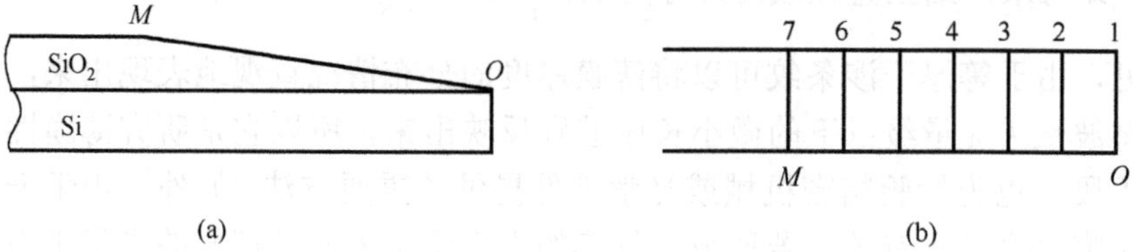

图 10-14　例题 10-2 图

解： 由题意可知

$$n' > n > 1$$

根据薄膜干涉情况下半波损的存在条件可知，此时薄膜上下表面反射的两束光间不存在半波损，因此棱边 O 处为明条纹. 由图 10-14(b)可见，OM 间条纹间隔数为 6，

因此 SiO_2 薄膜的厚度为

$$h = N\frac{\lambda}{2n} = 6\times\frac{589.3}{2\times1.46}\text{nm}\approx1.21\times10^3\text{nm}$$

例题 10-3 如图 10-15 所示为测量细丝直径的装置，图中 T 是显微镜，L 为透镜，M 为倾斜 45° 放置的半透明半反射平面镜，把金属细丝夹在两块平玻璃片 G_1、G_2 之间形成劈形空气薄膜. 单色光源 S 发出的光经透镜 L 后成为平行光，经 M 反射后垂直射向劈形空气薄膜，自空气薄膜上、下两面反射的光相互干涉，从显微镜 T 中可观察到明暗交替、均匀分布的干涉条纹. 若金属丝和棱边间距离为 28.88mm，用波长为 589.3nm 的钠黄光照射，测得 30 条暗条纹间的总距离为 4.30mm，求金属丝的直径.

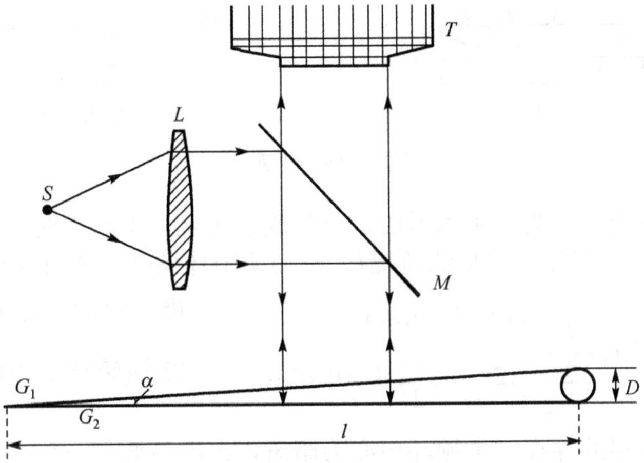

图 10-15 例题 10-3 图

解 设劈形薄膜的角度为 α，由于其很小，所以由式(10-26)有

$$\alpha = \frac{\lambda}{2n\Delta x}$$

对空气膜 n=1，Δx 为条纹间距.

设金属丝直径为 D，金属丝和棱边间距离用 l 表示，则由图可得

$$\tan\alpha\approx\alpha=\frac{D}{l}$$

所以

$$D=\frac{l\lambda}{2\Delta x}=\frac{28.88\times10^{-3}\times589.3\times10^{-9}}{2\times\dfrac{4.30\times10^{-3}}{29}}\text{m}\approx5.74\times10^{-2}\text{mm}$$

2. 牛顿环

牛顿环也是一种常用的薄膜等厚干涉装置. 如图 10-16(a)所示，将曲率半径较大的平凸透镜置于平板玻璃之上，其间形成上表面为球面，下表面为平面的空气薄膜. 当垂直入射平凸透镜的光经凸球面反射和平板上表面反射而发生干涉时，在上表面形成等厚干涉条纹. 由于空气膜厚度相同的点光程差相同，强度相同，形成同一级条纹，所以干涉花样为一组同心圆环，称为**牛顿环**，如图 10-16(b)所示.

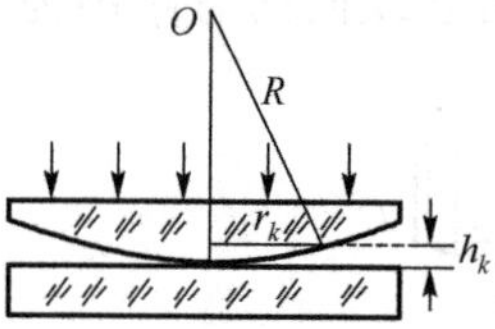

(a) 结构示意图

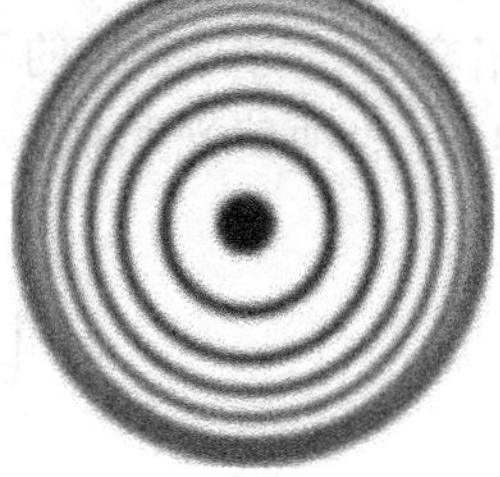
(b) 干涉图样分布

图 10-16　牛顿环

与劈形薄膜类似，光线正入射时，空气膜表面发生干涉的两束光间的光程差为 $\delta = 2nh + \lambda/2$（考虑存在半波损的情况），从而明暗环条件与式(10-24)相同，即

$$\delta = 2nh+\frac{\lambda}{2}=\begin{cases} k\lambda,\ k=1,2,3,\cdots, & \text{极大(明环中心)} \\ (2k+1)\dfrac{\lambda}{2},\ k=0,1,2\cdots, & \text{极小(暗环中心)} \end{cases} \tag{10-27}$$

可见，由于半波损的存在，牛顿环中心为暗斑，级次最低（$k=0$）.

对于空气膜(n=1)，由式(10-27)所示暗环条件可得牛顿环第 k 级暗环对应的厚度为

$$h_k = \frac{k\lambda}{2} \quad (k=0,1,2\cdots) \tag{10-28}$$

如图 10-16(a)所示，设平凸透镜凸球面的曲率半径为 R，第 k 级干涉环的半径为 r_k，对应的空气膜厚度为 h_k，由几何关系得

$$r_k^{\ 2} = R^2-(R-h_k)^2 = 2Rh_k - h_k^{\ 2}$$

由于 $R >> h_k$，所以略去二阶小量 $h_k^{\ 2}$，得第 k 级暗环半径满足

$$r_k^{\ 2} = 2Rh_k = kR\lambda \ \text{ 或 } \ r_k = \sqrt{kR\lambda}, \quad k=0,1,2,\cdots \tag{10-29}$$

上式表明，r_k 与 k 的平方根成正比，即 $r_1:r_2:r_3:\cdots=1:\sqrt{2}:\sqrt{3}:\cdots$，因此，圆条纹级数越大，间距越小，形成里疏外密的分布.

另外，由式(10-29)可得第 k 级和第 k+m 级暗环半径分别满足

$$r_k^2 = kR\lambda \text{，} \quad r_{k+m}^2 = (k+m)R\lambda$$

从而可得透镜的曲率半径为

$$R = \frac{r_{k+m}^2 - r_k^2}{m\lambda} \tag{10-30}$$

牛顿环有很多实际的应用，根据式(10-30)，已知入射光波长 λ，可测透镜曲率半径 R，或已知透镜曲率半径 R，可测入射光波长 λ. 除此之外，在工业上还常用牛顿环来检查透镜曲率是否合格. 如图 10-17 所示，将标准件 G 放于待测工件之 L 上，若两者不吻合，两者间形成空气膜，因而出现牛顿环. 牛顿环的圈数越多，说明公差越大.

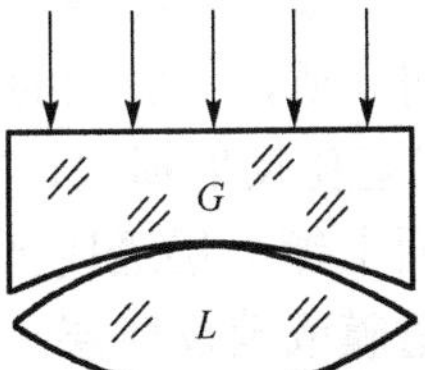

图 10-17 利用牛顿环检测透镜曲率

例题 10-4 如图 10-18 所示，牛顿环的平凸透镜可以上下移动，若以单色光垂直照射，看见条纹向中心收缩，问透镜是向上移动还是向下移动？

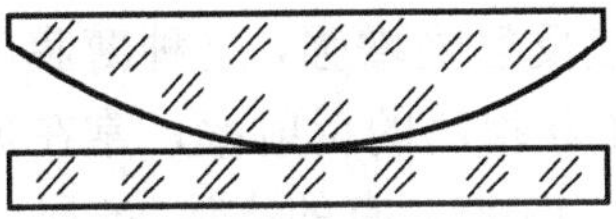

图 10-18 例题 10-4 图

解 由式(10-27)可知，牛顿环中心级别最低，离中心越远，级别越高，所对应厚度越大.

跟踪第 k 级条纹，条纹向中心收缩，说明第 k 级对应的厚度 h_k 向中心移动，所以透镜向上移动.

3. 薄膜的颜色 增透膜和高反射膜

前面讨论了单色光的干涉条纹. 如果光源是非单色的，则其中不同波长的成分各自在薄膜表面形成一套干涉图样. 因为干涉条纹的间隔与波长有关，因而各色条纹彼此错开，在薄膜表面形成彩色的干涉图样. 这种现象在日常生活中很常见，如在油膜上、肥皂泡以及氧化的金属表面上都有五颜六色的图样. 肥皂或油膜的厚度一般是和所涉及的光的波长的大小同数量级，较大的厚度会破坏产生彩色所需的光的相干性. 薄膜干涉所呈现的彩色被称为彩虹，这是因为改变观察的方向时，彩色也随之发生变化. Morpho 蝴蝶(产于南美洲的大闪蝶)翅膀的上表面的彩虹色，就是光的薄膜干涉产生的. 这些光是由蝴蝶翅膀上的类角质透明材料构成的许多细小阶梯反射出来的，这些细小阶梯排列得像垂直于翅面伸展的树样结构的宽而平展的枝. 在白光垂直照射翅膀时，垂直向下观察和从其他方向观看从翅膀上反射的光，产生干涉极大的光波长不同，于是当翅膀在视场中摆动时，随着观察角度的变化，翅膀上最亮的彩色变化，从而产生了翅膀上的彩虹.

由于薄膜的颜色与它的厚度有关，因此，可用它来测量膜的厚度. 先制备一系列镀有不同厚度透明膜的样板(膜厚已知)，然后只需把待测膜的颜色与样板对比，就能很快定出它的厚度(可准确到 100Å 的数量级).

我们知道，光在两种介质界面上同时发生反射和折射. 从能量的角度看，对于任何透明介质，一般光的能量并不全部透过，而是总有一部分能量从界面上反射回来. 为了避免反射损失，在近代光学仪器中都采用真空镀膜或化学镀膜的方法，在透镜表面上镀一层透明薄膜，它能够减少光的反射，增加光的透射，所以这层膜称为**增透膜**或**消反射层**. 根据薄膜干涉原理，适当选择膜的厚度，使某种单色光在这层透明膜的上下表面反射时，满足相干减弱的条件，从而使反射光相互干涉而抵消掉，实现增透的目的. 平常我们看到照相机镜头上一层蓝紫色的膜就是增透膜. 另外，在有些光学系统中，又要求某些光学元件具有较高的反射本领. 例如，激光器中的反射镜要求对某种频率的单色光的反射率在 99%以上，为了增强反射能量，常在玻璃表面上镀一层高反射率的透明薄膜，利用薄膜上、下表面反射光的光程差满足干涉相长条件，从而使反射光增强，这种薄膜叫**高反射膜**. 由于反射光能量约占入射光能量的 5%，为了获得高的反射率，常在玻璃表面交替镀上折射率高低不同的多层介质膜，一般镀到 13 层，有的高达 15 层、17 层，宇航员头盔和面甲上都镀有对红外线具有高反射率的多层膜，以屏蔽宇宙空间中极强的红外线照射.

例题 10-5　如图 10-19 所示，在一光学元件的玻璃表面上镀上一层厚度为 h、折射率为 $n=1.38$ 的氟化镁(MgF_2)薄膜，玻璃折射率为 $n_2=1.5$，为了使入射白光中对人眼最敏感的黄绿光($\lambda=550\text{nm}$)反射最小，薄膜的厚度至少应为多少？

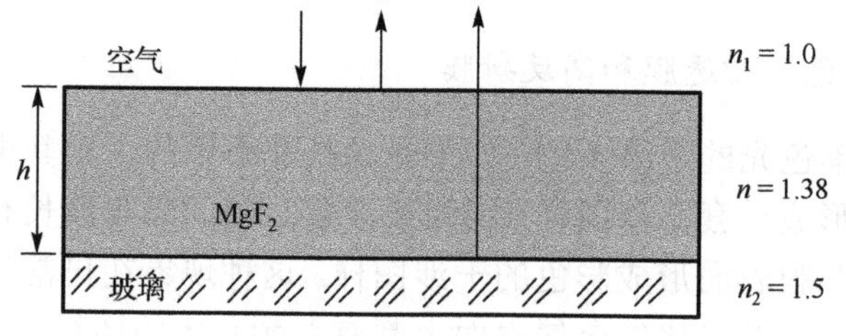

图 10-19　例题 10-5 图

解　由题意可知

$$n_2>n>n_1$$

根据薄膜干涉情况下半波损的存在条件可知，此时氟化镁薄膜上下表面反射的两束光间不存在半波损，它们之间的光程差为

$$\delta = 2nh$$

若使黄绿光反射最小，则两束反射光间的光程差需满足如下相干减弱条件：

$$\delta = 2nh = (2k+1)\frac{\lambda}{2}, \quad k = 0,1,2,\cdots$$

k=0 时对应的介质膜的厚度最小，为

$$h_{\min} = \frac{\lambda}{4n} = \frac{550}{4\times 1.38}\text{nm} \approx 0.1\mu\text{m}$$

即薄膜的厚度至少应为 0.1μm . 此时薄膜表面呈现出与黄绿光互补的蓝紫色，也就是平常我们所看到的照相机镜头的颜色.

由此题可知，增透膜的厚度与波长有关，在照相机和助视光学仪器中，往往使用厚度对应于人眼最敏感的黄绿光的波长.

二、等倾干涉

对于厚度均匀的薄膜，如图 10-20 所示，干涉条纹是由薄膜上彼此平行的反射光线产生的，由于上下表面反射的光线均来自同一入射线，所以满足相干条件，在无穷远处相交而发生干涉. 实验室中，通常使用透镜，使平行的干涉光线入射到一透镜上，并在其焦平面上放置接收屏来观测干涉条纹. 若用眼睛直接观察，则需眼睛对无穷远聚焦.

设光线入射角为 i_1，折射角为 i，膜厚度为 h，处处均匀，薄膜折射率为 n，两侧介质折射率分别为 n_1 和 n_2. 作两反射线的垂线 CB. 根据物像之间的等光程性，有光程 $(BP)=(CP)$，所以两反射光在焦面上 P 点相交时的表观光程差为

$$\delta' = (ARC) - (AB) \tag{10-31}$$

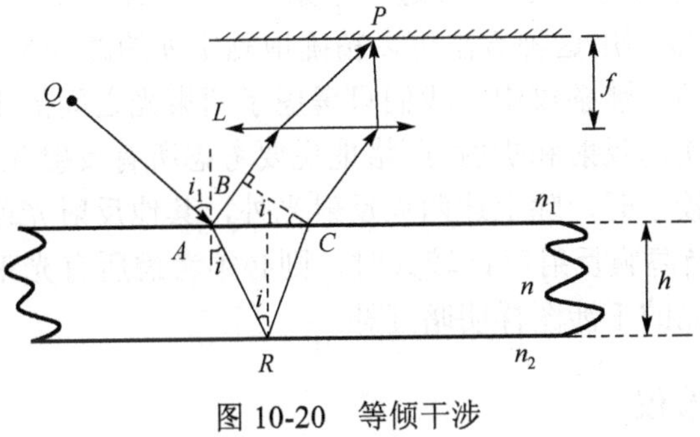

图 10-20　等倾干涉

根据图中的几何关系以及折射定律，可推得

$$\delta' = 2nh\cos i \tag{10-32}$$

考虑到可能存在半波损(是否存在半波损的判断条件同等厚干涉情形)，所以两反射

光在焦面上 P 点相交时的光程差为

$$\delta=\delta'+\Delta=2nh\cos i+\Delta \tag{10-33}$$

其中，Δ 表示可能存在的半波损，如果存在半波损，$\Delta=\dfrac{\lambda}{2}$；如果不存在半波损，$\Delta=0$.

由于膜的厚度 h 是均匀的，同时设薄膜折射率 n 也是均匀的，故引起 δ 变化的唯一因素是 i 或 i_1，即入射光的倾斜程度. 当入射光线倾角相同时，干涉光线的光程差相同，从而强度相同，形成同一级条纹，因此称这种干涉条纹为**等倾干涉条纹**，干涉图样为同心同环.

由式(10-15)可知，此时明暗条纹中心位置满足的条件为

$$\delta=2nh\cos i+\Delta=\begin{cases}k\lambda & \text{极大(明条纹中心)}\\ (2k+1)\dfrac{\lambda}{2} \quad (k=0,1,2,\cdots) & \text{极小(暗条纹中心)}\end{cases} \tag{10-34}$$

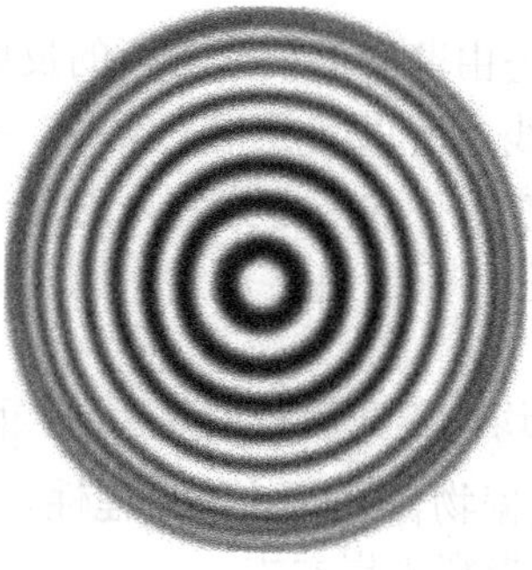

图 10-21　等倾干涉条纹

由图 10-20 可见，入射角越小，$\cos i$ 越大，从而由式(10-34)可得光程差 δ 越大，条纹的级数就越高. 垂直入射时级数最高，对应干涉条纹中心；反之，条纹的级数越低. 此外，当倾角不大时，可近似认为相邻条纹半径之差正比于倾角之差，从而据式(10-34)分析可知，等倾干涉环是一组里疏外密的圆环，如图 10-21 所示. 当膜的厚度连续增加时，干涉条纹的中心强度周期地变化着，这里不断生出新的条纹，它们像水波似的发散出去；当膜的厚度不断减小时，圆形条纹中心不断向中心会聚，直到缩成一个斑点后在中心消失. 由于中心每改变一个周期(即吐出或吞进一个条纹)，就表明 h 改变了 $\lambda/2n$（中心点 $i=0$，$\cos i=1$），所以利用这种方法可以精确地测定 h 的改变量.

上述等厚和等倾干涉条纹中，我们只考虑了两束光之间的干涉，实际上光线射入薄膜后会经过多次的反射和折射，严格地说要考虑所有反射光和透射光间的干涉，但当薄膜反射率比较小时，除上述两束反射光外，其他反射光或透射光的强度均较小，可以忽略. 而当薄膜反射率比较大时，则必须考虑所有光束间的多光束干涉，并且反射光和透射光的干涉图样明暗互补.

三、迈克耳孙干涉仪

基于干涉原理，人们设计了很多干涉仪来进行精密测量，其中迈克耳孙干涉仪是一种比较典型的干涉仪，迈克耳孙(A. A. Michelson）因发明干涉仪和进行光速测量而在 1907 年获得诺贝尔物理学奖.

迈克耳孙干涉仪的装置如图 10-22 所示. M_1 和 M_2 是两块精密磨光的平面反射镜，一般 M_2 是固定的，M_1 可以用螺母调节距离和方位. G_1 和 G_2 是两块材料相同、薄厚均匀而且相等的平行玻璃片. 在 G_1 的后表面上镀有半透明的薄银层，使照射在 G_1 上的光强，一半反射，一半透射，通常称 G_1 为分光板. G_1 和 G_2 两块平行玻璃片与 M_1 和 M_2 倾斜成 $45°$ 角. 为了使入射光线具有各种倾角，光源是扩展的. 如果光源的面积不够大，可放一块毛玻璃或凸透镜，以扩大视场.

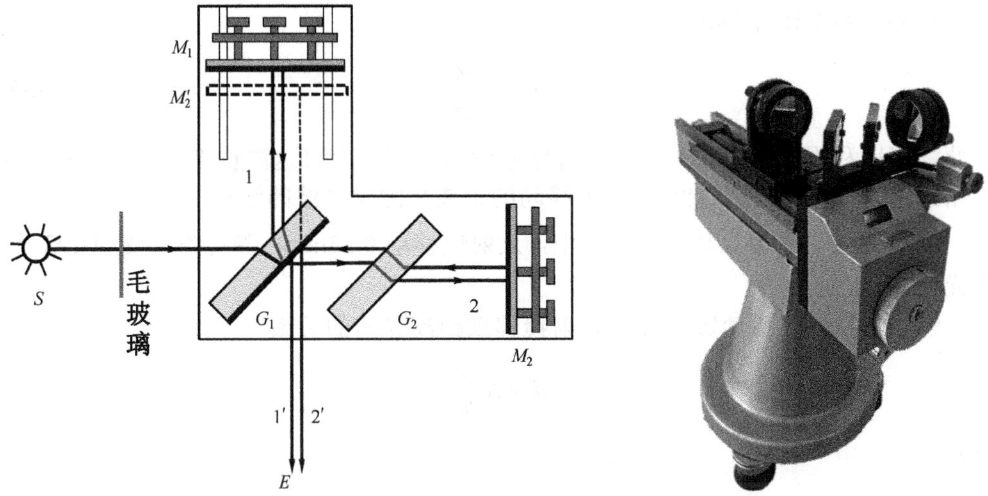

(a) 装置示意图　　(b) 实物图

图 10-22　迈克耳孙干涉仪

扩展光源发出的光射入分光板 G_1 后，一部分在薄银层上反射，向 M_1 传播(光线 1)，经 M_1 反射后，再穿过 G_1 向 E 处传播(光线1′)；另一部分穿过薄银层及 G_2，向 M_2 传播(光线 2)，经过 M_2 反射后，再穿过 G_2，经薄银层反射，也向 E 处传播(光线 2′). 显然，1′ 和 2′ 是两束相干光，在 E 处可以看到干涉图样. 由光路图可看出，由于玻璃片 G_2 的插入，光束 1 和光束 2 一样都是三次通过玻璃板，这样光束 1 和光束 2 的光程差就与在玻璃片中的光程无关了，因此玻璃片 G_2 叫做补偿片.

迈克耳孙干涉仪中光源、两个反射面、接收器，在空间完全分开，便于在光路中安插其他器件. 很多其他干涉仪就是由此派生出来的. 利用它既可观察到相当于薄膜干涉的许多现象(如等厚条纹、等倾条纹及条纹的各种变动情况)，也可方便地进行各种精密检测. 如图 10-22(a)所示，平面镜 M_2 经 G_1 薄银层形成的虚像为 M_2'，从观察者来看，两相干光束就好像是从 M_1 和 M_2' 反射而来的，因此看到的干涉图样与 M_1 和 M_2' 间的“空气层”产生的一样. 如果调节螺旋，使 M_1 和 M_2' 精确平行，当观察者的眼睛对无穷远调焦时，就会看到圆形的等倾干涉条纹. 如果 M_1 和 M_2' 有微小夹角，观察者就会在它们表面附近看到劈形“空气层”的等厚条纹. 如果改变 M_1 和 M_2' 之间的距离，或者说改变其间空气层的厚度，将会看到干涉图样发生相应的变化.

干涉条纹的位置取决于光程差，只要光程差有微小的变化，干涉条纹将发生可鉴别的移动. 根据薄膜干涉理论可知，当迈克耳孙干涉仪中 M_1 每平移 $\frac{\lambda}{2n}$（n 为薄膜折射率）的距离时，视场中就有一条明条纹移过，所以根据视场中移过的明条纹条数 N，就可以算出 M_1 平移的距离：

$$d = N\frac{\lambda}{2n} \tag{10-35}$$

因此，可以利用迈克耳孙干涉仪进行精密测量，其精度可达波长级别，比一般方法的精密度高很多. 此外，也可由 M_1 移动的距离来测定光波的波长.

例题 10-6　在迈克耳孙干涉仪中，反射镜移动 0.33mm，测得条纹变动 192 次，求光的波长.

解　根据条纹移动数量 N 和反射镜移动距离 d 间的关系

$$d = N\frac{\lambda}{2n}$$

可得

$$\lambda=\frac{2nd}{N}=\frac{2\times 0.33\times 10^{-3}}{192}\approx 3.44(\mu\text{m})\ (\text{空气膜 } n=1)$$

即光波长为 3.44μm .

思 考 题

10-1　普通光源的发光特征是什么？为什么普通光源发出的光不相干？阐述利用普通光源获得相干光的方法.

10-2　解释光程的物理意义，说明光程和路程的区别，以及光程差和相位差之间的关系.

10-3　用白色线光源做双缝干涉实验时，若在一个缝后放一红色滤光片，在另一个缝后放一绿色滤光片，问能否观测到干涉条纹，为什么？

10-4　杨氏双缝干涉实验装置中，将光源向下平移时，屏上的干涉条纹将怎样变化？

10-5　用劈形干涉来检测工件表面的平整度，当波长为 λ 的单色光垂直入射时，观察到的干涉条纹如图 10-23 所示，试说明工件缺陷是凸还是凹？

10-6　说明水面漂浮的汽油层呈现彩色的原因.

10-7　折射率为 n，厚度为 h 的薄玻璃片放在迈克耳孙干涉仪的一臂上，问两光路光程差的改变量是多少？

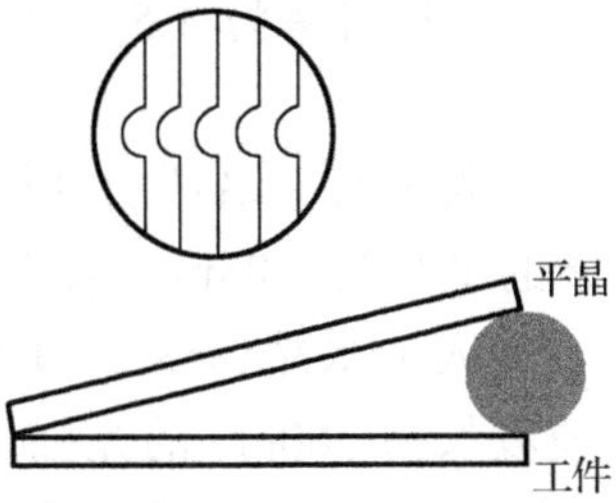

图 10-23　思考题 10-5 图

练　习　题

10-1　在熔凝石英中波长为 550nm 的光频率为多少？已知折射率为 1.46.

10-2　在空气中波长为 600nm 的两列光波，最初是同相，随后它们分别穿过如图 10-24 所示的塑料层，其中 $l_1=4.00\mu m$，$l_2=3.50\mu m$，$n_1=1.40$，$n_2=1.60$.

(1)用波长表示，从塑料层出来后，它们的相位差是多少？

(2)若两列波后来到某一共同点，它们的干涉类型如何？

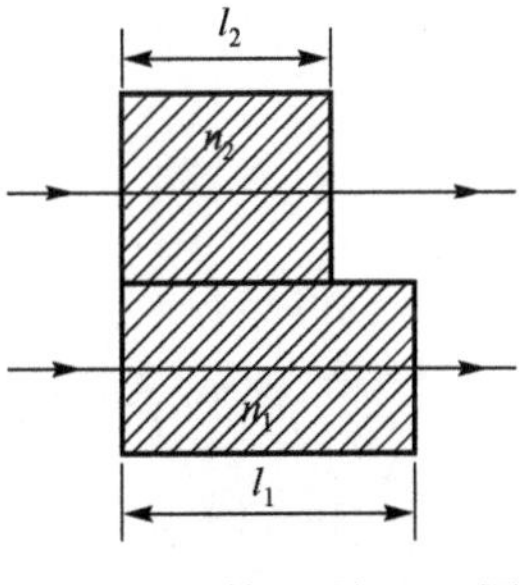

图 10-24　练习题 10-2 图

10-3　在杨氏双缝干涉实验中，两缝间距为 0.30mm，用单色光垂直照射双缝，在距离缝 1.2m 的屏上测得中央明条纹一侧第 5 级暗条纹与另一侧第 5 级暗条纹之间的距离为 22.78mm. 求所用单色光的波长，并指明它的颜色.

10-4　在杨氏实验中，用一很薄的云母片(n=1.58)覆盖其中的一条缝，结果使屏幕上第七级明条纹中心恰好移动到屏幕中央原零级明条纹的位置. 若入射光波长为 550nm，求此云母片的厚度.

10-5　折射率分别为 1.45 和 1.62 的两块玻璃，使其一端相接触，形成 $0.1°$ 的劈形空气薄膜，波长为 550nm 的单色光垂直投射在薄膜上，并在上方观察薄膜的干涉条纹.

(1)试求条纹间距；

(2)若将整个劈形薄膜装置浸入折射率为 1.52 的杉木油中，则条纹的间距变成多少？

10-6 用单色光观察牛顿环，测得某一暗环的直径为 3.00mm，它外面第 5 个暗环的直径为 4.60mm，平凸透镜的半径为 1.03m，求此单色光的波长.

10-7 在制作珠宝时，为了使人造水晶(n=1.5)具有强反射本领，就在其表面上镀一层一氧化硅(n'=2.0). 要使波长为 560nm 的光强烈反射，该镀层至少应多厚？

10-8 波长范围为 400～760nm 的白光垂直入射在肥皂膜上，膜的厚度为 550nm，折射率为 1.35，试问在反射光中哪些波长的光干涉增强？哪些波长的光干涉相消？

10-9 在白光下，观察一层折射率为 1.30 的薄油膜，若观察方向与油膜表面法线成 30° 角，可看到油膜呈蓝色(波长为 480nm)，试求油膜的最小厚度. 如果从法向观察，反射光呈什么颜色?

10-10 在迈克耳孙干涉仪的两臂中，分别放入长 10cm 的玻璃管，一个抽成真空，另一个充以一个大气压的空气. 设所用光波波长为 546nm，在向真空玻璃管中逐渐充入一个大气压空气的过程中，观察到有 107.2 个条纹移动. 试求空气的折射率 n.

第十一章　光的衍射

小幽默

一个杀人犯，换了多辆车，逃到没有摄像头的荒郊野外，两天后依然被警察逮捕. 罪犯问警察如何找到他的，警察指了指天空，说："监控卫星，别说找你的车，就连你衣服上有几颗纽扣都能看得清. ”这么高的分辨能力是如何实现的呢？

11.1　衍射现象及惠更斯-菲涅耳原理

一、光的衍射现象

常言道"隔墙有耳"，是声音穿透了墙壁吗？不是，而是声波绕过墙壁等障碍物传播到了我们的耳朵，这种现象便是声波的衍射. 再来看一个水波的例子，如图 11-1 所示，在水波中放一带小孔的挡板，如果小孔比较大(图 11-1(a))，水波基本沿直线传播，但是当小孔足够小时(图 11-1(b)、(c))，能明显看到水波偏离直线传播的现象，即水波的衍射现象. 这种波在传播过程中遇到障碍物，绕过障碍物而偏离直线传播的现象，即波的**衍射**现象. 我们知道波动效应只有在障碍物尺寸与波长接近或比波长更小时才比较明显，水波和声波等机械波的波长比较大，所以我们能很容易地观测到衍射效应. 而可见光波的波长比较小，为零点几微米，且普通光源强度较弱，所以日常生活中很难明显观测到光波的衍射效应. 但在实验室中，采用高亮度的激光或普通的强点光源，并使屏幕的距离足够远，则可以观察到光通过不同障碍物时的衍射现象.

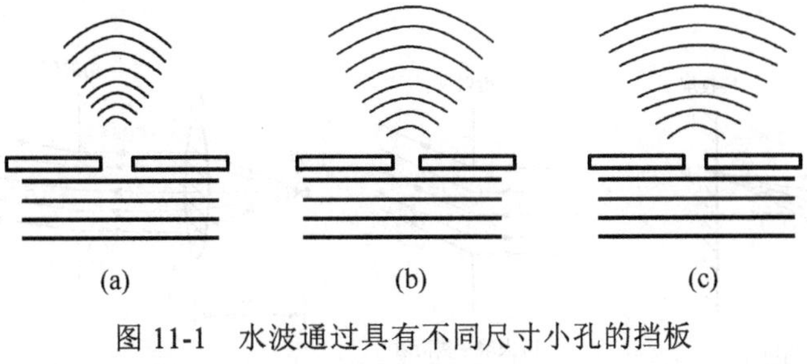

图 11-1　水波通过具有不同尺寸小孔的挡板

图 11-2 所示为光通过不同障碍物时的衍射图样，可见，当光通过圆孔或圆屏时，可观测到明暗相间的圆条纹，当光通过狭缝时，可观测到明暗相间的光斑(或

直条纹). 除在实验室外，平时生活中如果我们仔细观察，也可以发现光的衍射现象，如五指并拢，使指缝与日光灯平行，透过指缝看发光的日光灯，也会看到淡彩色的明暗条纹.

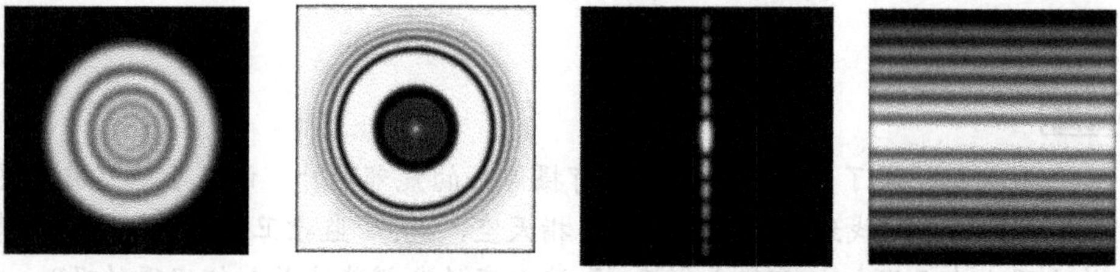

(a) 圆孔　(b) 圆盘　(c) 狭缝

图 11-2　光通过不同障碍物时的衍射图样

可见，光波的衍射不仅使物体的几何阴影失去了清晰的轮廓，而且在边缘附近还出现一系列明暗相间的条纹. 这些现象表明，光的衍射效应使光强发生了重新分布，衍射并不是简单地偏离直线传播的问题，它还与比较复杂的干涉效应有关.

二、衍射的分类

衍射系统一般由光源、衍射屏和接收屏组成，通常按照三者之间距离的大小，将衍射分为两类. 一类是光源和接收屏(或两者之一)距离衍射屏有限远，这种衍射称为**菲涅耳衍射**(图 11-3(a)). 另一类是光源和接收屏均距离衍射屏无穷远，此类衍射称为**夫琅禾费衍射**(图 11-3(b)). 两种衍射的区分是从理论计算上考虑的. 显然菲涅耳衍射是普遍的，夫琅禾费衍射是菲涅耳衍射的一个特例而已. 但由于它的计算简单得多，所以把它归为一类进行研究. 在实验室中夫琅禾费衍射装置通常利用成像光学系统(如透镜)使之实现. 如图 11-3(c)所示，光源和接收屏分别放在两透镜的物方和像方焦平面上，实际中夫琅禾费衍射装置可以有许多种变形. 鉴于夫琅禾费衍射在实际应用和理论上都十分重要，并且分析和计算简单，所以本章只讨论夫琅禾费衍射.

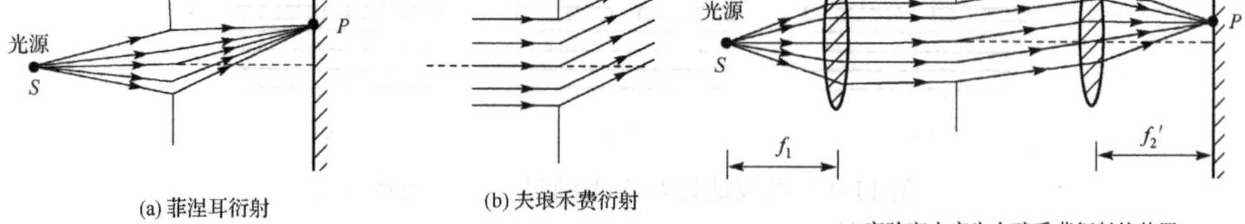

(a) 菲涅耳衍射　(b) 夫琅禾费衍射　(c) 实验室中产生夫琅禾费衍射的装置

图 11-3　不同类型衍射

三、惠更斯-菲涅耳原理

1690年，惠更斯针对波的传播问题提出了次波的概念，他指出：波前上任一小面元都可以看成是发射次波的新波源，向外发出球面次波，任意时刻这些次波的包络面即为新时刻的波阵面. 根据惠更斯原理只能定性地解释衍射现象中波的传播方向问题，但不能解释衍射图样中光强的分布. 1815年，菲涅耳吸取了惠更斯的次波概念和杨氏的相干叠加的思想，得到了衍射现象的理论基础——**惠更斯-菲涅耳原理**，即从同一波前上各点发出的次波是相干波，经传播在空间相遇时的叠加是相干叠加.

原则上，基于惠更斯-菲涅耳原理可以解决一般衍射问题，但具体计算比较复杂，后面我们主要采用近似的半波带法来解释衍射现象，从而避开复杂的积分运算，又能给出比较清晰的物理图像.

11.2 单缝的夫琅禾费衍射

单缝夫琅禾费衍射装置如图 11-4(a)所示，置于透镜 L_1 的物方焦面上的线光源 S 发出的光经透镜 L_1 后变为平行光束. 平行光束照在单缝 K 后，经透镜 L_2，在 L_2 的像方焦面上的接收屏 H 上可观测到明暗相间的衍射条纹.

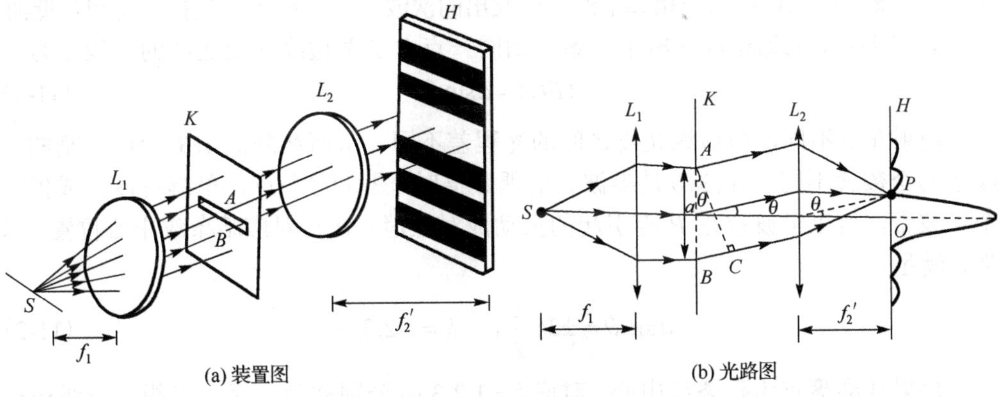

图 11-4 单缝夫琅禾费衍射

根据惠更斯-菲涅耳原理，空间任一点 P 的光强是单缝处波阵面上所有次波源发出的次波在 P 点相干叠加的结果. 菲涅耳在惠更斯-菲涅耳原理的基础上，用有限的求和代替无限的积分，提出了将波阵面分割成许多等面积波带的方法——**半波带法**.

如图 11-4(b)所示，设单缝的缝宽为 a，在单色平行光的照射下，单缝所在处波

阵面 AB 上各次波源发出各个方向的次波. 我们将各次波波线与系统光轴方向之间的夹角称为衍射角，用 θ 表示. 所有次波源发出的相同方向的衍射线经透镜聚焦后，会聚到接收屏上同一点 P. 根据菲涅耳的划分方法，将单缝处宽度为 a 的波阵面 AB 分成许多等宽度的小窄带，并使相邻两窄带上的对应点(即每窄带的对应的最上点、中点或最下点)发出的光在 P 点的光程差为半个波长 $\lambda/2$，即相位差为 π，这样的窄带称为半波带，这种分割方法称为半波带法，如图 11-5 所示.

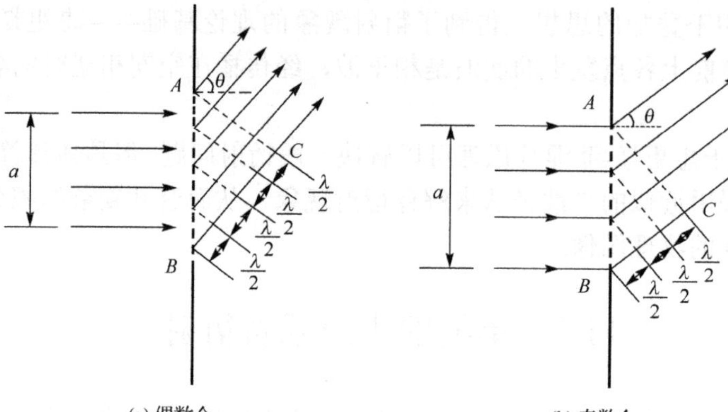

图 11-5　半波带法

由于各个半波带的面积相等，所以各个半波带在 P 点引起的光振幅近似相等，而相位差为 π，所以任意两个相邻半波带所发出的次波在 P 点引起的光振动将相互抵消.

如图 11-4(b)或图 11-5 所示，聚焦到同一点 P 的两边缘光线之间的光程差为

$$(BC) = a\sin\theta \tag{11-1}$$

因此衍射角 θ 不同，两边缘光线之间的光程差不同，从而波阵面 AB 上所分割的半波带的个数就不同. 当 (BC) 是半波长的偶数倍时(图 11-5(a))，单缝可以分成偶数个半波带，所以半波带在 P 点引起的振动成对抵消，P 点对应暗条纹中心位置. 即当 θ 满足

$$a\sin\theta = \pm 2k\frac{\lambda}{2}, \quad k = 1,2,3,\cdots \tag{11-2}$$

时，衍射线会聚点为暗条纹中心. 对应 $k = 1,2,3,\cdots$ 分别称为一级、二级、三级……暗条纹.

当 (BC) 是半波长的奇数倍时(图 11-5(b))，单缝可以分成奇数个半波带，所以半波带在 P 点引起的振动成对抵消后还剩一个半波带的作用，P 点对应明条纹中心位置，即当 θ 满足

$$a\sin\theta = \pm(2k+1)\frac{\lambda}{2}, \quad k = 1,2,3,\cdots \tag{11-3}$$

时，衍射线会聚点为明条纹中心，对应 $k=1,2,3,\cdots$ 分别称为一级、二级、三级、… 明条纹．θ 角越大，同样的波阵面分割的半波带个数越多，所以半波带面积越小，明条纹光强越小．

当衍射角 θ 为零时，来自各半波带的衍射线的光程差为零，通过透镜后会聚在透镜的焦点上，这就是中央明条纹(或称零级明条纹)中心的位置 O，该处光强最大．对于任意其他的衍射角 θ，(BC) 一般不是半波长的整数倍，即波阵面 AB 不能恰巧分成整数个半波带，此时会聚点 P 的衍射强度介于最明(明条纹中心)和最暗(暗条纹中心)之间的中间区域．

总之，单缝衍射条纹是在中央明条纹两侧对称分布着明暗条纹的衍射图样，中央零级明条纹的光强最大，随着衍射角 θ 的增大，明条纹的亮度下降，如图 11-6 所示．

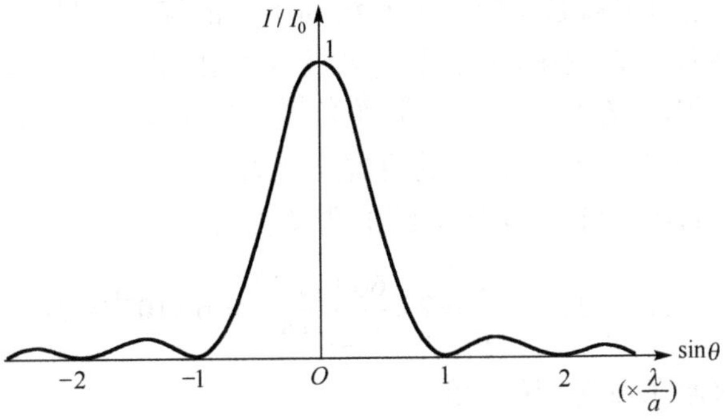

图 11-6　单缝衍射的光强分布曲线

若把 ±1 级两暗条纹中心间所张的角度作为中央明条纹的(全)角宽度，由于 $k=1$ 时的暗条纹中心对应衍射角为 θ_1，所以它就是中央明条纹的半角宽度(参看图 11-4(b))．通常情况下，衍射角都比较小，所以中央明条纹的半角宽度为

$$\theta=\theta_1\approx\sin\theta_1=\frac{\lambda}{a} \tag{11-4}$$

从而中央明条纹的角宽度为

$$\Delta\theta=2\theta_1\approx 2\frac{\lambda}{a} \tag{11-5}$$

根据图 11-4(b)，由透镜焦距 f_2' 可得中央明条纹的线宽度(几何宽度)为

$$\Delta y=2f_2'\tan\theta_1\approx 2f_2'\sin\theta_1=2f_2'\frac{\lambda}{a} \tag{11-6}$$

可见，缝宽 a 越小，中央明条纹越宽，衍射效应越明显；缝宽 a 越大，中央明条纹越窄，衍射效应越不明显．当缝宽 a 远远大于波长时，各级衍射条纹向中央靠拢，非常密集，以致无法分辨，只显示出单一的明条纹．实际上，此明条纹即线光

源 S 通过透镜所成的几何光学的像，这个像相应于从单缝射出的光是直线传播的平行光束. 因此，通常所说的光的直线传播现象只是光的波长与障碍物相比很小时(亦即衍射效应不显著时)的情况. 另外，若光源为白光，各种波长的光到达屏上中央 O 点无光程差，中央零级是白色明条纹. 而式(11-2)和式(11-3)表明，其他各级明暗条纹位置近似与波长成正比，所以其他各级中不同波长的明条纹将错开，并且每级中最靠近 O 的为紫光，距离 O 最远的为红光.

通过单缝衍射的分析，我们看到衍射是次波相干叠加的结果. 那么，衍射和干涉有什么区别呢？从本质上讲，两者都是波相干叠加的结果，没有区别，只是人们习惯上把那些分立的有限多的光束的相干叠加称为干涉，而把波阵面上连续分布的无穷次波波源发出的光波的相干叠加称为衍射，这样，两者常常会出现在同一现象中. 后面讨论的光栅衍射就是单缝衍射和缝间干涉的综合结果.

例题 11-1 波长为 $\lambda = 600\text{nm}$ 的单色光垂直入射到缝宽为 $a = 0.2\text{mm}$ 的单缝上，缝后用焦距为 $f = 50\text{cm}$ 的凸透镜将衍射光会聚于屏幕上，试求：(1)中央明条纹的角宽度和线宽度；(2)第一级明条纹的位置及线宽度.

解 (1)由式(11-5)可得中央明条纹的角宽度为

$$\Delta\theta = 2\theta_1 \approx 2\frac{\lambda}{a} = 2\times\frac{600\times10^{-9}}{0.2\times10^{-3}} = 6\times10^{-3}(\text{rad})$$

其中，θ_1 为第一级暗条纹对应的衍射角.

由式(11-6)得中央明条纹的线宽度为

$$\Delta y = 2f\tan\theta_1 \approx 2f\frac{\lambda}{a} = 2\times0.5\times\frac{600\times10^{-9}}{0.2\times10^{-3}}\text{m} = 3\text{mm}$$

(2)由式(11-3)可知，第一级明条纹衍射角 θ_1' 满足

$$\sin\theta_1' = \frac{3\lambda}{2a} = \frac{3\times600\times10^{-9}}{2\times0.2\times10^{-3}} = 4.5\times10^{-3}$$

所以第一级明条纹中心到中央明条纹中心的距离为

$$y_1 = f\tan\theta_1' \approx f\sin\theta_1' = 0.5\times4.5\times10^{-3}\text{m} = 2.25\text{mm}$$

第一级明条纹的线宽度为第二级暗条纹中心与第一级暗条纹中心间的距离，因此可得

$$\Delta y_1 = f\tan\theta_2 - f\tan\theta_1 \approx f\left(\frac{2\lambda}{a} - \frac{\lambda}{a}\right) = f\frac{\lambda}{a} = 0.5\times\frac{600\times10^{-9}}{0.2\times10^{-3}}\text{m} = 1.5\text{mm}$$

其中，θ_2 为第二级暗条纹对应的衍射角. 可见，第一级明条纹的线宽度约为中央明条纹线宽度的一半.

11.3　圆孔的夫琅禾费衍射 光学仪器的分辨本领

一、圆孔的夫琅禾费衍射

在夫琅禾费衍射装置中，若衍射屏为带有圆孔的屏，如图 11-7 所示，衍射图样为明暗相间的圆环，中央为亮斑，称为**艾里斑**，其强度占整个入射光强的 80%以上. 如图 11-8 所示，若艾里斑的半径为 r，其对透镜光心的张角 θ 称为艾里斑的角半径，亦即圆孔衍射第一级暗环所对应的衍射角 θ_1. 理论计算表明，其与圆孔直径 D 和单色光波长 λ 的关系为

$$\theta=\theta_1\approx\sin\theta_1=1.22\frac{\lambda}{D} \tag{11-7}$$

则艾里斑半径为

$$r=1.22\frac{\lambda f_2'}{D} \tag{11-8}$$

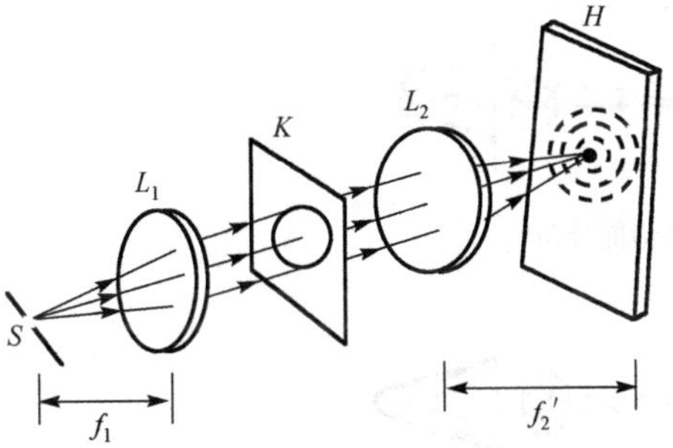

图 11-7　圆孔夫琅禾费衍射

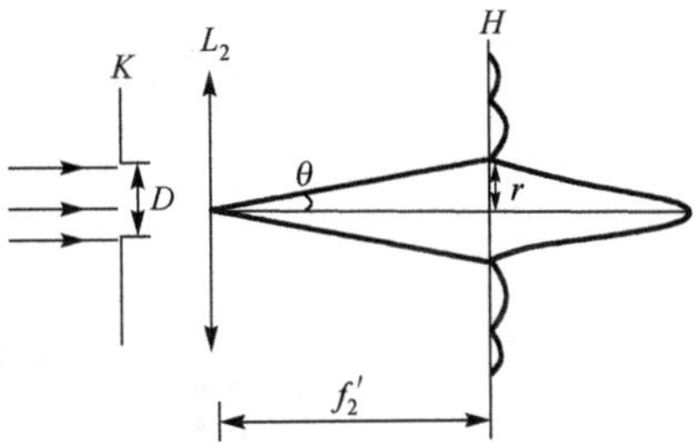

图 11-8　艾里斑对透镜光心的张角

可见，圆孔直径 D 越小或单色光波长 λ 越大，艾里斑角半径(或半径)越大，即衍射效应越明显. 将式(11-7)与单缝夫琅禾费衍射半角宽度公式(11-4)相比，除了存在一个反映几何形状不同的因数 1.22 外，对衍射现象的定性方面是一致的.

二、光学仪器的分辨本领

从几何光学角度看，只要增大光学仪器的放大率，就可把任何细微的画面放大到清晰可见的程度. 然而从波动光学角度看，即使理想成像系统，它的分辨本领也要受到衍射的限制，因为光通过光学系统中的光阑、透镜等限制光波传播的光学元件时要发生衍射，一个物点并不成像点，而是形成衍射图样. 实际光学仪器中所采用透镜的边缘大多是圆形的，而且大多是通过平行光或近似平行光成像的，所以光

学仪器中的衍射大多数都是圆孔夫琅禾费衍射，其衍射图样的绝大部分能量集中在艾里斑里，可用艾里斑的大小来衡量衍射效应的强弱.

如图 11-9 所示，若用望远镜观察两个星体 S_1 和 S_2，两星体经望远镜物镜所成的像由于衍射效应形成两个艾里斑. 如图 11-9(a)所示，如果两个艾里斑分得比较开，相互之间没有重叠或重叠较小，能够很容易地分辨出两个星体的像，从而分辨出两个星体. 如图 11-9(c)所示，如果两个艾里斑距离很近，本身又有一定的分布面积，重叠比较严重，使得我们不能分辨出是两个星体的像，亦即不能分辨出两个星体. 那么什么时候恰能分辨呢？英国物理学家瑞利(T. B. Rayleigh)提出了**瑞利判据**，即对于一个光学仪器来说，如果一个点光源的衍射图样的中央最亮处刚好与另一个点光源的衍射图样的第一个最暗处相重合(图 11-9(b))，这时两衍射图样重叠区的光强约为单个衍射图样的中央最大光强的 73.5%，一般人的眼睛刚好能够判断出这是两个光点的像. 这时，两个点光源恰好被这一光学仪器所分辨.

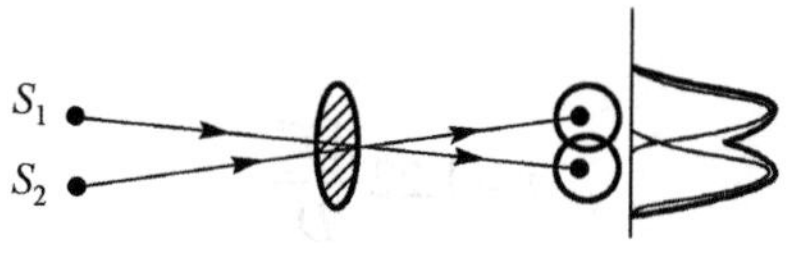

(a) 可分辨

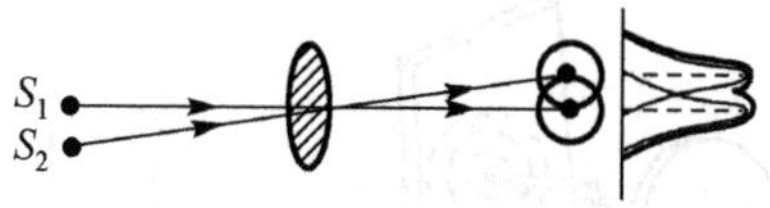

(b) 恰能分辨

(c) 不能分辨

图 11-9　光学仪器的分辨本领

恰能分辨时，两物点在物镜处的张角称为**最小分辨角**，用 $\delta\theta$ 表示，如图 11-10 所示，其等于两物点的衍射图样中心之间的角距离，也就是艾里斑的角半径，即

$$\delta\theta = \theta \approx 1.22\frac{\lambda}{D} \tag{11-9}$$

在光学中，常将成像光学仪器的最小分辨角的倒数称为仪器的分辨本领，用 R 表示，则

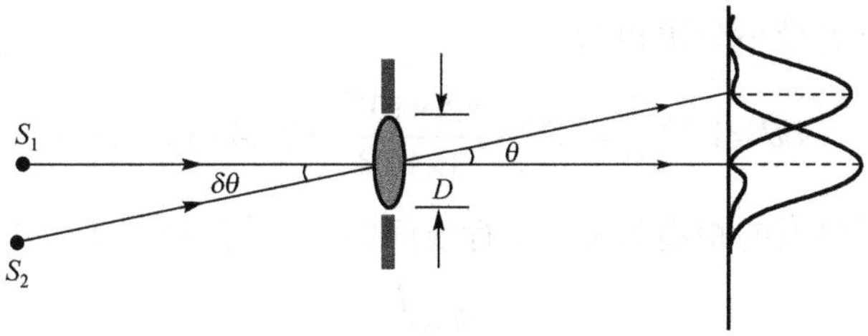

图 11-10 望远镜的最小分辨角

$$R=\frac{1}{\delta\theta}=\frac{D}{1.22\lambda} \tag{11-10}$$

可见，望远镜的最小分辨角或分辨本领的大小由仪器的孔径D和光波长λ决定. 若用望远镜观察星体，星光波长一定，为了提高分辨本领，可以增大物镜的直径. 若用显微镜来观察某个物体，可以选用波长较短的可见光来提高分辨本领.

例题 11-2 光束直径为 2mm 的氦氖激光器($\lambda=632.8\text{nm}$)自地面射向月球. 已知地面和月球相距$3.76\times10^5\text{km}$，问在月球上得到的光斑有多大？如用望远镜作扩束器，把该光束扩成直径为 5m，应该用多大倍数的望远镜？用此扩束镜后再射向月球，问在月球上的光斑是多大？

解 据题意可知，地面和月球间距离$h=3.76\times10^5\text{km}$，光波长$\lambda=632.8\text{nm}$，扩束前光束直径$D=2\text{mm}$，受氦氖激光器出射窗口的衍射效应影响，光束必然有一定的衍射发射角，可用圆孔夫琅禾费衍射艾里斑的角半径来估算，即

$$\theta=1.22\frac{\lambda}{D}$$

则在月球上得到的光斑半径大小为

$$L_{光斑}\approx h\cdot\theta=1.22h\frac{\lambda}{D}=1.22\times3.76\times10^5\times\frac{632.8\times10^{-6}}{2}\text{km}\approx145.14\text{km}$$

如用望远镜作扩束器，把该光束扩成直径为$D'=5\text{m}$，应用望远镜的放大倍数为

$$M=\frac{5000}{2}=2500\text{倍}$$

用此扩束镜后再射向月球，则在月球上的光斑半径大小为

$$L'_{光斑}\approx1.22h\frac{\lambda}{D'}=1.22\times3.76\times10^5\times\frac{632.8\times10^{-9}}{5}\text{km}\approx58.06\text{m}$$

例题 11-3 在通常的亮度下，人眼瞳孔的直径约为 3mm，在可见光中，人眼感受最灵敏的是波长为 550nm 的黄绿光. (1)人眼的最小分辨角是多大？(2)如果在黑板上画两根平行直线，相距 2mm，问坐在距离黑板多远处的同学恰能分辨？

解　(1) 人眼的最小分辨角为

$$\delta\theta = 1.22\frac{\lambda}{D} = 1.22\times\frac{5.5\times10^{-7}}{3\times10^{-3}} \approx 2.24\times10^{-4}(\text{rad})$$

(2) 设人离开黑板的距离为 x，平行线间距为 l，两线对人眼的张角为

$$\theta \approx \frac{l}{x}$$

若恰能分辨，应有 $\theta = \delta\theta$，所以

$$x = \frac{l}{\delta\theta} = \frac{2\times10^{-3}}{2.24\times10^{-4}} \approx 8.93(\text{m})$$

11.4 光 栅 衍 射*

与单个衍射单元(如单缝、圆孔)相比，如果参与干涉的单元更多，衍射图样会发生哪些变化呢？本节介绍的光栅就是由多个衍射单元构成的一种光学器件，常用于光谱分析和物质结构分析，是近代物理实验中一种重要光学元件.

一、光栅

广义地说，具有周期性的空间结构或光学性能的衍射屏，统称**光栅**. 基于透射光衍射的称为透射光栅，如大量等宽度、等间距的平行狭缝构成的光栅. 实际中常在一块玻璃片上用金刚石刀尖或电子束刻划许多等间距、等宽度的平行刻痕，刻痕处相当于毛玻璃而不易透光，刻痕之间的光滑部分可以透光，相当于一个单缝，如图 11-11(a)所示；基于反射光衍射的称为反射光栅，在表面粗糙度很小的金属表面上刻出一系列等间距的平行细槽，就制成了反射光栅，见图 11-11(b). 此时槽面相当于单缝，同一槽面不同反射光线间的干涉相当于单缝衍射. 简易的光栅可用照相的方法制作，具有一系列平行且等间距的黑色条纹的照相底片就是透射光栅.

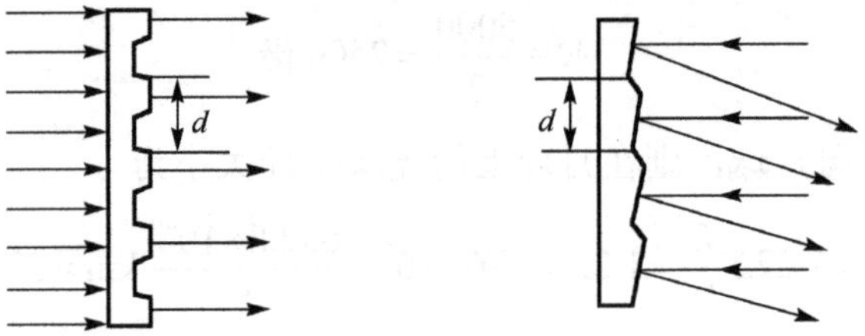

(a) 透射光栅　　　　(b) 反射光栅

图 11-11　光栅

狭义光栅通常是指由大量等宽度、等间距的平行狭缝构成的透射光栅，各类光栅原理基本相同，这里主要基于狭义光栅来分析光栅衍射的基本特征和规律. 通常设光栅的每一条透光部分宽度为 a，不透光部分宽度为 b，将两者之和 $d=a+b$ 称为**光栅常数**. 现代用的衍射光栅，在 1cm 内可达 $10^3 \sim 10^4$ 条刻痕，所以一般的光栅常数为 $10^{-5} \sim 10^{-6}$ m 的数量级，因此工艺上要求非常精密.

二、光栅衍射特征

光栅由许多单缝组成，每个单缝本身如同 11.2 节中介绍的单缝衍射一样会发生衍射，而不同的单缝之间会像双缝干涉一样发生干涉. 所以光栅的衍射场特征是由单缝衍射和缝间干涉共同决定的.

1. *光栅方程*

将单缝衍射装置中的单缝衍射屏换为光栅衍射屏即为光栅衍射的实验装置，光栅衍射的光路如图 11-12 所示. 若假设光栅中只让一个缝透光，而将其他缝遮挡，此时衍射结果即为单缝衍射结果. 而且由于来自不同单缝的相同方向的衍射线经透镜后均聚焦到屏幕上同一点，所以无论让哪个缝透光，在接收屏上形成的衍射图样是一样的，具有同样的强度和同样的位置.

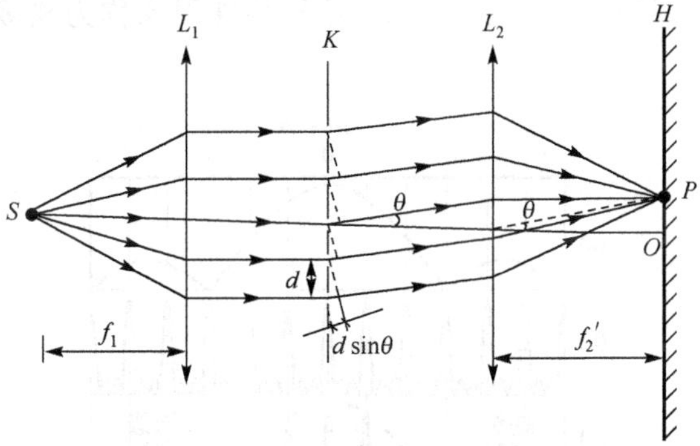

图 11-12　光栅衍射光路图

对于组成光栅的多个缝，由于各条缝所分割的波前满足相干条件，所以各缝的衍射光场将在接收屏上相干叠加. 如图 11-12 所示，对于衍射角为 θ 的衍射线，相邻狭缝的对应点(即边缘点对边缘点，中心点对中心点)之间的光程差为 $d\sin\theta$. 由波的叠加规律可知，当满足

$$d\sin\theta = \pm k\lambda\,,\quad k = 0,1,2,\cdots \tag{11-11}$$

时，所有缝发出的光到达同一场点 P 时都将是同相的，它们将发生相干加强而产生明条纹. 此时，在 P 点的合振幅是单缝衍射的光振幅的 N 倍，而合强度是单缝衍射

光强度的 N^2 倍. 所以，光栅明条纹的亮度比单缝衍射明条纹亮度强很多，且 N 越大，条纹越亮，这正是多光束干涉的特征体现. 通常称光栅中明条纹为主极大，决定主极大位置的式(11-11)称为**光栅方程**. 当 $k=0$ 时，为零级主极大，当 $k=1$ 时，为第一级主极大，其余依此类推. 正负号表示各级主极大在零级主极大两侧对称分布. 从光栅方程可以看出，在波长一定的单色光照射下，光栅常数 d 越小，相邻明条纹的角距离越大，即相邻两个明条纹分得越开.

2. 缺级现象

由于光栅衍射场是单缝衍射和缝间干涉共同作用的结果，所以前面讨论的缝间干涉的强度还要受单缝衍射的影响或调制. 单缝衍射使得不同方向的衍射线强度不同，所以光栅衍射的不同位置的明条纹是来源于不同光强度的衍射光的干涉加强. 单缝衍射光强大的方向，明条纹的光强也大；单缝衍射光强小的方向，明条纹的光强也小. 图 11-13 给出了 $N=4, d=3a$ 时光栅衍射图样的光强分布图，(a)是各单缝衍射的光强分布，(b)是缝间干涉的光强分布，(c)是光栅衍射的光强分布. 可见单缝衍射不影响缝间干涉明暗条纹位置，但对缝间干涉的强度分布进行了调制，使得光栅衍射的强度分布外轮廓具有单缝衍射强度的特征. 需要说明的是，由于单缝衍射的光强分布在某些衍射角 θ 值时可能为零，所以如果对应于这些 θ 值，按缝间干涉出现某些主极大时，这些主极大将消失. 这种特殊现象称为**缺级**现象，如图 11-13 中 $\pm3, \pm6, \cdots$ 级缺级.

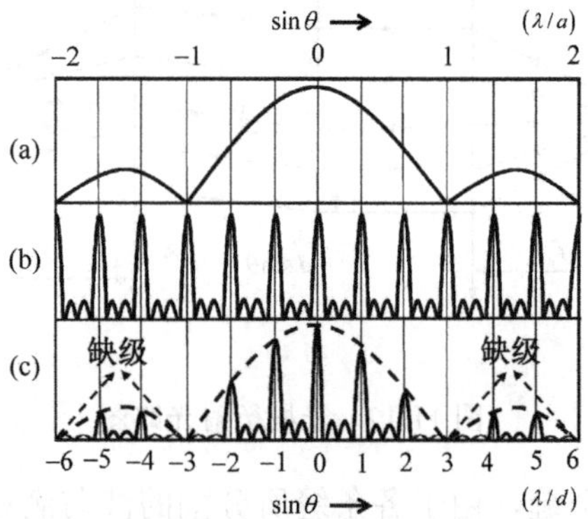

图 11-13　光栅衍射光强分布

三、光栅光谱

根据光栅方程(11-11)，如果复色光入射，则除中央零级条纹外，不同波长 λ 的光形成的同一级衍射线的衍射角 θ 不同，即不同波长同级主极强的位置不同. 这些主极强的亮线就是谱线，各种波长的不同谱线集合起来构成光源的一套光谱. 光栅一般有许多级次，每一级次都有这样一套谱线，所以光栅不同于棱镜，有多套光谱，实际使用中要注意避免不同套光谱间的重叠. 各种元素或化合物有自己特定的谱线，测定光谱中各谱线的波长和相对强度，可以确定该物质的成分及其含量. 光谱分析是现代物理学研究的重要手段，在工程技术中也广泛地用于分析、鉴定等.

思 考 题

11-1　实验室中如何实现夫琅禾费衍射？

11-2　衍射的本质是什么？干涉和衍射有什么区别和联系？

11-3　在白光照射下夫琅禾费衍射的零级斑中心是什么颜色？零级斑外围呈什么颜色？

11-4　假如可见光波段不是在 400～760nm，而是在毫米波段，而人眼睛瞳孔仍保持在 3mm 左右，设想人们看到的外部世界将是什么景象？

11-5　用单色光做单缝夫琅禾费衍射实验.

(1) 如果单缝的宽度逐渐减小，屏上衍射条纹如何变化？

(2) 如果单缝的宽度比单色光波长大很多，即 $a \gg \lambda$，论述能否看到衍射条纹.

(3) 如果单缝的宽度比单色光波长小很多，即 $a \ll \lambda$，论述能否看到衍射条纹.

11-6　如何提高望远镜的分辨本领？

11-7　光学仪器的分辨率与放大率有何不同？

练 习 题

11-1　一单色平行光垂直入射一单缝，其衍射第 3 级明条纹位置恰好与波长为 600nm 的单色平行光垂直入射该缝时的第 2 级明条纹的位置重合，试求该单色光的波长.

11-2　钠光平行垂直照射在宽为 0.2mm 的狭缝上，缝后置一焦距为 $f = 300\text{cm}$ 的薄凸透镜，在位于透镜后焦平面上呈现衍射花样，所得第一最小值和第二最小值间的距离为 0.885cm.

(1) 求钠光的波长；

(2) 若改用波长为 4nm 的软 X 射线做此实验，则上述两最小值的间距为多少？

11-3　单缝宽 0.10mm，透镜焦距为 50cm，用波长为 $\lambda = 500\text{nm}$ 的绿光垂直照射单缝. 问：

(1) 位于透镜焦平面处的屏幕上中央明条纹的宽度和半角宽度各为多少？

(2) 若把此装置浸入水中（$n = 1.33$），中央明条纹的半角宽度又为多少？

11-4　在夫琅禾费圆孔衍射中，设圆孔半径为 0.10mm，透镜焦距为 50cm，所用单色光波长为 500nm，求在透镜焦平面处屏幕上呈现的艾里斑半径.

11-5　高空遥测用照相机离地面 20.0km，刚好能分辨地面相距 10.0cm 的两点，照相机物镜的直径有多大？设光的有效波长为 500nm.

11-6　据说间谍卫星上的照相机能清楚识别地面上汽车的牌照号码.

(1) 如果需要识别的牌照上的字之间的距离为 5cm，在 160km 高空的卫星上的照相机的最小分辨角应多大？

(2) 此照相机的孔径应多大？光的波长按 500nm 计.

11-7　已知平面透射光栅常数 $d = 6.328\times10^{-3}\,\text{mm}$，若以波长为 $\lambda = 632.8\text{nm}$ 的氦氖激光垂直入射在这个光栅上，凸透镜的焦距为 $f = 1.5\text{m}$. 试求屏上第 1 级明条纹与第 2 级明条纹间的距离.

第十二章 光的偏振

小幽默

妈妈和儿子一起去看电影，妈妈说；“电影很逼真，很好看”．儿子说：“那当然了，这叫偏振光3D电影．”妈妈又不解地问：“为什么必须要戴副眼镜才能看清楚呢？”儿子支支吾吾的答不上来了．同学们，你们知道这是什么原理吗？

12.1 光的偏振态

一、光的横波性

如机械波部分所述，振动方向和传播方向垂直的波为横波，振动方向和传播方向一致的波为纵波．对于机械波，很容易验证其横波性．如图12-1所示，平行放置两个带有狭缝的平板，若狭缝方向平行，通过第一个狭缝的横波，如绳波，能通过第二个狭缝而传播；若狭缝方向垂直，通过第一个狭缝的横波，不能通过第二个狭缝传播，即横波的传播与狭缝取向有关．而对于纵波，如长弹簧拉伸形成的纵波，狭缝的取向不会对其传播造成任何影响．

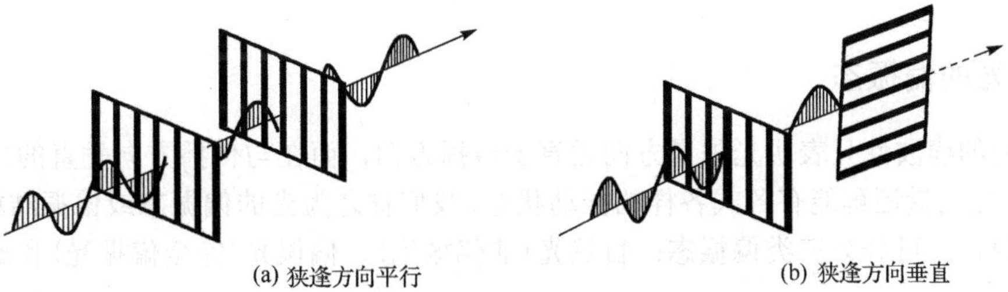

(a) 狭逢方向平行　　(b) 狭逢方向垂直

图 12-1　机械波的横波性演示

在光学中，有一个作用类似狭缝对机械波作用的器件，叫**偏振片**．偏振片是偏振光分析和应用中一种常用的光学器件，其存在一个特殊方向，当光矢量振动方向平行于此方向时，光能全部通过；而当光矢量振动方向与此方向垂直时，光完全不能通过．通常称偏振片的这个特殊方向为**透振方向**或**偏振化方向**，如图12-2所示，一般用虚线或双箭头表示．

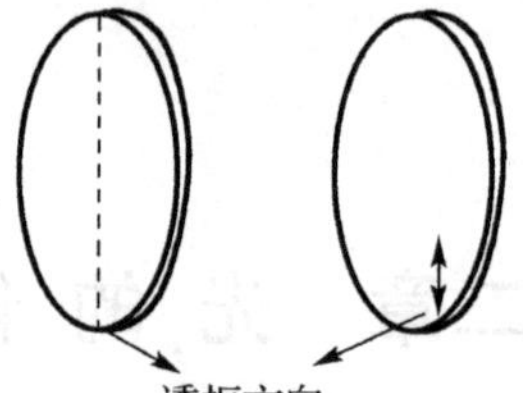

图 12-2　偏振片及其透振方向

偏振片可以利用具有二向色性的晶体制成. 晶体的二向色性指的是对不同方向光振动具有选择吸收的特性. 比如，电气石、硫酸碘奎宁等晶体，它们能使某方向的光振动通过，而吸收与此方向垂直的光振动. 硫酸碘奎宁晶体的二向色性比电气石晶体好，可将其定向排列到透明片基上而制成偏振片.

类似于机械波横波性的演示，利用偏振片可以证实光的横波性. 如图 12-3 所示，当光通过两个平行放置的偏振片时，如果两个偏振片的透振方向一致，那么通过第一个偏振片的光能通过第二个偏振片，而当两个偏振片的透振方向相互垂直时，通过第一个偏振片的光不能通过第二个偏振片，最后无光射出，称为**消光**. 说明光矢量的振动方向与光传播方向垂直，光波是横波.

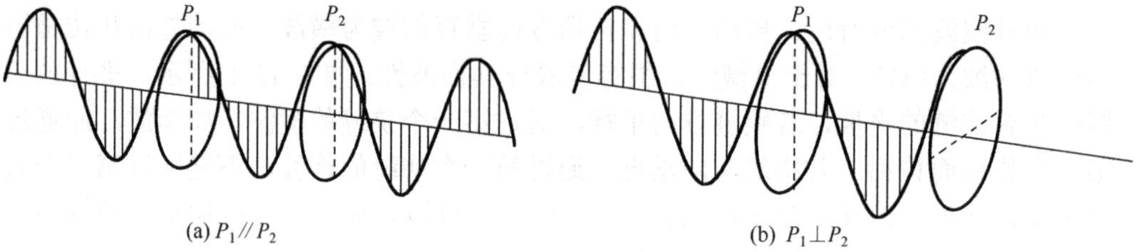

图 12-3　光的横波性证实

二、光的偏振态

光的横波性只表明光矢量方向垂直于传播方向，而在与传播方向垂直的二维空间里，光矢量还可能有各式各样的振动状态，我们称之为光的**偏振态**或**偏振结构**. 总体来说，光可分为三类偏振态：自然光(非偏振光)、偏振光(完全偏振光)和部分偏振光.

1. 自然光(非偏振光)

如 10.1 节所述，普通光源发出的光是组成它的大量分子或原子发光的总和，不同分子、原子，或同一分子、原子不同时刻发出的光波列之间没有任何联系，相位和振动方向都是随机变化的. 统计效果是光源发出的光中包含了所有方向的光振动，没有哪一个方向的振动比其他方向占优势. 即在一切可能的方向上光振动的振幅相等，如图 12-4(a)所示. 具有这种特点的光称为**自然光**，也称为**非偏振光**. 为了便于分析问题，可将自然光中轴对称分布的所有横振动沿任意两个相互垂直的方向投影，从而将自然光表示成两个相互垂直的、振幅相等的、独立的光振动，如图 12-4(b)所示. 需要说明的是，两个相互垂直的投影方向是任意的，且投影所得的两个垂直振动之间没有固定的相位关系，强度各占自然光总强度的一半. 可用如图 12-4(c)所示的方法表示自然光，其中短线和点分别表示在纸面内和垂直于纸面内的光振动，两者总是成对出现，表示两个方向的振动强度是相等的.

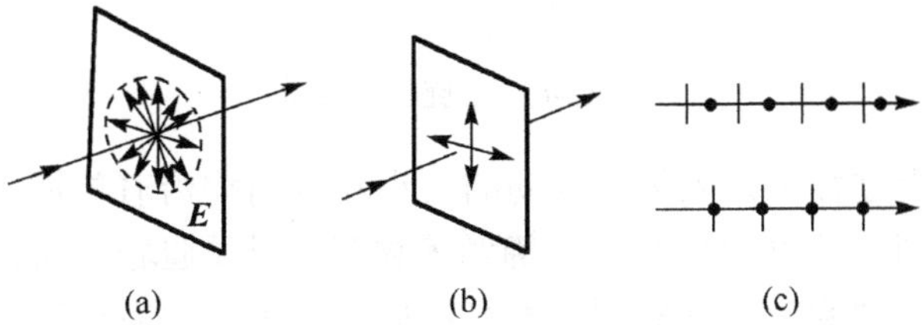

图 12-4　自然光

2. 偏振光(完全偏振光)

如果在光的传播过程中，光矢量沿着一定的轨迹有规律的变化，则这种偏振光称为**完全偏振光**，简称为**偏振光**. 根据光矢量变化轨迹的不同，具体可分为三种偏振光.

如果在光传播过程中，光矢量振动的方向不变，只是大小变化，即光矢量只沿着一个固定的方向振动，则这种偏振光称为**线偏振光**，如图 12-5(a)所示. 通常把光的振动方向和传播方向组成的平面称为振动面，因线偏振光中沿传播方向各处的光矢量都在同一振动面内，故也称其为**平面偏振光**. 线偏振光的表示符号如图 12-5(b)所示.

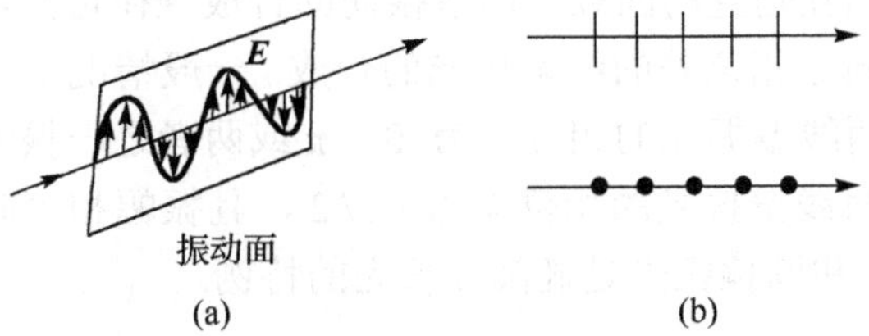

图 12-5　线偏振光

如果在光传播过程中，光矢量振动的大小不变，而方向匀速变化，则其末端轨迹是一个圆，这种偏振光称为**圆偏振光**. 迎着光的传播方向看，如果光矢量向左旋转，则称为左旋圆偏振光；如果光矢量向右旋转，则称为右旋圆偏振光. 如

图 12-6 所示为某一时刻的左旋圆偏振光在半个波长的长度内光矢量沿传播方向改变的情形.

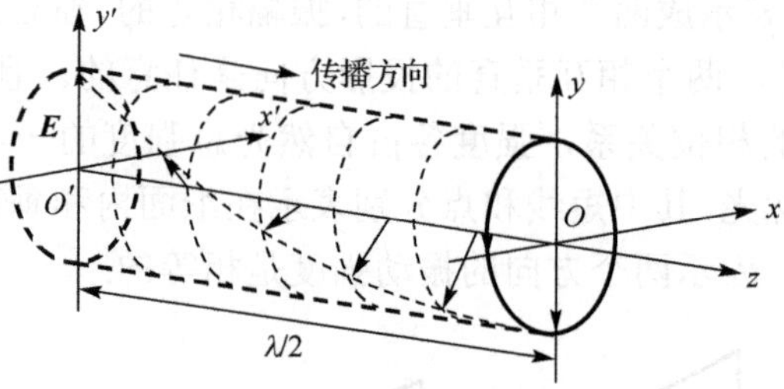

图 12-6 左旋圆偏振光

如果在光传播过程中，光矢量振动的大小和方向均沿着传播方向变化，则其末端轨迹是一个椭圆，这种偏振光称为**椭圆偏振光**. 同样迎着光的传播方向看，如果光矢量向左旋转，则称为左旋椭圆偏振光；如果光矢量向右旋转，则称为右旋椭圆偏振光. 如图 12-7 所示为某一时刻的左旋椭圆偏振光在半个波长的长度内光矢量沿传播方向改变的情形.

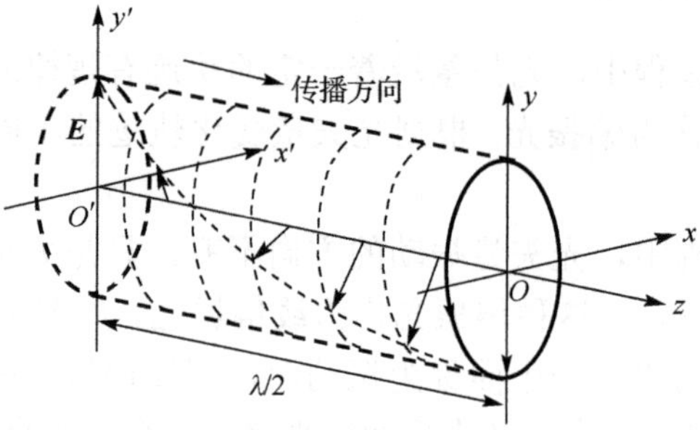

图 12-7 左旋椭圆偏振光

根据 4.4 节中相互垂直的同频率简谐振动的合成规律可知，偏振光可以看成是两个相互垂直，有固定相位差的线偏振光的合成. 一般情况下，两线偏振光合成的是椭圆偏振光；当两线偏振光的相位差为 0、π 或两者之一振幅为零时，合成结果仍为线偏振光；当两线偏振光的相位差为 $\pm\pi/2$，且振幅相等时，合成结果为圆偏振光. 所以线偏振光和圆偏振光是椭圆偏振光的特例.

3. 部分偏振光

部分偏振光是介于自然光和偏振光之间的一种偏振光，可以看成是自然光和偏振光的混合. 其光矢量振动每个方向都有，但大小不同，而且由于其中含有自然光成分，所以光矢量的变化没有一定的规律，如图 12-8(a) 所示. 部分偏振光也可以沿着任意两个相互垂直的方向分解为两个垂直振动，但是两个振动的大小不同，且没有固定的相位关系，如图 12-8(b)所示. 图 12-8(c)为部分偏振光的表示符号.

通常用**偏振度** P 来衡量光偏振程度的大小，将其定义为偏振光强度 I_p 与总光强 I 之比，即

$$P=\frac{I_p}{I} \tag{12-1}$$

对于自然光 $I_p=0$，则偏振度 $P=0$；对于偏振光 $I_p=I$，则偏振度 $P=1$，一般部分偏振光情况下，P 位于 0 和 1 之间. 自然界中我们看到的许多光都是部分偏振光，如仰头看到的“天空”和俯首看到的“湖光”都是部分偏振光.

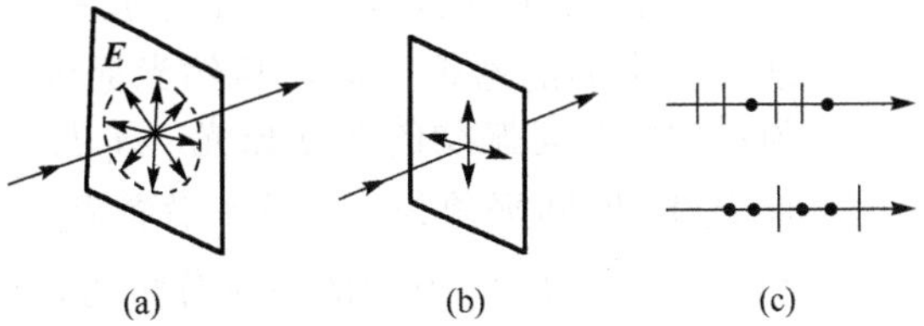

图 12-8 部分偏振光

12.2 马吕斯定律

一、起偏器和检偏器

自然光是非偏振光，从自然光获得偏振光的过程称为起偏，产生起偏作用的光学元件称为**起偏器**. 由于偏振片只允许一个方向的光振动通过，所以任何光通过偏振片以后都变为线偏振光. 如图 12-9 所示，自然光通过第一个偏振片后变为线偏振光，所以第一个偏振片即为起偏器. 如果旋转第二块偏振片，在偏振片旋转的一周内，出射光强将会出现两次最大，两次消光. 在所有入射光中有也只有线偏振光通过偏振片后会出现强度为零的消光现象，所以可以进一步检验出入射在第二块偏振片上的光的确为线偏振光，这种用来检验光偏振态的器件称为**检偏器**，所以第二个偏振片即为检偏器. 可见偏振片既可以作为起偏器，也可以作为检偏器.

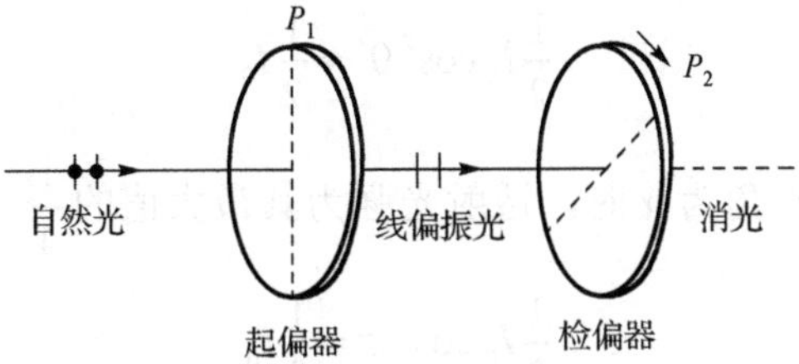

图 12-9 起偏和检偏

二、马吕斯定律

当光通过偏振片时，可以将任意入射光沿着偏振片透振方向和垂直透振方向分解，只有沿其透振方向的光振动通过，所以当自然光和圆偏振光通过偏振片以后，强度减为一半；当椭圆偏振光和部分偏振光通过偏振片后，强度减弱，具体大小要根据二者光矢量振动分布与偏振片透振方向间的关系确定；线偏振光通过偏振片后，强度变化与线偏振光光矢量振动方向和偏振片透振方向间的夹角有关.

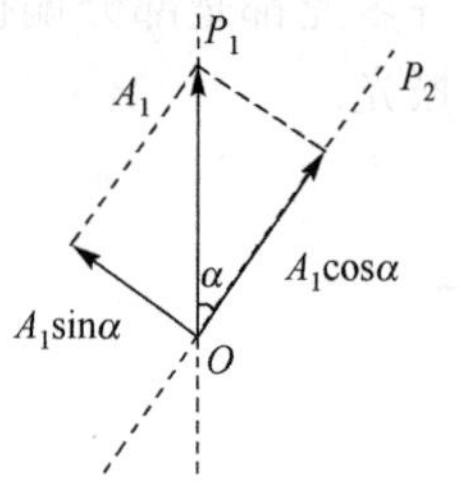

图 12-10　马吕斯定律

如图 12-10 所示，两个平行放置的偏振片，P_1 和 P_2 分别表示它们的透振方向，自然光通过第一个偏振片后，变为沿 P_1 方向振动的线偏振光. A_1 表示此线偏振光的振幅. 设 P_1 和 P_2 间夹角为 α，将 A_1 沿着 P_2 方向和垂直 P_2 方向投影，只有沿着 P_2 方向的投影分量可以通过第二个偏振片，所以通过第二个偏振片的线偏振光的振幅为

$$A_2 = A_1 \cos\alpha \tag{12-2}$$

从而强度为

$$I_2 = I_1 \cos^2 \alpha \tag{12-3}$$

此式称为**马吕斯定律**. 可见，当 $\alpha = 0$ 或 π 时（$P_1 // P_2$），$I_2 = I_1$，光强最大；当 $\alpha = \pm\pi/2$ 时（$P_1 \perp P_2$），$I_2 = 0$，无光从 P_2 射出，即消光；当 α 为其他值时，光强介于 0 和 I_1 之间.

例题 12-1　自然光投射到平行放置的两块偏振片上，如果透射光强为其最大值的 $\frac{1}{4}$，两块偏振片透振方向间的夹角为多大？

解　设入射光强为 I_0，当它通过第一块偏振片时，变为强度为 $\frac{1}{2}I_0$ 的线偏振光. 因两偏振片透振方向平行时透射光强最大，所以透射光强最大值为

$$\frac{1}{2}I_0 \cos^2 0° = \frac{1}{2}I_0$$

设两偏振片透振方向夹角为 α 时，透射光强为其最大值的 $\frac{1}{4}$，则

$$\frac{1}{2}I_0 \cos^2 \alpha = \frac{1}{8}I_0$$

解得：$\alpha = 60°$.

例题 12-2　两偏振片平行放置，透振方向夹角 60°，一自然光垂直入射偏振片 1，若透过两偏振片后光强为 I_1. 在两偏振片之间插入第三块偏振片，与前两块偏振片平行，透振方向与前两块偏振片透振方向夹角均为 30°，透过这三块偏振片后光强为多大？

解　设入射光强为 I_0，未插入第三偏振片时，出射光强为

$$I_1 = \frac{1}{2} I_0 \cos^2 60° = \frac{1}{8} I_0$$

即

$$I_0 = 8I_1$$

因此插入第三偏振片后，出射光强为

$$I_2 = \frac{1}{2} I_0 \cos^2 30° \cos^2 30° = \frac{9}{32} I_0 = \frac{9}{4} I_1 = 2.25 I_1$$

12.3　反射和折射时光的偏振

当自然光入射到两种各向同性介质的界面上时，除了传播方向、能流和相位会发生变化外，偏振态也会发生改变. 一般情况下反射光和折射光不再是自然光，而是部分偏振光，特殊情况下，反射光甚至可以变为线偏振光.

如图 12-11(a)所示，自然光入射到折射率分别为 n_1 和 n_2 两各向同性介质界面时，发生反射和折射. 为了分析光的偏振状态，通常将光矢量沿着两个垂直方向进行分解. 一个方向垂直于入射面，称为 S 方向振动，用点表示；另一个方向在入射面内，称为 P 方向振动，用短线表示. 理论计算表明，一般入射角下，反射光里 S 分量多于 P 分量，折射光里 P 分量多于 S 分量.

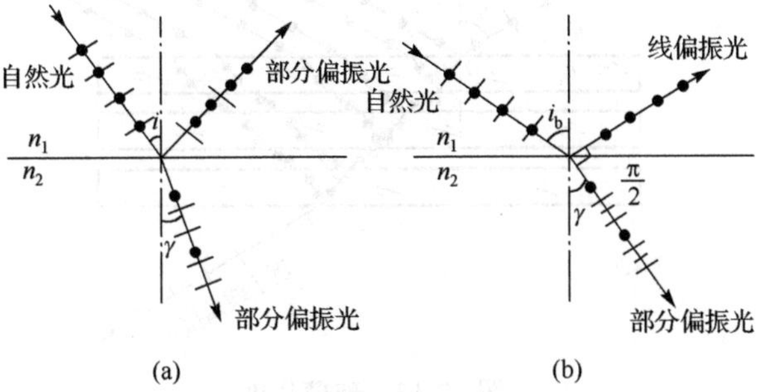

图 12-11　自然光反射和折射后的偏振态

1812 年，布儒斯特(D. Brewster)发现，当自然光以一定的入射角 i_b 入射时，反射光里没有 P 分量，变为线偏振光，而折射光仍是 P 分量占主要成分的部分偏振光，

如图 12-11(b)所示. 实验和理论均表明，这一特定入射角满足

$$\tan i_b = \frac{n_2}{n_1} \tag{12-4}$$

此式称为**布儒斯特定律**，相应的入射角 i_b 称为**布儒斯特角**，也称为**起偏振角**.

设折射角为 γ，则根据折射定律有

$$n_1 \sin i_b = n_2 \sin \gamma$$

又根据布儒斯特定律有

$$\tan i_b = \frac{n_2}{n_1} = \frac{\sin i_b}{\cos i_b}$$

因此可得

$$\sin \gamma = \cos i_b$$

即

$$\gamma + i_b = \frac{\pi}{2} \tag{12-5}$$

说明当光以布儒斯特角入射时，反射光和折射光相互垂直.

如上所述，当光以布儒斯特角入射时可以获得线偏振的反射光，但是反射光的光强很弱. 对于空气到玻璃的界面来说，仅有约 15% S 分量振动被反射，绝大部分的 S 方向振动和所有的 P 方向振动都包含在折射光里. 所以，实际中为了增强反射光的强度和折射光的偏振化程度，通常把玻璃片叠在一起，制成玻璃片堆，如图 12-12 所示.

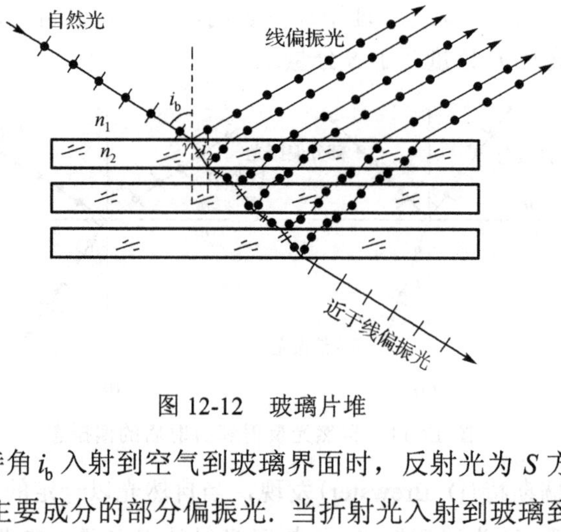

图 12-12　玻璃片堆

当光以布儒斯特角 i_b 入射到空气到玻璃界面时，反射光为 S 方向的线偏振光，折射光为 P 分量占主要成分的部分偏振光. 当折射光入射到玻璃到空气界面时，由

于入射角

$$\gamma = \frac{\pi}{2} - i_b$$

即

$$\tan\gamma = \tan\left(\frac{\pi}{2} - i_b\right) = \cot i_b = \frac{n_1}{n_2} \tag{12-6}$$

所以此时入射角也是布儒斯特角，反射光仍然是 S 方向的线偏振光，折射光里的 S 分量减少，变为 P 分量振动更多的部分偏振光. 如此类推，当玻璃片足够多时，最后透射出来的是近似全部的 P 方向的线偏振光，而且 S 方向的反射线偏振光的强度由于多次累加而变强，从而利用玻璃片堆，可以获得两束振动方向相互垂直的线偏振光.

例题 12-3　已测出某介质对空气的全内反射临界角 $i_c = 45°$，则光从空气射向这种介质界面时的布儒斯特角为多大？

解　当光从介质 1(折射率 n_1)射向介质 2(折射率 n_2)界面时，全内反射临界角 i_c 满足

$$\sin i_c = \frac{n_2}{n_1}$$

这里，$n_2 = 1$，$i_c = 45°$，所以 $\sin 45° = \frac{1}{n_1}$，解得介质折射率 $n_1 = \sqrt{2}$.

根据布儒斯特定律，当光从空气射向介质时，布儒斯特角为

$$i_b = \arctan\frac{\sqrt{2}}{1} = 54.74°$$

12.4　光的双折射*

一、双折射现象 寻常光和非常光

我们知道，把一块普通玻璃放在有字的纸上，可以在玻璃中看到相应浮起的字，即纸上每个字在玻璃中所成的像. 如果把一块透明的方解石晶体(化学成分为 $CaCO_3$)放在纸上，则相应每个字可以在晶体中看到两个浮起高度不同的像，如图 12-13 所示. 这说明一束光在各向异性晶体内变成了两束光，它们的折射程度不同，这种现象称为**双折射现象**.

图 12-13　方解石中的双像

实验表明，当光射入各向异性晶体而发生双折射时，其中总有一束光满足普通的折射定律，而另一束光不满足普通折射定律. 我们称满足普通折射定律的光为**寻常光**，简称 **o 光**；而不满足普通折射定律的光为**非常光**，简称 **e 光**(图 12-14). 注意，所谓 o 光和 e 光，只在双折射晶体内才有意义，光射出晶体后，无所谓 o 光和 e 光. 经检偏器检验，o 光和 e 光是振动方向相互垂直的线偏振光.

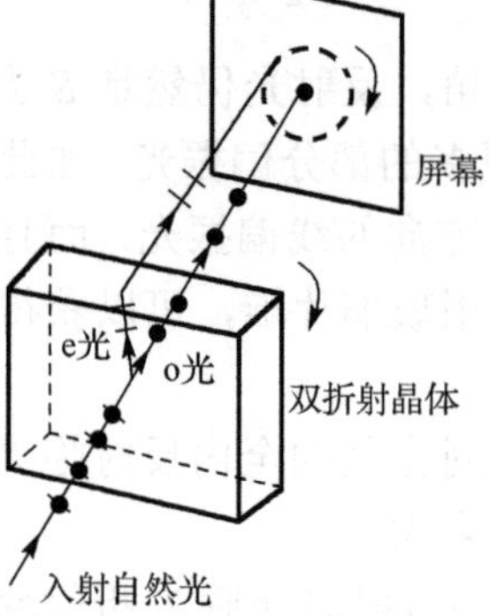

图 12-14　双折射现象

二、晶体的光轴

晶体中产生双折射现象的原因是，o 光和 e 光在晶体中传播的速度不同，从而折射率不同. 对于 o 光，其与各向同性介质一样，速度和折射率处处相等；而对于 e 光，速度和折射率随方向而变化. 因此，一束光射入晶体后，o 光和 e 光一般情况下以不同的速度前进，具有不同的折射率，从而产生双折射现象. 但在晶体中存在一个特殊方向，沿着这个方向传播，o 光和 e 光的传播速度和折射率相同，不发生双折射. 这个特殊方向称为晶体的**光轴**. 注意，光轴是一个方向，不是某特定直线，并且没有正负之分. 像方解石这种只有一个光轴方向的晶体称为单轴晶体，另外石英、冰和红宝石等也是单轴晶体. 有些晶体具有两个光轴方向，称为双轴晶体，如云母、硫磺等.

三、晶体双折射应用

基于晶体的双折射现象可以制作很多不同功能的光学器件，其中波晶片就是一种应用非常广泛的偏振光学器件. **波晶片**是从单轴晶体(如方解石)中切割下来的平行平面板，其表面与晶体光轴平行. 如图 12-15 所示， 当一束平行光正入射时，在波晶片内分成 o 光和 e 光(隐含双折射)，它们的传播方向相同，但波速不同(分别为 v_o和v_e)，或者说，折射率不同，即 $n_o = c/v_o$，$n_e = c/v_e$. 设波晶片的厚度为 d，则当两束光通过波晶片后，产生一定的相位差，为

$$\Delta\phi = \frac{2\pi}{\lambda}(n_e - n_o)d \tag{12-7}$$

其中，λ 为真空中光的波长.

适当地选择厚度 d，可以使两光束之间产生任意数值的相对相位延迟 $\Delta\phi$，所以波晶片又叫相位延迟片. 在实际中最常用的波晶片是：1/4 波片、1/2 波片和全波片，相应的晶片厚度 d 满足：$(n_e - n_o)d = \pm\frac{\lambda}{4}$，$\pm\frac{\lambda}{2}$ 和 λ，从而产生的相位延迟分别为 $\Delta\phi = \pm\frac{\pi}{2}$，$\pm\pi$ 和 2π. 显然，波晶片与波长有关，不同波长的 1/4 波片厚度不同. 可见，波晶片可以通过改变其中传播的两束双折射光的相位差而改变光的偏振态.

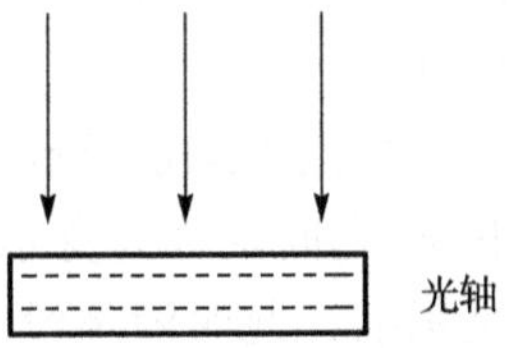

图 12-15　波晶片

四、人为双折射

某些本来各向同性的非晶体或液体，在外界条件(人为条件)下变为各向异性，从而产生双折射现象，这称为**人为双折射**.

1. 光弹性效应

一些透明物质，如塑料、玻璃和环氧树脂等非晶体通常是各向同性的，无双折射现象. 但是，当它们受到机械力作用而发生形变时就会产生各向异性的性质，从而与单轴晶体一样，可以产生双折射. 物质的这种现象称为**光弹性效应**，亦称**应力双折射**.

对物体施加压力或张力时，其有效光轴都在应力方向上，并且引起的双折射与应力成正比. 设受力介质对 o 光和 e 光的折射率为 n_o 和 n_e，则由实验可得

$$n_e - n_o = KP \tag{12-8}$$

其中，K 为比例系数，决定于介质的性质，P 为应力(压强).

两偏振光通过厚度为 d 的介质后产生相位差为

$$\Delta\phi = \frac{2\pi}{\lambda}(n_e - n_o)d \tag{12-9}$$

其中，λ 为真空中光的波长.

利用这种性质，在工程上可以制成各种机械零件的透明塑料模型，然后模拟零件的受力情况，观察、分析偏振光干涉的色彩和条纹分布，从而判断零件内部的应力分布. 这种方法称为**光弹性方法**，在工程技术上已得到广泛应用.

2. 克尔效应

有些非晶体或液体，在强电场作用下，分子定向排列，从而获得类似于晶体的各向异性性质，这一现象是 1875 年克尔(J. Kerr)首次发现的，因此称为**克尔效应**.

如图 12-16 所示，N 是盛有某种液体(如硝基苯)的容器，放在两正交偏振片 P_1 和 P_2 之间，称为克尔盒. N 容器内有一对平行电极板，两极板间不加电压时，视场是黑的，此时液体没有双折射；当两极板间加上电压时，视场由暗变亮，这说明在电场作用下，非晶体变成了各向异性物质，从而具有了双折射. 实验表明，电场作用下克尔盒中液体的光轴方向沿电场 $\boldsymbol{E}$ 方向，各向异性产生的折射率之差 n_e-n_o 与 E^2 和光在真空中的波长 λ 成正比，即

$$n_e-n_o=K\lambda E^2 \tag{12-10}$$

其中，K 为克尔常数，与液体材料相关.

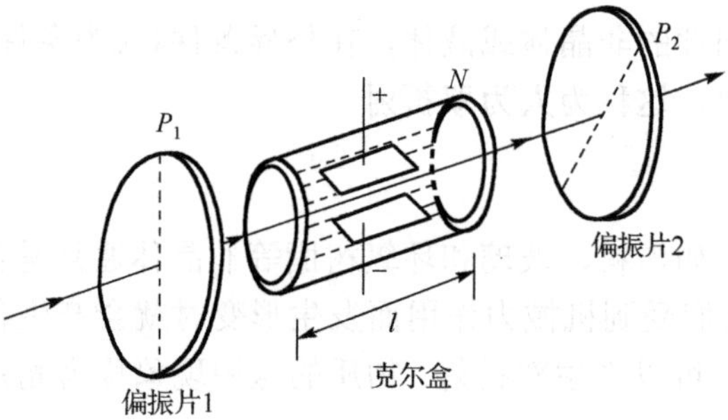

图 12-16　克尔效应

所以，在电场作用下，o 光和 e 光通过两极板间厚度为 l 的液体层时所产生的相位差为

$$\Delta\phi=\frac{2\pi}{\lambda}(n_e-n_o)l=2\pi KE^2 l \tag{12-11}$$

利用克尔效应可制成光开关. 这种开关的优点是弛豫时间非常短(小于10^{-9}s)，它能随着电场的产生和消失而迅速地开启和关闭，因而可使光强的变化非常迅速. 这种光开关已广泛用于高速摄影、激光通信及电视等装置中.

另外，某些晶体，如 KDP(KH_2PO_4)晶体和 ADP($NH_4H_2PO_4$)晶体在加上电场后也能改变其各向异性的性质，使单轴晶体变为双轴晶体，并且在原光轴方向产生的折射率之差与所加电场成线性正比关系. 这一现象是 1893 年由泡克耳斯(F. Pockels)发现的，所以称为**泡克耳斯效应**.

12.5 旋 光*

1811 年，法国物理学家阿喇果(D. F. J Arago)发现，线偏振光沿光轴方向通过石英晶体时，其偏振面会发生旋转，这种现象称为**旋光**现象. 可用如图 12-17 所示的装置来观测石英的旋光现象. 将石英晶片放在两透振方向相互垂直的偏振片 P_1 和 P_2 之间，晶片光轴方向垂直于晶体表面. 当光线正入射时，有光射出，而将偏振片 P_2 旋转一定的角度后，消光. 这说明通过石英晶体的仍然是线偏振光，只是其透振方向相对于偏振片 P_1 的透振方向旋转了一个角度. 实验结果表明，线偏振光通过石英晶体后旋转的角度 θ 与通过的长度 l 成正比，即

$$\theta = \alpha l \tag{12-12}$$

式中，α 为旋光率，其与晶体种类和波长有关. 例如，1mm 厚的石英晶片对红光、钠黄光和紫光产生的旋转率不同，从而产生的旋光角度不同，分别为 15°、21.7° 和 51°.

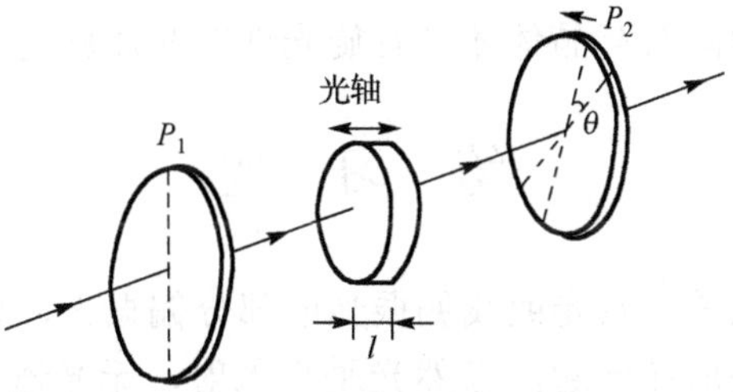

图 12-17 观察旋光现象实验简图

同一种旋光物质因使线偏振光振动面旋转方向不同而分为左旋和右旋两种. 迎着光的传播方向看，光振动面沿顺时针方向旋转的称为右旋物质，沿逆时针方向旋转的称为左旋物质. 例如，石英晶体由于结晶形态的不同而具有左旋体和右旋体两种类型，它们的旋光率相同，外形完全相似，其中一种是另一种的镜像反演.

很多液体，如食糖溶液、酒石酸溶液和松节油等也具有旋光性. 线偏振光通过这些液体时，振动面旋转的角度为

$$\theta = \alpha c l \tag{12-13}$$

其中，α 和 l 同样表示旋光率和液体长度，c 表示旋光物质的浓度. 可见旋转角度 θ 与液体浓度 c 成正比，据此可以用来检测液体的浓度. 在制糖工业中，测定糖溶液浓度的糖量计就是根据此原理设计而成的.

利用人为方法也可以产生旋光性，其中应用最为广泛的是磁致旋光，即法拉第磁光效应. 当线偏振光通过磁光物质，给物质沿光传播方向施加磁场时，发现磁光物质具有了旋光性，使得线偏振光的振动面旋转一定的角度，且旋转的角度与磁场成正比. 利用材料的这种特性可以制作光隔离器等磁光器件.

思 考 题

12-1　什么是自然光？什么是线偏振光？能够产生线偏振光的方法有哪些？

12-2　自然光投射在一对正交的偏振片上，光不能通过，如果把第三块偏振片放在它们中间，且透振方向与正交偏振片的透振方向均不同，最后是否有光通过？为什么？

12-3　当一束光射在两种透明介质的分界面上时，会发生只有透射而无反射的情况吗？

12-4　一束自然光在各向异性的单轴晶体中传播时通常会发生双折射. 问一般情况下，哪种光不遵从折射定律？什么情况下不出现双折射现象？

12-5　说明怎样切割石英晶体才具有旋光性？简述旋光现象.

练 习 题

12-1　一束光可能是自然光或线偏振光或部分偏振光，如何来鉴别它？

12-2　两偏振片叠放在一起，自然光垂直入射，无光透过，若将一偏振片旋转180°，光强怎样变化？

12-3　使一光强为 I_0 的线偏振光先后通过两个偏振片 P_1 和 P_2，P_1 和 P_2 的透振方向与原入射光光矢量振动方向的夹角是 α 和 90°，则通过这两个偏振片后的光强 I 是多大？

12-4　欲使线偏振光通过偏振片后光矢量振动方向旋转90°，至少要通过几块偏振片？此时最大透射光强是入射光强的多少倍？

12-5　自然光由空气入射至薄膜表面，入射角为52.45°，观察反射光是线偏振光，则反射光与折射光的夹角为多大？膜的折射率是多少？

12-6　在如图 12-18 所示的各种情况中，以自然光或不同方向线偏振光由空气入射到水面时，折射光和反射光各属于什么偏振状态的光？在图中所示的折射光线和反射光线上用点和短线把振动方向表示出来. 把不存在的反射线或折射线去掉. $i_b = \arctan n$，n 为水的折射率，$i \neq i_b$.

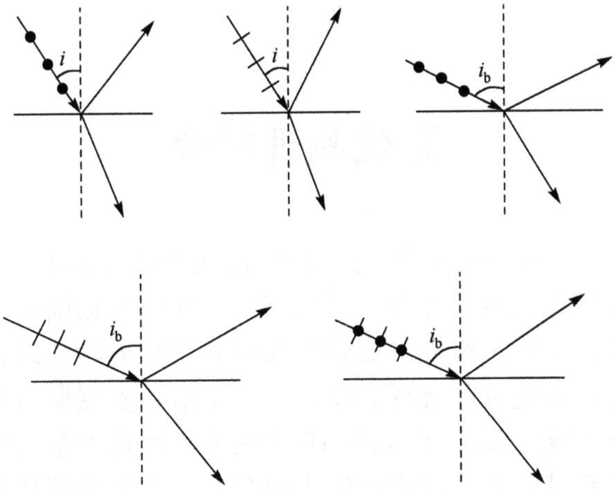

图 12-18　习题 12-6 图

近代物理简介

在 17 世纪到 19 世纪这段时间内，经典物理学取得了很大的成就. 在牛顿力学基础上，拉格朗日等人对其作进一步完善，将其研究范围从机械运动发展到了热运动和电磁运动. 开尔文和玻尔兹曼等人建立了热力学和统计物理；牛顿、惠更斯、杨和菲涅耳等人建立了光学；安培、法拉第和麦克斯韦等人对电磁现象的研究，为电动力学的诞生奠定了基础. 19 世纪末，经典力学发展到了相当完善的地步. 1900 年，在英国皇家学会的新年庆祝会上，著名物理学家开尔文展望了新世纪，在回顾过去几十年发展时，充满自信地宣称：物理学宏伟大厦已经竣工，后辈只要做一些零碎的修补工作就行了. 但同时，他还担心地说，在物理学晴朗的天空远处飘着几朵令人不安的云……这几朵令人不安的“云”分别是：1887 年迈克耳孙-莫雷实验否定了绝对参考系的存在；瑞利和金斯用经典力学能量均分定理来说明热辐射现象时，出现了所谓的“紫外灾难”；1897 年 J.J. 汤姆孙发现了电子，这说明原子不是物质的基本单元，原子是可分的. 经典物理理论无法对这些新的实验结果做出正确的解释，从而使经典物理处于非常困难的境地，也使一些物理学家深感困惑.

为了摆脱经典物理学的困难，一些思想敏锐而又不为旧观念束缚的物理学家，重新思考了物理学中某些基本概念，经过艰苦而又曲折的道路，终于在 20 世纪初诞生了相对论和量子力学.

一、迈克耳孙-莫雷实验　狭义相对论的诞生

牛顿力学定律和伽利略变换原则上可以解决任何惯性系中所有低速运动问题. 然而，在涉及电磁现象，包括光的现象时，牛顿力学的相对性原理和伽利略变换却遇到了不可克服的困难. 这是因为麦克斯韦建立的电磁场理论的一个重要结论，即电磁波在真空中的传播速度(即光速)是一个与参考系无关的常量，与经典力学的伽利略变化式、物体的速度和惯性系的选取有关相矛盾. 另外，人们很早就知道，机械波的传播需要介质，例如，空气可以传播声波，而真空不能. 因此，在光的电磁理论初期，人们自然想到光的传播也需要一种弹性介质作为载体. 当时的物理学家们称这种弹性介质为以太. 他们认为，以太充满整个空间(即使是真空也不例外)，并且可以渗透到一切物质内部. 在相对以太静止的参考系中，光的速度在各个方向都是相同的，这个参考系被称为以太参考系. 这样以太参考系就可以作为绝对参考

系了，于是试图证明以太存在的实验层出不穷. 其中，最著名的是迈克耳孙-莫雷实验，但迈克耳孙和莫雷却得到了以太不存在的结论. 1892 年，菲茨杰拉德和洛伦兹为了解释迈克耳孙-莫雷实验各自独立地提出，所有物体均沿运动方向以 $\sqrt{1-\frac{v^2}{c^2}}$ 因子缩短，其中 v 为物质运动速度，c 为真空中光速. 1905 年，庞加莱首先给出了洛伦兹变换的完整表达式，并将其命名为洛伦兹变换. 1905 年，爱因斯坦基于相对性原理和光速不变原理，重新推导了洛伦兹变换，并提出了狭义相对论. 爱因斯坦否定了牛顿的绝对时空观，提出了相对时空观. 在相对时空观中，时间和空间联系在一起，它们互相联系又互相制约，物质运动对时间和空间有一定的影响. 爱因斯坦还把时间作为第四维，与三维空间一起组成了四维时空.

二、“紫外灾难” 量子力学的诞生

1900 年，瑞利和金斯用经典的能量均分定理说明热辐射现象时出现了所谓的“紫外灾难”，即在辐射频率增高时，黑体的单色辐出度趋向于无穷大. 但实验却指出，对于温度给定的黑体，在高频范围内，随着频率增高，单色辐出度将趋于零. 普朗克在试图从理论上解释黑体辐射的规律时，打破了能量连续变化这一传统概念，提出了能量子的概念，从而开创了物理学革命新纪元，宣告了量子物理的诞生. 德布罗意于 1924 年 11 月在英国《哲学杂志》刊载了一篇题为《关于量子理论的研究》的文章，他在文章中提出：光理论发展历史表明，曾有很长一段时间，人们徘徊于光的粒子性和波动性之间，实际上这两种解释并不对立，量子理论发展证明了这一点. 德布罗意把对光的波粒二象性描述应用到实物粒子上，他假设具有动量和能量的像电子那样的实物粒子都具有波动性，提出了实物粒子波的概念. 实物粒子波不是通常的波(机械波或电磁波)，它产生于任何运动物体，正如电磁波一样，实物粒子波也能在绝对的真空中传播，因此它不是机械波；另外，它能产生于所有的物体，包括不带电的物体，因此它也不是电磁波. 1927 年，戴维孙和革末证实了实物粒子波的存在. 同年，海森伯根据光的衍射实验提出了微观粒子的不确定原理，即对于微观粒子不能同时用确定的位置和动量来描述. 原理指出，对于微观粒子来说，企图同时确定其位置和动量是做不到的，也是没有意义的，并且对这种企图给出了定量的界限，即坐标不确定量和动量不确定量的乘积不能小于作用量子 h. 微观粒子的这个特性是它的波粒二象性的缘故，是微观粒子二象性的必然表现. 1926 年薛定谔在《量子化就是本征值问题》的论文中提出氢原子中电子所遵循的波动方程，人们称之为薛定谔方程，进而提出以薛定谔方程为基础的波动力学，并建立了量子力学的近似方法.

量子力学研究对象为微观粒子及其运动规律，在量子力学中，粒子的状态用波函数描述，它是坐标和时间的复函数. 为了描写微观粒子状态随时间变化的规律，就需要找出波函数所满足的运动方程. 这个方程是薛定谔在1926年首先找到的，被称为薛定谔方程. 当微观粒子处于某一状态时，它的力学量(如坐标、动量、角动量、能量等)一般不具有确定的数值，而具有一系列可能值，每个可能值以一定的概率出现. 当粒子所处的状态确定时，力学量具有某一可能值的概率也就完全确定了. 1925年，海森伯基于物理理论只处理可观察量的认识，抛弃了不可观察的轨道概念，并从可观察的辐射频率及其强度出发建立起矩阵力学，其后不久，人们证明了波动力学和矩阵力学的数学等价性.